中央财政支持专业提升服务能力项目课程建设

水利工程施工技术
——基础工种篇

主　编　刘春鸣　张海文
副主编　刘　靓　韩敏琦
主　审　高德军

中国水利水电出版社
www.waterpub.com.cn

内 容 提 要

本书是中央财政支持专业提升服务能力项目——水利工程施工技术专业课程建设成果之一。

"水利工程施工技术"包括基础工种及专项工种施工工艺两大部分。本书为基础工种篇,分为六个学习情境,分别讲述了土方工程施工、地基与基础施工、模板工程施工、钢筋工程施工、混凝土工程施工、砌体工程施工等内容。学习情境中的每个工作任务以施工流程为主线展开叙述,图文并茂,突出实践技能的培养。

本书可作为职业院校水利类专业教材,也可作为企业人员的培训教材或参考用书。

图书在版编目(CIP)数据

水利工程施工技术. 基础工种篇 / 刘春鸣,张海文主编. -- 北京 : 中国水利水电出版社,2014.1(2018.12重印)
中央财政支持专业提升服务能力项目课程建设
ISBN 978-7-5170-1673-1

Ⅰ. ①水… Ⅱ. ①刘… ②张… Ⅲ. ①水利工程-工程施工-高等职业教育-教材 Ⅳ. ①TV52

中国版本图书馆CIP数据核字(2014)第012409号

书　　名	中央财政支持专业提升服务能力项目课程建设 **水利工程施工技术**——基础工种篇
作　　者	主编 刘春鸣 张海文 副主编 刘靓 韩敏琦 主审 高德军
出版发行	中国水利水电出版社 (北京市海淀区玉渊潭南路1号D座　100038) 网址:www.waterpub.com.cn E-mail:sales@waterpub.com.cn 电话:(010)68367658(营销中心)
经　　售	北京科水图书销售中心(零售) 电话:(010)88383994、63202643、68545874 全国各地新华书店和相关出版物销售网点
排　　版	中国水利水电出版社微机排版中心
印　　刷	北京合众伟业印刷有限公司
规　　格	184mm×260mm　16开本　15.75印张　373千字
版　　次	2014年1月第1版　2018年12月第2次印刷
印　　数	3001—5000册
定　　价	**43.00元**

前　言

　　本书是中央财政支持专业提升服务能力项目——水利工程施工技术专业课程建设成果之一。该教材以"项目导向，工学结合"为特色，以施工工作任务为知识载体，以实际工作流程为依据，将灌输式教学转换为工作情景教学，提高了学生的学习兴趣，并注重工作过程技术能力的培养和经验性知识的积累。

　　"水利工程施工"是水利工程施工技术专业的一门专业核心课程，是从事水利工程建设工作者必备的知识与技能，是水利工程施工技术专业学生走向工作岗位应具备的核心能力。本书以目前水利工程中常见的施工方法为主，全书共六个学习情境，依次是土方工程施工、地基与基础施工、模板工程施工、钢筋工程施工、混凝土工程施工、砌体工程施工等内容。本书在各个学习情境中，采用项目化教学方法，提出问题，按工程流程进行相关知识内容的叙述，培养学生和读者运用所学知识分析和解决工程实际问题的能力。

　　本书由课程建设团队成员共同编写，全书由北京农业职业学院刘春鸣和张海文任主编，刘靓、韩敏琦任副主编，北京新港永豪水务工程有限公司高德军任主审。本书学习情境一、学习情境五由刘春鸣编写，学习情境二由张海文与北京碧鑫水务有限公司史立威共同编写，学习情境三由北京农业职业学院韩敏琦与刘诚斌共同编写，学习情境四由北京农业职业学院刘漳编写，学习情境六由北京农业职业学院刘靓编写。

　　本书在编写过程中得到了北京通成达水务建设有限公司、北京碧鑫水务有限公司及北京嘉源易润工程技术股份有限公司等有关水利企业的大力帮助，同时北京农业职业学院的专家教授也给予了大力支持，并提出了宝贵意见。在此，对所有给予本书编写提供帮助的人员及本书所引用文献资料的作者表示感谢。由于时间仓促，作者水平有限，难免存在不足，恳请读者与同行专家批评指正。

编　者

2013 年 6 月

目　录

学习情境一　土方工程施工

【引例】

南水北调中线一期总干渠陶岔渠首至沙河南段工程方城段，标段长度为 7.1km。该工程位于河南省南阳市方城县境内，全渠段设计流量 330m³/s。主要项目及工程量：输水建筑物为一级建筑物，渠道开挖断面为梯形断面，坡比为 1：2.25 和 1：2.5，渠底宽为 18.5～20m。本标段沿线共有建筑物 11 个，包括：左岸排水建筑物 3 座，渠渠交叉建筑物 2 座，公路桥 3 座，生产桥 3 座。工程勘察报告显示，本标段施工区域地下水较丰富，水位较高。

问题：1. 该工程基坑土方量如何计算？开挖机械应如何选择？

2. 如何进行基坑土方开挖？土壁是否需要支护处理？

3. 该工程地下水应如何处理？

4. 该工程土方填筑与压实有何要求？

【知识目标】

掌握土的工程性质及分级，理解土方施工机械的种类、特点及适用条件，了解土方工程碾压试验的方法及影响压实的因素，掌握土方压实标准和压实方法，能根据土体工程的特性选用施工机械。

【能力目标】

土方工程施工中有关挖运和填筑压实的施工方法，土方挖运机械的选择，土方工程的挖、运、填施工工艺及相应质量控制。

工作任务一　土的工程性质及分级

水利水电工程施工中，土方工程在工程量和投资上均占有很大比重。按工程类型分有挖方（如渠道、基坑等）、填方（拦河坝、河堤、填方渠道等）及半挖半填方（如半挖半填渠道）；按施工方法分有人力施工、机械施工、爆破施工及水力机械施工等。

土方工程施工的特点是工程量大，受外界干扰较多。例如，土方开挖时的边坡稳定问题，深挖工程中地下水的影响，冬雨季节施工中的气候因素，以及土质的差异、地形的陡缓等各方面都给施工带来诸多不利条件。在进行土石方开挖及确定挖运组织时，应根据各种土石的工程性质、具体指标来选择施工方法及施工机具，确定工料消耗和劳动定额。

对土石方工程施工影响较大的因素有土的施工分级与性质。由于开挖的难易程度不同，水利水电工程中沿用十六级分类法时，通常把前Ⅰ～Ⅳ级称为土（即土质土），Ⅴ级以上的都称为岩石。

一、土的工程性质

土的工程性质对土方工程的施工方法及工程进度影响很大。主要的工程性质有密度、含水量、渗透性、可松性等。

（一）土的工程性质指标

1. 密度

土壤密度，就是单位体积土壤的质量。土在天然状态下单位体积的质量，称为土的天然密度，又称湿密度。它影响土的承载力、土压力及边坡稳定性。土的天然密度 ρ 按下式计算

$$\rho = \frac{m}{V} \tag{1-1}$$

式中　m——土的总质量，kg；

　　　　V——土的天然体积，m^3。

土的干密度 ρ_d 是指单位体积干土的固体颗粒的质量，它是体现黏性土密实程度的指标，常用它来控制压实的质量。土的干密度用下式表示

$$\rho_d = \frac{m_s}{V} \tag{1-2}$$

式中　m_s——土中固体颗粒的质量，kg。

土的干密度在一定程度上反映了土颗粒排列的紧密程度，密度越大开挖难度也越大。工程中常把干密度作为评定填土压实质量的控制指标。土的最大干密度值可参考表1-1。

表1-1　　　　　　　　　土的最佳含水量和最大干密度参考值

土 的 种 类	变 动 范 围	
	最佳含水量（重量比）（%）	最大干密度（g/cm³）
砂土	8～12	1.80～1.88
粉土	16～22	1.61～1.80
亚砂土	9～15	1.85～2.08
亚黏土	12～15	1.85～1.95
重亚黏土	16～20	1.67～1.79
粉质亚黏土	18～21	1.65～1.74
黏土	19～23	1.58～1.70

2. 含水量

土的含水量 w 是指土中所含水的质量与土的固体颗粒质量之比，常用土壤中水的质量与干土质量的百分比表示，即

$$w = \frac{m_w}{m_s} \times 100\% \tag{1-3}$$

式中　m_w——土中水的质量，kg；

　　　　m_s——土中固体颗粒的质量，kg。

土的含水量反映土的干湿程度。含水量在5%以下称干土，含水量5%～30%之间称为湿土，大于30%称为饱和土。土的含水量对挖土的难易、土方边坡的稳定性及填土压实等均有直接影响。因此，土方开挖时，应采取排水措施。回填土时，应使土的含水量处于最佳含水量的变化范围之内，详见表1-1。

3. 渗透性

土的渗透性也称透水性，是指土体被水透过的性质。它主要取决于土体的孔隙特征，如

孔隙的大小、形状、数量和贯通情况等。地下水在土中的渗流速度一般可按达西定律计算

$$v = K \frac{H_1 - H_2}{L} = K \frac{h}{L} = KI \qquad (1-4)$$

式中　v——水在土中的渗流速度，m/d 或 m/h；

　　　K——土的渗透系数，m/d 或 m/h；

　　　I——水力坡度，$I = \dfrac{H_1 - H_2}{L}$，即 A、B 两点水头差与其水平距离之比，如图 1-1 所示。

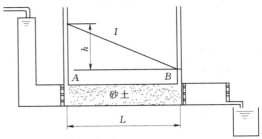

图 1-1　砂土渗透实验

渗透系数 K 反映出土透水性的强弱。它直接影响降水方案的选择和涌水量的计算。可通过室内渗透实验或现场抽水试验确定，一般土的渗透系数参考值见表 1-2。

表 1-2　　　　　　　　　　　一　般　土　壤　渗　透　系　数　　　　　　　　　　　单位：m/d

土壤的种类	K	土壤的种类	K
亚黏土、黏土	<0.1	含黏土的中砂及纯细砂	0~25
亚砂土	0.1~0.5	含黏土的细砂及纯中砂	35~50
含亚黏土的粉砂	0.5~1.0	纯粗砂	50~75
纯粉砂	1.5~5.0	粗砂夹砾石	50~100
含黏土的细砂	10~15	砾石	100~200

4. 可松性

自然状态下的土经开挖后，其体积因松散而增加，虽经回填夯实，仍不能完全恢复到原状态土的体积，土的这种经扰动而体积改变的性质称为土的可松性。土的可松程度用最初可松性系数 K_S 及最终可松性系数 K_S' 表示。即

$$K_S = \frac{V_2}{V_1} \qquad (1-5)$$

$$K_S' = \frac{V_3}{V_1} \qquad (1-6)$$

式中　V_1——土在天然状态下的体积，m³；

　　　V_2——土在挖出后松散状态下的体积，m³；

　　　V_3——土经压（夯）实后的体积，m³。

土的可松性对土方量计算，进行土方填挖平衡计算及运输工具数量的计算均有直接影响。各类土的可松性系数见表 1-3。

表 1-3　　　　　　　　　　　各种土的可松性系数　　　　　　　　　　　单位：t/m³

土的类别	自然状态		挖松后		弃土堆	
	ρ_1	K_1	ρ_2	K_2	ρ_3	K_3
砂土	1.65~1.75	1.00	1.50~1.55	1.05~1.15	1.60~1.65	1.00~1.10
壤土	1.75~1.85	1.00	1.65~1.70	1.05~1.10	1.75~1.85	1.00~1.05
黏土	1.80~1.95	1.00	1.60~1.65	1.10~1.20	1.75~1.80	1.00~1.10
砂砾土	1.90~2.05	1.00	1.50~1.70	1.10~1.40	1.70~1.90	1.00~1.20

续表

土的类别	自然状态		挖松后		弃土堆	
	ρ_1	K_1	ρ_2	K_2	ρ_3	K_3
含砂砾壤土	1.85~2.00	1.00	1.70~1.80	1.05~1.10	1.85~1.95	1.00~1.05
含砂砾黏土	1.90~2.10	1.00	1.55~1.75	1.10~1.35	1.75~2.00	1.00~1.20
卵石	1.95~2.10	1.00	1.70~1.90	1.15	1.90~2.05	1.00~1.05

5. 自然倾斜角

自然堆积土壤的表面与水平面间所形成的角度，称为土的自然倾斜角。挖方与填方边坡的大小，与土壤的自然倾斜角有关。确定土体开挖边坡和填土边坡应慎重考虑，重要的土方开挖，应通过专门的设计和计算确定稳定边坡。挖深在5m以内的窄槽未加支撑时的安全施工边坡一般可参考表1-4。

表1-4   挖深在5m以内的窄槽未加支撑时的安全施工边坡

土 的 类 别	人 工 开 挖	机 械 开 挖	备 注
砂土	1∶1.00	1∶0.75	
轻亚黏土	1∶0.67	1∶0.50	1. 必须做好防水措施，雨季应加支撑；
亚黏土	1∶0.50	1∶0.33	
黏土	1∶0.33	1∶0.25	2. 附近如有强烈震动，应加支撑
砾石土	1∶0.67	1∶0.50	
干黄土	1∶0.25	1∶0.10	

（二）土的颗粒分类

根据土的颗粒级配，土可分为碎石类土、砂土和黏性土。按土的沉积年代，黏性土又可分为老黏性土、一般黏性土和新近沉积黏性土。按照土的颗粒大小，又可分为块石、碎石、砂粒等，详见表1-5。

表1-5   土 的 颗 粒 分 类   单位：mm

颗 粒 名 称	粒 径	颗 粒 名 称	粒 径
漂石或块石	>200	砂粒	2.0~0.05
卵石或碎石	200~20	粉粒	0.05~0.005
圆砾或角砾	20~2.0	黏粒	≤0.005

（三）土的松实关系

当自然状态的土挖松后，再经过人工或机械的碾压、振动，土可被压实，例如，在填筑拦河坝时，从土区取1m³的自然方，经过挖松运至坝体进行碾压后的实体方小于原1m³的自然方，这种性质称为土的可缩性。

在土方工程施工中，经常有三种土方的名称，即自然方、松方、实体方，它们之间有着密切的关系。

1. 土的体积关系

土体在自然状态下由土粒（矿物颗粒）、水和气体三相组成。当自然土体松动后，土体增大，若土粒数量不变，小于松动后的土体积；当经过碾压或振动后，孔隙气体被排出，则压实后的土体积小于自然体积。三者之间的关系为：$V_{原土}<V_{压实}<V_{松散}$。

对于砾、卵石和爆破后的块碎石，由于它们的块体大或颗粒粗，可塑性远小于土粒，因而它们的压实方大于自然方，几种典型土的体积变化换算系数见表 1-6。

表 1-6　　　　　　　　　　几种典型土的体积变化换算系数

土壤种类	$V_{原土}$	$V_{压实}$	$V_{松散}$
黏土	1.00	0.90	1.27
壤土	1.00	0.90	1.25
砂	1.00	0.95	1.12
爆破碎石	1.00	1.30	1.50
固结砾石	1.00	1.29	1.42

当自然土体松动后土体积增大，单位体积的质量变轻；再经过碾压或振动，土粒紧密程度增加，单位体积质量增大，即 $\rho_{松散}<\rho_{原土}<\rho_{压实}$。

2. 自然方和实体方的关系

在土方工程施工中，设计工程量为压实后的实体方，取料场的储量是自然方。在计算压实工程的备料量和运输量时，应该将两者之间的关系考虑进去，并考虑施工过程中技术处理、要求以及其他不可避免的各种损耗。在水利水电施工实践经验的基础上，得出压实后的实体方与所需自然方的换算公式

$$V_{压实}=\left(1+\frac{A}{100}\right)\frac{\rho_0}{\rho_d}V_{原土} \qquad (1-7)$$

式中　$V_{压实}$——压实后的实体方的体积，m^3；

$\quad\quad V_{原土}$——自然方的体积，m^3；

$\quad\quad \rho_d$——设计干密度，kg/m^3；

$\quad\quad \rho_0$——未经扰动的自然干密度，kg/m^3；

$\quad\quad A$——综合系数（考虑了施工中的各种损失）。它包括坝上运输、雨后清理、边坡削坡、接缝削坡、施工沉陷、取土坑、试验坑和不可避免的压坏等损失因素。土料施工综合系数见表 1-7。

表 1-7　　　　　　　　　　土料施工综合系数 A 取值

填筑料	A 值
机械填筑混合坝坝体土料	5.86
机械填筑均质坝坝体土料	4.93
机械填筑心墙土料	5.70
人工填筑坝体土料	3.43
人工填筑心墙土料	3.43
坝体砂石料、反滤料	2.20
坝体堆石料	1.40

二、土的工程分级

土的工程分级按照十六级分类法，通常把前Ⅰ～Ⅳ级称土（即土质土，见表1-8），后面Ⅴ～Ⅺ级称做岩石。同一级土中各类土壤的特征有着很大的差异。例如，坚硬黏土和含砾石黏土，前者含黏粒量（粒径小于0.005mm）在50%左右，而后者含砾石量在50%左右。它们虽都属Ⅰ级土，但颗粒组成不同，开挖方法也不尽相同。

表1-8　　　　　　　　　　　　　一般工程土壤分级表

土质级别	土壤名称	自然湿密度（kg/m³）	外形特征	开挖方法
Ⅰ	1. 砂土； 2. 种植土	1650～1750	疏松、黏着力差或易透水，略有黏性	用锹，有时略加脚踩
Ⅱ	1. 壤土； 2. 淤泥； 3. 含壤土种植土	1750～1850	开挖时能成块并易碎	用锹并脚踩开挖
Ⅲ	1. 黏土； 2. 干燥黄土； 3. 干淤泥； 4. 含少量砾石黏土	1800～1950	粘手，看不见砂粒或干硬	用镐、钉耙开挖或用锹并加脚剐力踩开挖
Ⅳ	1. 坚硬黏土； 2. 砾质黏土； 3. 含砾石黏土	1900～2100	土壤结构坚硬，将土分裂后成块状或含黏粒、砾石较多	用镐、钉耙等开挖

注　在实际工程中，对土壤的特性及外界条件应在分级的基础上，研究确定土的级别。

工 作 任 务 二　土 方 量 计 算

一、基坑、基槽土方量计算

在土石方工程施工之前，必须计算土石方的工程量。土方工程的外形往往很复杂，而且不规则，很难进行精确计算。因此，在一般情况下，都是将工程区域划分成为一定的几何形状，并采用具有一定精度而又和实际情况近似的方法进行计算。

1. 基坑土方量计算

基坑土方量可按立体几何中的拟柱体（由两个平行的平面做底的一种多面体）体积公式计算（图1-2），即

$$V = \frac{H}{6}(F_1 + 4F_0 + F_2) \qquad (1-8)$$

式中　H——基坑深度，m；

F_1、F_2——基坑上、下两底面积，m²；

F_0——基坑中截面面积，m²。

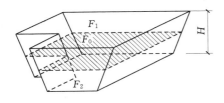

图 1-2 基坑土方量计算

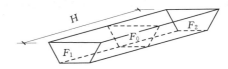

图 1-3 基槽土方量计算

2. 基槽土方量计算

基槽和路堤的土方量可以沿长度方向分段后,再用同样的方法计算(图 1-3),即

$$V_1 = \frac{L_1}{6}(F_1 + 4F_0 + F_2) \qquad (1-9)$$

式中　V_1——第一段的土方量,m^2;

　　　L_1——第一段的长度,m。

将各段土方量相加,即得总土方量为

$$V = V_1 + V_2 + \cdots + V_n \qquad (1-10)$$

式中　V_1、V_2、$\cdots$、V_n——各分段的土方量,m^3。

二、场地平整土方工程计算

场地平整通常是挖高填低。计算场地挖方量和填方量,首先要确定场地设计标高,由设计平面的标高和地面的自然标高之差,可以得到场地各点的施工高度(即填、挖高度),由此可计算场地平整的挖方和填方的工程量。

(一)场地设计标高的确定

场地设计标高是进行场地平整和土方量计算的依据,也是总图规划和竖向设计的依据。合理地确定场地的设计标高,对减少土方量、加速工程速度都有重要的经济意义。如图 1-4 所示,当场地设计标高为 H_0 时,填挖方基本平衡,可将土方移挖作填,就地处理;当设计标高为 H_1 时,填方大大超过挖方,则需从场地外大量取土回填;当设计标高为 H_2 时,挖方大大超过填方,则要向场外大量弃土。

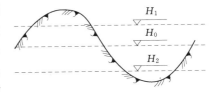

图 1-4 场地不同设计标高的比较

因此,在确定场地设计标高时,应结合现场的具体条件,反复进行技术经济比较,选择其中最优方案。确定场地设计标高时,需考虑以下因素:

(1)满足生产工艺和运输的要求。

(2)充分利用地形(如分区或分台阶布置),尽量使挖填方平衡,以减少土方量。

(3)要有一定泄水坡度(≥2%),使之能满足排水要求。

(4)要考虑最高洪水位的影响。

场地设计标高一般应在设计文件上规定,若设计文件对场地设计标高没有规定,可按下述步骤和方法确定。

1. 初步计算场地设计标高(H_0)

初步计算场地设计标高是根据场地挖填土方量平衡的原则进行的,即场内土方的绝对体积在平整前后是相等的。

（1）在具有等高线的地形图上将施工区域划分为边长 $a=10\sim40\mathrm{m}$ 的若干方格，如图 1-5 所示。

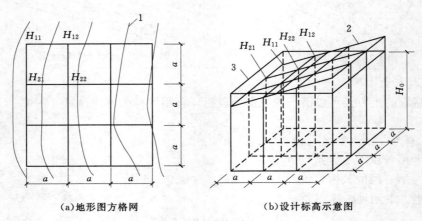

（a）地形图方格网　　　　　　　　　　（b）设计标高示意图

图 1-5　场地设计标高计算示意图
1—等高线；2—自然地面；3—设计地面

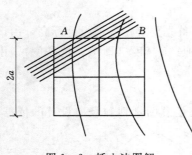

图 1-6　插入法图解

（2）确定各小方格的角点高程。其方法是根据地形图上相邻两等高线的高程，用插人法计算求得；也可用一张通明纸，上面画 6 根等距离的平行线，把该透明纸放到标有方格网的地形图上，将 6 根平行线的最外两根分别对准 A、B 两点，这时 6 根等距离的平行线将 A、B 之间的高差分成 5 等份，于是便可直接读得 C 点的地面标高（图 1-6）。此外，在无地形图或地形不平坦时，可以在地面用木桩或钢钎打好方格网，然后用仪器直接测出方格网角点标高。

（3）按填挖方平衡确定设计标高 H_0，即

$$H_0 na^2 = \sum \left(a^2 \frac{H_{11}+H_{12}+H_{21}+H_{22}}{4} \right) \tag{1-11}$$

$$H_0 = \frac{\sum (H_{11}+H_{12}+H_{21}+H_{22})}{4n} \tag{1-12}$$

由图 1-5 可知，H_{11} 系一个方格的角点标高，H_{12} 和 H_{21} 均系 2 个方格公共的角点标高，H_{22} 则是 4 个方格公共的角点标高，它们分别在上式中要加 1 次、2 次、4 次。因此，上式可改写为

$$H_0 = \frac{\sum H_1 + 2\sum H_2 + 3\sum H_3 + 4\sum H_4}{4n} \tag{1-13}$$

式中　n——方格网数；

　　　H_1——1 个方格仅有的角点标高，m；

　　　H_2——2 个方格共有的角点标高，m；

　　　H_3——3 个方格共有的角点标高，m；

H_4——4 个方格共有的角点标高，m。

2.场地设计标高的调整

以上我们确定的场地设计标高 H_0 仅为一理论值，实际上，还应该考虑一些其他的因素，对 H_0 进行调整。

（1）土的可松性影响。由于土具有可松性，会造成填土的多余，需相应地提高设计标高。

由于土具有可松性，按理论计算出的 H_0 进行施工，填土会有剩余，需相应地提高设计标高，如图 1-7 所示。若 Δh 为土的可松性引起设计标高的增加值，则设计标高调整后的总挖方体积 V'_W 应为

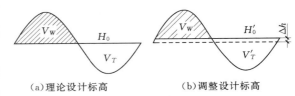

(a)理论设计标高   (b)调整设计标高

图 1-7 设计标高调整计算示意图

$$V'_W = V_W - F_W \Delta h \tag{1-14}$$

总填方体积应为

$$V'_T = V_T + F_T \Delta h \tag{1-15}$$

而
$$V'_T = V'_W K'_S$$

所以
$$V_T + F_T \Delta h = (V_W - F_W \Delta h) K'_S$$

移项整理得：$\Delta h = \dfrac{V_W K'_S - V_T}{F_T + F_W K'_S}$，当 $V_W = V_T$ 时，上式化为

$$\Delta h = \frac{V_W (K'_S - 1)}{F_T + F_W K'_S} \tag{1-16}$$

故考虑土的可松性后，场地设计标高应调整为

$$H'_0 = H_0 + \Delta h \tag{1-17}$$

（2）取土或弃土的影响。由于设计标高以上的各种填方工程的用土量或设计标高以下的各种挖方工程的挖土量的影响，以及经过经济比较而将部分挖方就近弃土于场外（弃土），或部分填方就近从场外取土（借土），都会导致设计标高的降低或提高。因此必要时，亦需重新调整设计标高。

为了简化计算，场地设计标高调整可以按下面近似公式确定，即

$$H''_0 = H'_0 \pm \frac{Q}{na^2} \tag{1-18}$$

式中 Q——假定按原设计标高平整后，多余或不足的土方量；

         n——方格网数；

         a——方格网边长。

（3）考虑泄水坡度对设计标高的影响。按调整后的同一设计标高进行场地平整时，整个场地表面均处于同一水平面，但实际上由于排水的要求，场地需有一定泄水坡度。平整场地的表面坡度应符合设计要求，如无设计要求，排水沟方向的坡度不应小于 2%。因此，还需要根据场地的泄水坡度的要求（单向泄水或双向泄水），计算出场地内各方格角点实际施工所用的设计标高。

单向泄水时设计标高计算，是将已调整的设计标高（H''_0）作为场地中心线的标高（图 1-8），场地内任意一点的设计标高为

$$H_{ij} = H_0'' \pm li \qquad (1-19)$$

式中　H_{ij}——场地内任一点的设计标高；

　　　l——该点至场地中心线 H_0'' 的距离；

　　　i——场地单向泄水坡度（不小于 2%）。

双向泄水时设计标高计算，是将已调整的设计标高（H_0''）作为场地方向的中心点（图 1-9），场地内任一点的设计标高为

$$H_{ij} = H_0'' \pm l_x i_x \pm l_y i_y \qquad (1-20)$$

式中　l_x、l_y——该点沿 $x-x$、$y-y$ 方向距场地的中心线的距离；

　　　i_x、i_y——该点沿 $x-x$、$y-y$ 方向的泄水坡度。

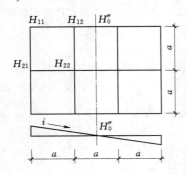

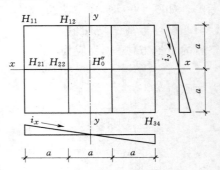

图 1-8　场地具有单向泄水坡度　　　　图 1-9　场地具有双向泄水坡度

（二）场地平整土方量计算

场地平整土方量的计算方法，通常有方格网法和断面法两种。当场地地形较为平坦时宜采用方格网法；当场地地形起伏较大，断面不规则时，宜采用断面法。

1. 方格网法

方格边长一般取 10m、20m、30m、40m 等。根据每个方格角点的自然地面标高和设计标高，算出相应的角点挖填高度，然后计算出每一个方格的土方量，并算出场地边坡的土方量，这样即可求得整个场地的填、挖土方量。其具体步骤如下。

（1）计算场地各方格角点的施工高度。各方格角点的施工高度即需要挖或填的高度，可按下式计算

$$h_n = H_n - H \qquad (1-21)$$

式中　h_n——各角点的施工高度，以"+"为填，"−"为挖；

　　　H_n——各角点的设计标高；

　　　H——各角点的自然地面标高。

（2）确定零线。当同一方格的 4 个角点的施工高度同号时，该方格内的土方则全部为挖方或填方，如果同一方格中一部分角点的施工高度为"+"，而另一部分为"−"时，则此方格中的土方一部分为填方，另一部分为挖方。挖、填方的分界线，称为零线，零线上的点不填不挖，称为不开挖点或零点。确定零线时，要先确定方格边线上的零点，位置可按下式计算，如图 1-10 所示。

$$x = \frac{ah_1}{h_1 + h_2} \qquad (1-22)$$

式中 x——零点距角点 A 的距离；

a——方格边长；

h_1、h_2——相邻两角点的填挖施工高度绝对值。

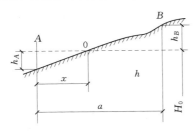

图 1-10 求零点的图解法

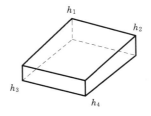

图 1-11 全挖或全填的方格

将方格网中各相邻的零点连接起来，即为不开挖的零线。零线将场地划分为挖方范围和填方范围两部分。

（3）计算场地方格挖填土方量。场地各方格土方量的计算有两种方法，即四角棱柱体法和三角棱柱体法。

1）四角棱柱体的体积计算方法。方格 4 个角点全部为填方（或挖方），如图 1-11 所示，其土方量为

$$V = \frac{a^2}{4}(h_1 + h_2 + h_3 + h_4) \tag{1-23}$$

方格的相邻两角点为挖方，另两角点为填方，如图 1-12 所示，其挖方部分的土方量为

$$V_{1,2} = \frac{a^2}{4}\left(\frac{h_1^2}{h_1 + h_4} + \frac{h_2^2}{h_2 + h_3}\right) \tag{1-24}$$

填方部分的土方量为

$$V_{3,4} = \frac{a^2}{4}\left(\frac{h_3^2}{h_2 + h_3} + \frac{h_4^2}{h_1 + h_4}\right) \tag{1-25}$$

方格的三个角点为挖方，另一个角点为填方，或者相反时，如图 1-13 所示。

其填方部分土方量为

$$V_4 = \frac{a^2}{6}\frac{h_4^3}{(h_1 + h_4)(h_3 + h_4)} \tag{1-26}$$

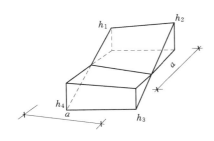

图 1-12 两挖和两填的方格

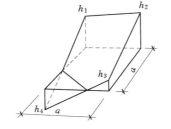

图 1-13 三挖一填（或相反）的方格

挖方部分土方量为

$$V_{1,2,3} = \frac{a^2}{6}(2h_1 + h_2 + 2h_3 - h_4) + V_4 \tag{1-27}$$

2) 三角棱柱体的体积计算方法。用三角棱柱体法计算场地土方量，是把每一个方格顺地形等高线沿对角线划分成两个三角形（图 1 - 14），然后分别计算每一个三角棱柱（棱锥）体的土方量。

当三角形 3 个角点均为挖或填时，如图 1 - 15 （a）所示，其挖填方体积为

$$V = \frac{a^2}{6}(h_1 + h_2 + h_3) \qquad (1-28)$$

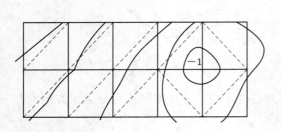

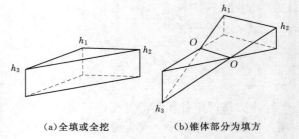

（a）全填或全挖　　　　（b）锥体部分为填方

图 1 - 14　按地形方格划分成三角线　　　　图 1 - 15　三角棱柱体的体积计算

当三角形有挖有填时，这时"零线"把三角形分成了两部分，如图 1 - 15 （b）所示，一个是底边当三角形的锥体，另一部分是底边为四边形的楔体，即

$$V_{锥} = \frac{a^2}{6}\frac{h_3^3}{(h_1+h_3)(h_2+h_3)} \qquad (1-29)$$

$$V_{楔} = \frac{a^2}{6}\left[\frac{h_3^3}{(h_1+h_3)(h_2+h_3)} - h_3 + h_2 + h_1\right] \qquad (1-30)$$

必须指出，四角棱柱体的计算公式是根据平均中断面的近似公式推导而得，当方格中地形不平时误差较大，但计算简单，目前用人工计算土方量时多用此法。三角棱柱体的计算公式是根据立体几何计算公式推导出来的，当三角形顺着等高线进行划分时精确度较高，但计算繁杂，适宜用计算机计算。

（4）计算场地边坡土方量。在场地平整施工中，沿着场地四周都需要作成边坡，以保持土体稳定，保证施工和使用的安全。边坡土方量的计算，可先把挖方区和填方区的边坡画出来，然后将边坡划分为两种近似的几何形体，如三角棱柱体或三角棱锥体，如图 1 - 16 所示，分别计算其体积，求出边坡土方的挖、填方土方量。

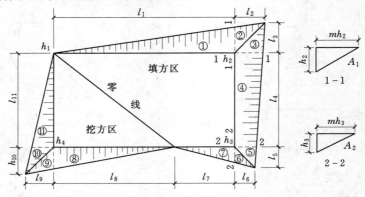

图 1 - 16　场地边坡平面图

1）棱锥体边坡体积。例如，图 1-16 中的①，其体积为

$$V_1 = \frac{1}{3}A_1 l_1 \tag{1-31}$$

其中

$$A_1 = \frac{h_2(mh_2^2)}{2} = \frac{mh_2^2}{2}$$

式中　l_1——边坡①的长度；

　　　　A_1——边坡①的端面积；

　　　　m——边坡①的坡度系数。

2）三角棱柱体边坡体积。例如图 1-16 中的④，其体积为

$$V_4 = \frac{A_1 + A_2}{2}l_4 \tag{1-32}$$

在两端横断面面积相差很大的情况下，则

$$V_4 = \frac{l_4}{6}(A_1 + 4A_0 + A_2) \tag{1-33}$$

式中　　　l_4——边坡④的长度；

A_1、A_2、A_0——边坡④两端及中部的横断面面积，算法同 A_1。

2. 断面法

沿场地取若干个相互平行的断面（当精度要求不高时，可利用地形图定出，若精度要求较高，应实地测量定出），将所取的每个断面（包括边坡断面）划分为若干个三角形和梯形，如图 1-17 所示，则面积

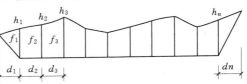

图 1-17　断面示意图

$$f_1 = \frac{h_1 d_1}{2}, f_2 = \frac{(h_1 + h_2)d_2}{2}, \cdots$$

某一断面面积为

$$F_i = f_1 + f_2 + \cdots + f_n$$

若 $d_1 = d_2 = \cdots = d_n = d$，则

$$F_i = d(h_1 + h_2 + \cdots + h_n)$$

设各断面面积分别为 F_1、F_2、$\cdots$、F_n，相邻两断面间的距离依次为 l_1、l_2、$\cdots$、l_n，则所求土方量为

$$V = \frac{F_1 + F_2}{2}l_1 + \frac{F_2 + F_3}{2}l_2 + \cdots + \frac{F_{n-1} + F_n}{2}l_n \tag{1-34}$$

说明：用断面法计算土方量时，边坡土方量已包括在内。

工作任务三　土　方　开　挖

基坑的开挖往往涉及一系列的问题，如边坡稳定、基坑支护、降低地下水位及开挖方案的确定等。

一、开挖准备工作

1. 学习与审查图纸、图纸会审

施工单位在接到施工图纸后，应首先组织各专业主要人员对图纸进行学习及综合审查。

对发现的问题加以整理，然后在图纸会审时逐条加以解决。

图纸会审是施工单位熟悉、审查设计图纸，了解工程特点、设计意图和关键部位的工程质量要求，帮助设计单位减少差错的重要手段。图纸会审一般由建设单位组织设计、施工、监理等单位的相关技术人员参加。首先由建设单位介绍工程建设情况，然后由设计单位相关专业介绍设计意图，最后由施工单位提出在图纸自审中发现的问题和对设计单位的要求，通过三方的讨论与协商，解决存在的问题，写成正式文件或会议纪要，经三方代表签字，作为施工依据。

2. 编制施工方案

施工方案是施工组织设计的核心，直接影响施工效益、质量和工期。它包括确定施工流向和施工程序，选择主要分部工程的施工方法和施工机械，安排施工顺序以及进行施工方案的技术经济比较等内容。

3. 场地平整，清理障碍物

平整场地应按总平面图中确定的标高进行。清理障碍物时一定要弄清情况并采取相应的措施，以防发生事故。各类管线、埋地电缆、架空电线等的拆除应与有关部门取得联系并办好手续后才可进行。坚实、牢固的障碍物可经有关主管部门批准，采用爆破的方法，由专业施工人员拆除。

4. 工程定位放线

工程定位是指将建筑物外墙轴线交点测设到地面上，并以此作为基础测设和细部测设的依据。通常可以根据建筑红线、测量控制点、建筑方格网或已有的建筑物定位。放线是指根据已定位的主轴线交点桩详细测出建筑物其他各轴线交点的位置，并用木桩标定出来，并据此按基础宽和放坡宽用石灰撒出开挖边界线。

5. 修建临时设施与道路

施工现场所需临时设施主要包括生产性临时设施和生活性临时设施。生产性临时设施主要有混凝土搅拌站、各种作业棚、建筑材料堆场及仓库等。生活性临时设施主要有宿舍、食堂、办公室、厕所等。所有这些临时设施应尽可能利用永久性工程，按批准的图纸搭建。

二、土方边坡施工

土方边坡的坡度以其高度 h 与底宽 b 之比来表示，即

$$土方边坡坡度 = \frac{H}{B} = \frac{1}{b/h} = 1 : m \tag{1-35}$$

式中　m——边坡系数，$m = b/h$。

若土壁高度较高，在满足土体边坡稳定的条件下，土方边坡可根据各层土质及土体所受的压力，做成折线形或台阶形，以减少土方量。土方边坡的大小，应根据土质条件、挖方深度、地下水位、施工方法及工期长短、附近堆土及相邻建筑物情况等因素确定，如图 1-18 所示。

一般边坡系数 m 值应由设计文件规定，当设计文件未作规定时，应按照 GB 50201—2012《土方和爆破工程施工及验收规范》的有关规定来选取。

当土质均匀且地下水位低于基坑（槽）或管沟底面标高时，挖方深度不超过表 1-9 规定时，挖方边坡可做成直立壁而不加支撑。

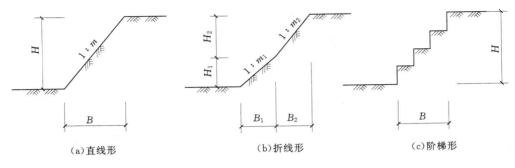

(a)直线形	(b)折线形	(c)阶梯形

图 1-18　边坡形式

表 1-9　　　　　　　　　　**直立壁不加支撑挖方深度**

土 的 类 别	挖方深度（m）
密实、中密的砂土和碎石类土（填充物为砂土）	1.00
硬塑、可塑的轻亚黏土及亚黏土	1.25
硬塑、可塑的黏土和碎石类土（填充物为黏性土）	1.50
坚硬的黏土	2.00

当地质条件良好，土质均匀且地下水位低于基坑（槽）或管为底面标高时，挖方深度在 5m 以内时，不加支撑的边坡最陡坡度应符合表 1-10 的规定。

表 1-10　　　　　　　　**深度在 5m 内的基坑（槽）、管沟边坡的最陡坡度**

土 的 类 别	边坡坡度（1:m）		
	坡顶无荷载	坡顶有静载	坡顶有动载
中密的砂土	1:1.00	1:1.25	1:1.50
中密的碎石类（填充物为砂土）	1:0.75	1:1.00	1:1.25
硬塑的粉土	1:0.67	1:0.75	1:1.00
中密的碎石类土（填充物为黏性土）	1:0.50	1:0.67	1:0.75
硬塑的粉质黏土、黏土	1:0.33	1:0.50	1:0.67
老黄土	1:0.10	1:0.25	1:0.33
软土（经井点降水后）	1:1.00	—	—

注　1. 静载指堆土放材料等，动载指机械挖土或汽车运输作业等。静载或动载距挖方边缘的距离在 0.8m 以外，且高度不超过 1.5m。
　　2. 当有成熟施工经验时，可不受本表限制。

为了保证边坡和直立壁的稳定性，在挖方边坡上方堆土或其他材料以及有施工机械行驶时，应与挖方边缘保持一定距离。当土质良好时，堆土或材料应距挖方边缘 0.8m 以外，高度不宜超过 1.5m。在软土地区开挖时，挖出的土方应随挖随运，不得堆放在边坡顶上，避免由于地面上荷载过大引起边坡塌方事故。根据工程实践分析，造成边坡塌方的主要因素有：

（1）水的影响。雨水、地下水或施工用水渗入边坡，使土体的重量增大及抗剪能力降低，这是造成边坡塌方的最主要原因。

（2）边坡坡度。基坑边坡留得太陡，使土体本身的稳定性不够而发生塌方。

（3）荷载。基坑上边缘附近大量堆土或停放机具，使土体中产生的剪应力超过土体的抗剪强度，或在边坡处存在动荷载导致土体扰动失稳。

因此，为防止边坡塌方，除保证边坡大小与边坡上边缘的荷载符合规定要求外，在施工中还必须做好排除地面水工作，防止地表水、施工用水和生活用水浸入开挖场地或冲刷土方边坡。在雨季施工时，更应注意检查边坡的稳定性，必要时可适当放缓边坡坡度或设置支撑，以防塌方。

三、土壁支护施工

开挖基坑基槽时，如地质条件及周围环境许可，采用放坡开挖是较经济的。但在建筑稠密地区施工，有时无法按规定的坡度放坡或无法保证施工安全时，一般采用支护结构临时支挡，以保证土壁稳定。基坑支护结构既要确保坑壁稳定、坑底稳定、邻近建筑物与构筑物和管线的安全，又要考虑支护结构施工方便、经济合理、有利于土方开挖和地下工程的建造。

（一）基槽支护结构

开挖狭窄的基坑（槽）或管沟时，多采用横撑式支撑。横撑式土壁支撑根据挡土板的不同，分为水平挡土板和垂直挡土板，前者又分为断续式水平支撑、连续式水平支撑，如图1-19所示。对湿度小的黏性土，当挖土深度小于3m时，可用断续式水平支撑；对松散、湿度大的土壤可用连续式水平支撑，挖土深度可达5m，对松散和湿度很高土，可用垂直挡土板支撑，挖土深度不限。

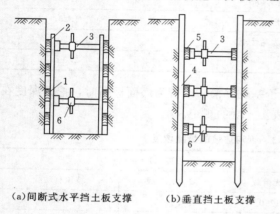

（a）间断式水平挡土板支撑　　（b）垂直挡土板支撑

图1-19　横撑式支撑示意图
1—水平挡土板；2—立柱；3—工具式横撑；4—垂直挡土板；5—横楞木；6—调节螺栓

采用横撑式支撑时，应随挖随撑，支撑牢固，施工中应经常检查，如有松动、变形等现象时，应及时加固或更换。支撑的拆除应按回填顺序依次进行，多层支撑自下而上逐层拆除随拆随填。

（二）基坑支护结构

支护结构的作用是在基坑挖土期间既挡土又挡水，以保证基坑开挖和基础施工能安全、顺利地进行，避免对周围的建筑物、道路和地下管线等产生危害。

支护结构包括挡墙与支撑（拉锚）两部分，按受力不同可分重力式支护结构、非重力式支护结构、边坡稳定式支护。非重力式支护结构按支护结构支撑系统的不同又分为悬臂式支护结构、内撑式支护结构和坑外锚拉式支护结构。按挡墙所选用的材料不同，支护结构分为钢板桩、钢筋混凝土桩、地下连续墙、深层搅拌水泥土桩、旋喷桩等排桩挡墙。土钉墙挡土墙属于边坡稳定式支护法，深层搅拌水泥土桩和旋喷桩幕墙属于重力式支护结构，其他均属非重力式支护结构。

1. 重力式支护墙类型

（1）深层搅拌水泥土桩挡墙。它是用特制进入土层深处的深层搅拌机将喷出的水泥浆固化剂与地基土进行原位强制拌和而制成水泥土桩，水泥土桩相互搭接硬化后即形成具有一定强度的壁状挡墙（有各种形式，可计算确定），既可挡土又可形成隔水帷幕。平面呈任何形状、开挖深度不很深的基坑（一般不超过 6m）均可采用此种支护结构，比较经济。水泥土的物理力学性质取决于水泥掺入比，多为 12% 左右。

深层搅拌水泥土桩挡墙属重力式挡墙，深度大时可在水泥土中插入加筋杆件，形成加筋水泥土挡墙，必要时还可辅以内支撑等。此种支护结构特别适用于软土地区。

（2）旋喷桩挡墙。它是钻孔后将钻杆从地基土深处逐渐上提，同时利用插入钻杆端部的旋转喷嘴，将水泥浆固化剂喷入地基土中形成水泥土桩，桩体相连形成帷幕墙，可用作支护结构挡墙。在较狭窄地区亦可施工。它与深层搅拌水泥土桩一样，属重力式挡墙，只是形成水泥土桩的工艺不同。在旋喷桩施工时，要控制好上提速度、喷射压力和喷射量，否则难以保证质量。

2. 非重力式支护墙类型

（1）H 型钢支柱挡板支护挡墙。这种支护挡墙支柱按一定间距打入土中，支柱之间设木挡板或其他挡土设施（随开挖逐步加设），支护和挡板可回收使用，较为经济。它适用于土质较好、地下水位较低的地区。

（2）钢板桩。常用的钢板桩（图 1-20）有简易的槽钢钢板桩和热轧锁口钢板桩。

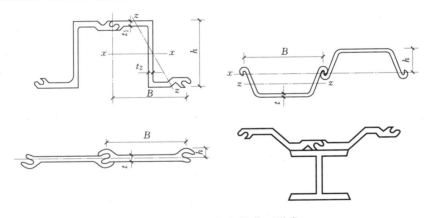

图 1-20 常用钢板桩截面形式

1）槽钢钢板桩。槽钢钢板桩是一种简易的钢板桩挡墙，由槽钢并排或正反扣搭接组成。槽钢长 6~8m，型号由计算确定。由于其抗弯能力较弱，多用于深度不超过 4m 的基坑，顶部近地面处应设一道支撑或拉锚。

2）热轧锁口钢板桩。其形式有 U 形、Z 形、一字形、H 形和组合形。我国一般常用 U形，即互相咬接形成板桩墙，只有在基坑深度很大时才用组合型。一字形在水工结构施工中可以用来围成圆形墩隔墙。U 形钢板桩可用于开挖深度 5~10m 的基坑，目前我国各地区尚有应用。由于热轧锁口钢板桩一次性投资较大，多以租赁方式租用，用后拔出归还。在软土地基地区钢板桩打设方便，有一定挡水能力，施工迅速，且打设后可立即开挖，所以当基坑深度不太大且周围环境要求不太严格时往往将其作为考虑的方案之一。

由于钢板桩柔性较大，基坑较深时支撑（或拉锚）工程量较大，给坑内施工带来一定困难；而且，由于钢板桩用后拔除时带土，如处理不当会引起土层移动，将会给施工的结构或周围的设施带来危害，必须予以充分注意，应采取有效技术措施减少带土。

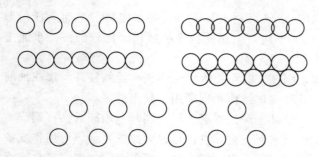

图 1-21 钢筋混凝土灌注桩布置方式

（3）钢筋混凝土灌注桩排桩挡墙（图 1-21）。这种桩型刚度较大，抗弯能力强，变形相对较小，有利于保护周围环境，而且价格较低，经济效益较好。但其施工工艺问题尚未完全解决，因此这种桩难以做到桩间相切，桩之间留有 100～150mm 的间隙，挡水能力较差，需另做防水帷幕。目前常在桩背面相隔 100mm 左右处施工两排深层搅拌水泥土桩，或桩间施工树根桩、注浆止水。

3. 支撑系统类型

当基坑深度较大，悬臂的挡墙在强度和变形方面不能满足要求时，需要增设支撑系统。支撑系统分两类：基坑内支撑和基坑外拉锚。基坑外拉锚又分为顶部拉锚与土层锚杆拉锚，前者用于不太深的基坑，多为钢板桩，在基坑顶部将钢板桩挡墙用钢筋或钢丝等拉结锚固在一定距离之外的锚桩上；土层锚杆拉锚多用于较深的基坑。

内支撑常用的有钢结构支撑和钢筋混凝土结构支撑两类。钢结构支撑多用圆钢管和 H 型钢。为减少挡墙的变形，用钢结构支撑时可用液压千斤顶施加预顶力。

（1）钢结构支撑。钢结构支撑拼装和拆除方便、迅速，为工具式支撑，可多次重复使用，而且可根据控制变形的需要施加预顶力，有一定的优点。但与钢筋混凝土结构支撑相比，它的变形相对较大，且由于圆钢管和型钢的承载能力不如钢筋混凝土结构支撑的承载能力大，因而支撑水平向的间距不能很大，对于机械挖土不太方便。在大城市建筑物密集地区开挖基坑，支护结构多以变形控制，在减少变形方面钢结构支撑不如钢筋混凝土结构支撑，但如果分阶段根据变形多次施加预顶力也能控制变形量。

1）钢管支撑。钢管支撑一般采用 ϕ609 钢管，用不同壁厚的钢管来适应不同的荷载，常用的壁厚为 12mm、14mm，有时用 16mm。除 ϕ609 钢管外，也可用较小直径钢管，如 ϕ580、ϕ406 钢管等。钢管的刚度大，单根钢管有较大的承载能力，不足时还可两根钢管并用。

钢管支撑的形式多为对撑或角撑（图 1-22）。采用对撑时，为增大间距在端部可加设琵琶撑，以减少腰梁的内力；采用角撑时，如间距较大、长度较长，可增设腹杆形成桁架式支撑。

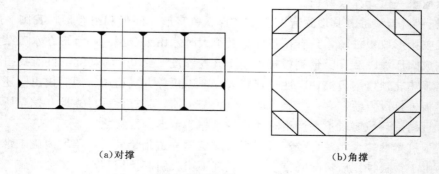

(a)对撑   (b)角撑

图 1-22 钢管支撑的形式

2）H 形钢支撑。H 形钢支撑用螺栓连接，为工具式钢支撑，现场组装方便，构件标准化，对不同的基坑能按照设计要求进行组合和连接，可重复使用，有推广价值。

H 形钢分为焊接 H 形钢和轧制 H 形钢两种。

（2）钢筋混凝土支撑。钢筋混凝土支撑是利用土模或模板随着挖土逐层现浇，截面尺寸和配筋根据支撑布置和杆件内力大小而定。它刚度大，变形小，能有效地控制挡墙变形和周围地面的变形，宜用于较深基坑和周围环境要求较高的地区。但在施工中要尽快形成支撑，减少土壤蠕变变形，减少时间效应。

由于钢筋混凝土支撑为现场浇筑，形式可随基坑形状而变化，因而有多种形式，如对撑、角撑、桁架式支撑、圆形、拱形、椭圆形等形状支撑，如图 1-23 所示。

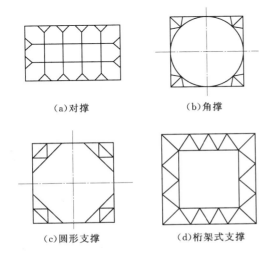

（a）对撑　　　　（b）角撑

（c）圆形支撑　　　（d）桁架式支撑

图 1-23　钢筋混凝土支撑

钢筋混凝土支撑的混凝土强度等级多为 C30，截面尺寸由计算确定。腰梁的截面尺寸有 600mm×800mm（高×宽）、800mm×1000mm 和 1000mm×1200mm，支撑的截面尺寸常为 600mm×800mm（高×宽）、800mm×1000mm、800mm×1200mm 和 1000mm×1200mm。支撑的截面尺寸在高度方向要与腰梁相匹配，配筋由计算确定。

对平面尺寸大的基坑，在支撑交叉点处需设立柱，在垂直方向支承水平支撑。立柱可为 4 个角钢组成的格构式柱、圆钢管或型钢。考虑到承台施工时便于穿钢筋，格构式柱，应用较多。立柱的下端插入作为工程桩使用的灌注桩内，插入深度不宜小于 2m，否则立柱就要设置专用的灌注桩基础，因此格构式立柱的平面尺寸要与灌注桩的直径相匹配。

对于多层支撑的深基坑，设计支撑时要考虑挖土机上支撑挖土所产生的荷载，施工中要采取措施避免挖土机直接压支撑。

如果基坑的宽（长）度很大，所处地基的土质较好，在内部设置支撑需耗费大量材料，而且不便于挖土施工，此时可考虑选用土层锚杆在基坑外面拉结固定挡墙，可取得较好的经济效益。

4. 拉锚与土层锚杆

拉锚式围护结构依其外拉系统设置方式及位置的不同分成两类：外拉系统在坑外地表设置的，称为地面拉锚围护结构；外拉系统在坑内沿坑壁设置的，称为锚杆围护结构。一般大型较深的基坑、邻近有建（构）筑物而不允许有较大变形的基坑以及不允许设内撑的基坑均可考虑选用拉锚式围护结构。

（1）拉锚。如图 1-24、图 1-25 所示，地面拉锚围护结构由围护桩 PG、拉杆 EF 以及锚固体 AB（锚杆或锚定板）组成。以锚桩为锚固体的，称为桩式地面拉锚；以锚定板为锚固体的，称为板式地面拉锚。

桩式地面拉锚（图 1-24），其拉杆一般水平设置，通过开沟浅埋于地表下。这种地面拉锚围护结构简单且便于施工，整个围护系统均在基坑开挖之前完成，作业（包括围护与开挖）十分安全，施工质量容易保证。因此，在条件许可的前提下，这种围护结构是一种经济易行的方式。

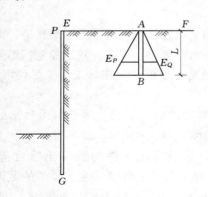

图 1-24　桩式地面拉锚

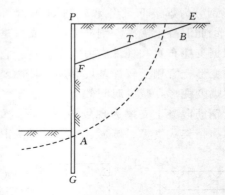

图 1-25　板式地面拉锚

板式地面拉锚（图 1-25），其拉杆是通过倾斜钻孔来设置的，因此对钻孔精度要求较严。也可像桩式地面拉锚的拉杆一样水平设置，这种设置方法较简单。

（2）土层锚杆。亦称土锚，是一种受拉杆件，它一端（锚固端）锚固在稳定的地层中，另一端与支护结构的挡墙相连接，将支护结构和其他结构所承受的荷载（土压力、水压力以及水上浮力等）通过拉杆传递到锚固体上，再由锚固体将传来的荷载分散到周围稳定的地层中去。

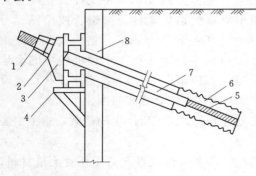

图 1-26　锚杆构造

1—锚具；2—垫板；3—台座；4—托架；5—拉杆；
6—锚固体；7—套管；8—围护挡墙

锚杆支护体系由支护挡墙、腰梁（围檩）及托架、锚杆三部分组成（图 1-26）。腰梁的目的是将作用于支护挡墙上的水、土压力传递给锚杆，并使各杆的应力通过腰梁得到均匀分配。锚杆由锚头、拉杆（拉索）和锚固体三部分组成。

土层锚杆的施工包括钻孔、拉杆制作与安装、灌浆、张拉锁定等工作。施工前应作必要的准备工作。

1）准备工作。了解施工区土层分布及各层物理力学性能，以便实施锚杆的布置、选择钻孔方法；了解地下水状况及其化学成分，以确定排水、截水措施以及拉杆的防腐措施；查明施工区范围内地下埋设物的位置，与设计单位进行技术咨询，预测锚杆施工对其影响的可能性与后果。

2）钻孔。国内目前使用的土层锚杆钻孔机具，一部分是土锚专用钻机，另一部分则是经适当改装的常规地质钻孔机和工程钻机。专用锚杆钻机可用于各种土层，非专用钻机若不能带套管钻进则只能用于不易塌孔的土层。

常用的土锚钻孔方法有螺旋钻孔干作法和压水钻进成孔法两种。螺旋钻孔干作法是由钻孔机的回转机构带动螺转钻杆，在一定钻压和钻削下，将切削下的松动土体顺螺杆排出孔外。这种钻孔方法宜用于地下水位以上的黏土、粉质黏土、砂土等土层。土层锚杆施工多用压水钻进成孔法，其优点是把钻孔过程中的钻进、出碴、固壁、清孔等工序一次完成，可防止塌孔，不留残土，软、硬土都适用。

应当注意，土层锚杆钻孔要求孔壁平直，不得坍塌松动；不得使用膨润土循环泥浆护壁，以免在孔壁形成泥皮，降低土体对锚固体的摩阻力。

在砂性土地层，孔位处于地下水位以下钻孔时，由于静水压力较大，水及砂会从外套管与预留孔之间的空隙向外涌出，一方面造成继续钻进困难，另一方面水、砂土流失过多会造成地面沉降，从而造成危害。为此必须采取防止涌水涌砂措施。一般采用孔口止水装置，并采用快速钻进、快速接管，入岩后再冲洗的方法。这样既保证成孔质量，又能解决钻孔过程中涌水涌砂问题。同样，在注浆时也可采用高压稳压注浆法，用较稳定的高压水泥浆压住流砂和地下水，并在水泥浆中掺外加剂，使之速凝止水。拔外套管到最后两节时，可把压浆设备从高压快速挡改成低压慢速挡，并在浆液中改变外加剂，增大水泥浆稠度，待水泥浆把外套管与预留孔之间空隙封死，并使水泥浆呈初凝状态后，再拔出外套管。

为了提高锚杆的抗拔能力，往往采用扩孔方法扩大钻孔端头。扩孔有四种方法：机械扩孔、爆炸扩孔、水力扩孔、压浆扩孔。目前国内多用爆炸扩孔与压浆扩孔。扩孔锚杆的钻孔直径一般为 90～130mm，扩孔段直径一般为钻孔直径的 3～5 倍。扩孔锚杆主要用于松软地层。

3）拉杆制作及安装。国内土层锚杆用的拉杆，承载力较小的多用粗钢筋，承载力较大的多用钢绞线。拉杆使用前要做防腐处理。

4）注浆。注浆的目的是形成锚固段，并防止钢拉杆腐蚀。此外，压力注浆还能改善锚杆周围土体的力学性能，使锚杆具有更大的承载力。

锚杆注浆用水泥砂浆，宜用标号不低于 42.5MPa 的普通硅酸盐水泥，其细骨料、含泥量、有害物质含量等均应符合相关规范的要求。注浆常用水灰比 0.4～0.45 的水泥浆，或灰砂比 1∶1～1∶1.2、水灰比 0.38～0.45 的水泥砂浆，必要时可加入一定量的外加剂或掺合料，以改善其施工性能以及与土体的黏接性能。锚杆注浆用水、水泥及其添加剂应注意氯化物与硫酸盐的含量，以防对钢拉杆的腐蚀。

注浆方法有一次注浆法和两次注浆法两种。

一次注浆法：用泥浆泵通过一根注浆管自孔底起开始注浆，待浆液流出孔口时将孔口封堵，继续以 0.4～0.6MPa 压力注浆，稳压数分钟后注浆结束。

二次注浆法：锚孔内同时放入两根注浆管，分别用于一次注浆和二次注浆。一次注浆管的管底出口用黑胶布封住，以防沉放时管口进土。开始注浆时管底距孔底 50cm 左右，随一次浆注入，一次注浆管可逐步拔出，待一次浆量注完即予以回收。二次注浆用注浆管管底出口封堵严密，从管端起向上沿锚固段全长每隔 1～2m 做一段花管，花管孔眼 $\phi6～\phi8$mm，花管段用黑胶布封口。花管段长度及孔眼间距需要专门设计。一次注浆可注水泥浆或水泥砂浆，注浆压力 0.3～0.5MPa。待一次浆初凝后，即可进行二次注浆。二次注浆压力 2MPa左右，要稳压 2min。二次注浆实为劈裂注浆，二次浆液冲破一次注浆体，沿锚固体与土的界面向土体挤压劈裂扩散，使锚固体直径加大，径向压力也增大，周围一定范围内土体密度及抗剪强度均有不同程度增加。因此，二次注浆可显著提高土锚的承载力。

5）张拉和锁定。土层锚杆灌浆后，预应力锚杆还需张拉锁定。张拉锁定作业在锚固体及台座的混凝土强度达 15MPa 以上时进行。在正式张拉前，应取设计拉力值的 0.1～0.2 倍预拉一次，使其各部位接触紧密、杆体完全平直。对永久性锚杆，钢拉杆的张拉控制应力不应超过拉杆材料强度标准值的 0.6 倍；对临时锚杆，不应超过 0.65 倍。钢拉杆张拉至设计拉力的 1.1～1.2 倍，并维持 10min（砂土中）或 15min（黏土中），然后卸载至锁定荷载予以锁定。

锚杆工程完成后必须进行验收试验，以确定施工锚杆是否已达到设计预定的极限承载力。

5. 土钉墙支护

土钉墙是采用土钉加固的基坑侧壁土体与护面等组成的结构。它是将拉筋插入土体内部全长度与土黏结，并在坡面上喷射混凝土，从而形成加筋土体加固区带，用以提高整个原位土体的强度并限制其位移，同时增强基坑边坡坡体的自身稳定性。土钉墙适用于开挖支护和天然边坡加固，是一项实用的原位岩石加筋技术。

土钉墙的类型按施工方法不同，可分为钻孔注浆型土钉、打入型土钉和射入型土钉墙三类。钻孔注浆型土钉墙目前在我国应用最广，可用于永久性或临时性的支护工程。

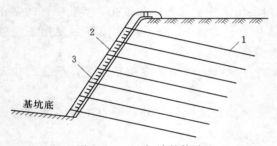

图 1-27　土钉墙的构造
1—土钉；2—铺设钢筋网；3—喷射混凝土面层

（1）土钉支护的构造。如图 1-27 所示。

有关构造要求如下：土钉墙的墙面坡度不宜大于 1:0.1；土钉必须与面层有效连接，应设置承压板或加强钢筋等构造，承压板或加强钢筋应与土钉钢筋焊接连接；土钉的长度宜为开挖深度的 0.5～1.2 倍，间距宜为 1～2m，与水平面夹角宜为 50°～20°；土钉钢筋材料宜采用 HRB300、HRB400 级钢筋，钢筋直径宜为 16～32mm，钻孔直径宜为 70～120mm；注浆材料宜采用水泥浆或水泥砂浆，其强度不宜低于 M10；喷射混凝土面层中宜配置钢筋网，钢筋直径宜为 6～10mm，间距宜为 150～300mm；喷射混凝土强度等级不宜低于 C20，面层厚度不宜小于 80mm；坡度上下段钢筋网搭接长度应大于 300mm；土钉墙墙顶应采用砂浆或混凝土护面，在坡顶和坡脚应设排水措施，在坡面上可根据具体情况设置泄水孔。

土钉墙适用于地下水位以上或经人工降水后有一定黏结性的杂填土、黏性土、粉土及微胶结砂土的基坑开挖支护，不宜用于含水丰富的粉细砂层、砂卵石层和淤泥质土，不应用于没有临时自稳能力的淤泥、饱和软弱土层。土钉墙基坑支护开挖深度适宜于 5～12m，当与护坡桩或预应力锚杆联合支护时，深度还可适当增加。

（2）土钉支护的施工。

土钉支护施工过程主要包括以下几个方面：

1）作业面开挖。土钉墙施工是随着工作面开挖分层施工的，每层开挖的最大高度可按下式估算

$$h = \frac{2c}{\gamma \tan(45° - \varphi/2)} \tag{1-36}$$

式中　h——每层开挖深度，m；

　　　c——土的黏聚力（直剪快剪），kPa；

γ——土的重度，kN/m^3；

φ——土的内摩擦角（直剪快剪），(°)。

开挖高度一般与土钉竖向间距相匹配，以便于土钉施工。每层开挖的纵向长度取决于交叉施工期间保持坡面稳定的坡面面积和施工流程的相互衔接，长度一般为10m。开挖施工设备必须能挖出光滑规则的斜坡面，最大限度地减少对支护土层的扰动。松动部分在坡面支护前必须予以清除。对松散的或干燥的无黏性土，尤其是当坡面受到外来振动时，要先行进行灌浆处理，在附近爆破可能产生的影响也必须予以考虑。用挖土机挖土时，应辅以人工修整。

2）成孔。成孔工艺和方法与土层条件、机具装备及施工单位的手段和经验有关。当前国内大多数采用螺旋钻、洛阳铲等干法成孔设备，也可使用如 YTN-87 型土锚专用钻机成孔。对边坡加固土钉，要求使用质量轻、易操作及搬运的钻机。为满足土钉钻孔的要求，可选用 KHYD40KBA 型岩石电钻，配置 $\phi75$ 的麻花钻杆，每节钻杆长 1.5m，钻机整机质量 40kg，搬动操作非常方便，钻孔速度 0.2～0.5m/min，工效较高。

3）置筋。在置筋前，最好采用压缩空气将孔内残留及扰动的废土清除干净。放置的钢筋一般采用 B 级螺纹钢筋，为保证钢筋在孔中的位置，在钢筋上每隔 2～3m 焊置一个定位架。

4）注浆。土钉注浆可采用注浆泵或砂浆泵灌注，浆液采用纯水泥浆或水泥砂浆。纯水泥浆可用 42.5MPa 普通硅酸盐水泥，用搅拌装置按水灰比 0.45 左右搅拌，水泥砂浆采用 1:2～1:3 的配合比，用砂浆搅拌机搅拌，再采用注浆泵或灰浆泵进行常压或高压注浆。为保证土钉与周围土体紧密结合，在孔口处设置止浆塞并旋紧，使其与孔壁紧密贴合。在止浆塞上将注浆管插入注浆口，深入至孔底 0.2～0.5m 处，注浆管连接注浆泵，边注浆边向孔口方向拔管，直至注满为止。放松止浆塞，将注浆管与止浆塞拔出，用黏性土或水泥砂浆充填孔口。为防止水泥砂浆或水泥浆在硬化过程中产生干缩裂缝，提高其防腐性能，保证浆体与周围土壁的紧密黏结，可掺入一定量的膨胀剂，具体掺入量由实验确定，以满足补偿收缩为准。为提高水泥浆或水泥砂浆的早期强度，加速硬化，可掺入速凝剂或早强剂。

5）喷射混凝土面层。一般情况下，为了防止土体松弛和崩解，必须尽快做第一层喷射混凝土。根据地层的性质，可以在设置土钉之前做，也可以在放置土钉之后做。对于临时性支护来说，面层可以做一层，厚度 50～50mm；对永久性支护则多用两层或三层，厚度为 100～300mm。喷射混凝土强度等级不应低于 C15，混凝土中水泥含量不宜低于 400kg/m³。喷射混凝土最大骨料尺寸不宜大于 15mm，通常为 10mm。两次喷射作业应留一定的时间间隔。为使施工搭接方便，每层下部 300mm 暂不喷射，并做 45°的斜面形式。为了使土钉和面层很好地连接成整体，一般在面层与土钉交接中间加一块 150mm×150mm×10mm 或 200mm×200mm×12mm 的承压板，承压板后一般放置 4～8 根加强钢筋。在喷射混凝土中，应配置一定数量的钢筋网，钢筋网能对面层起加强作用，并对调整面层应力有重要的意义。钢筋网间距双向均为 200～300mm，钢筋直径为 6～10mm，在喷射混凝土面层中配置 1～2 层。也可用粗钢筋将各土钉相互连接起来，进一步加强面层的整体作用。

6）土钉抗拔力检验。对重要的工程，设计或施工前需要进行土钉的基本抗拔力试验，以确定土钉界面摩阻力的分布型式及土钉的极限抗拔力等。土钉基本抗拔力试验可采用循环加荷的方式，第一级取土钉钢筋屈服强度的 10% 为基本荷载，进而以土钉钢筋屈服强度的

0.15 倍为增量来增加荷载，同时用退荷循环来测量残余变形，每一级荷载持续到变形稳定为止。土钉破坏标准为：在同级荷载下，变形不能趋于稳定，即认为土钉达到极限荷载。必须量测荷载和位移，提出荷载变形曲线。在土钉上连接钢筋计或贴应变片，可以量测土钉应力分布及变化规律，这对设计是非常有益的。

对于一般的土钉墙工程，土钉抗拔力检验是必须的，实验数量应为土钉总数的 1‰，且不少于 3 根。土钉检验的合格标准可定为：土钉抗拔力应大于设计极限抗拔力，抗拔力最小值应大于设计极限抗拔力的 0.9 倍。土钉抗拔力设计安全系数：对临时工程取 1.5，对永久性工程取 2.0。

四、土方施工机械

开挖和运输是土方工程施工的两项主要过程，承担这两项过程施工的机械是各类挖掘机械、挖运组合机械和运输机械。

（一）开挖施工机械

1. 单斗挖土机

单斗挖土机是基坑开挖中最常用的一种机械。按其行走装置的不同可分为履带式和轮胎式两类；按其传动方式可分为机械传动及液压传动两种。根据工作的需要，单斗挖土机可更换其工作装置，按其工作装置的不同，又可分为正铲、反铲、拉铲和抓铲等，如图 1-28 所示。

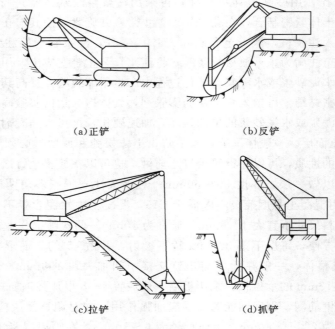

(a)正铲　　　　　　　　　　　　　(b)反铲

(c)拉铲　　　　　　　　　　　　　(d)抓铲

图 1-28　单斗挖土机工作简图

（1）正铲挖土机施工。正铲挖土机的工作特点是：前进向上，强制切土。其挖掘力大，生产率高。它适用于停机面以上的 Ⅰ～Ⅳ 类土的开挖。开挖深而大的基坑时需设坡度约为 1∶8 的坡道，以便挖土机进入基坑工作，也便于运输车辆运土。当地下水位较高时，应降低地下水位，疏干基坑内土。

正铲挖土机的挖土和卸土方式有两种：

1）正向挖土，侧向卸土［图1-29（a）］。即挖土机沿前进方向挖土，运输工具停在侧面装土。运输工具既可停在停机面上，也可停在高于停机面的平面上，主要取决于所需开挖基坑断面尺寸、挖土机的技术性能及开挖的坑道布置。采用这种挖土方式，挖土机卸土时，动臂转角小，运输车辆行驶方便，生产率高，所以应用广泛。

2）正向挖土，后方卸土［图1-29（b）］。即挖土机沿前进方向挖土，运输工具停在挖土机后方装土。采用这种挖土方式，工作面左右对称，挖土机卸土时，动臂转角大，运输车辆必须倒车进入坑道，生产率低，所以一般当基坑窄而深时采用。

正铲挖土机开挖基坑时，还需根据工作面的大小和基坑的横断面尺寸，确定挖土机的开行通道。一般可布置一层开行通道，当基坑的深度较大时，则可布置成多层通道。

（2）反铲挖土机施工。反铲挖土机的工作特点是：后退向下，强制切土。其挖掘力比正铲挖土机小，所以它主要用于停机面以下的Ⅰ～Ⅱ类土的开挖，硬土需要进行预送。常用于开挖深度不大的基坑、基槽和管沟，也可用于地下水位较高的土方于挖。反铲挖土机可以与自卸汽车配合，装土运走，也可以弃土于坑槽附近。

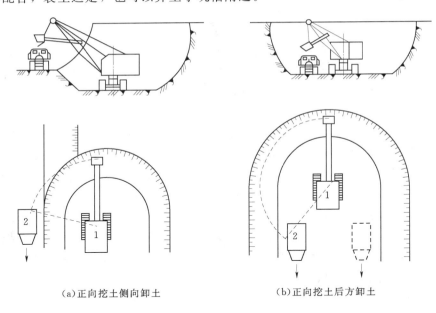

（a）正向挖土侧向卸土　　　　　　（b）正向挖土后方卸土

图1-29　正铲挖土机开挖方式

1—正铲挖土机；2—自卸汽车

反铲挖土机的作业方式有两种：

1）沟端开挖［图1-30（a）］。挖土机停在基坑（槽）的端部，随挖随退，汽车停在两侧装土。当基坑宽度超过1.7倍挖土机的有效挖土半径时，可分次开挖或按"之"字形路线开挖。这种开挖方式挖土方便，挖土的深度和宽度较大。

2）沟侧开挖［图1-30（b）］。挖土机停在基坑（槽）的一侧工作，边挖边平行于基坑（槽）移动。所挖土可用汽车运走，也可弃于距基坑（槽）较远处。这种开挖方式挖土的深度和宽度均较小，而且由于挖土机的移动方向与挖土方向相垂直，所以稳定性差。因此，一般只在无法采用沟端开挖或所挖的土不需运走时采用。

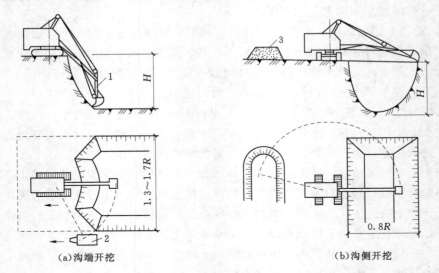

（a）沟端开挖　　　　　　　　　　　　　　（b）沟侧开挖

图 1-30　反铲挖土机开挖方式
1—反铲挖土机；2—自卸汽车；3—弃土堆

（3）拉铲挖土机施工。拉铲挖土机的工作特点是：利用铲斗的自重向下切土，随挖随行或后退。由于其铲斗悬吊在动臂的钢丝索上，挖土时可利用惯性力将铲斗甩出动臂半径范围外，所以挖土半径和深度均较大，因此适用于停机面以下Ⅰ～Ⅱ类土的开挖。也可水下挖土。

拉铲挖土机的开挖方式基本与反铲挖土机相同，也可分为沟端开挖和沟侧开挖两种。这两种开挖方式都有边坡留土量较多的缺点，需要大量的人工进行清理。如挖土宽度较小又要求沟壁整齐时，可采用三角形拉土法，拉铲按"之"字形移位，与开挖沟槽的边缘成45°角左右。此法拉铲的回转角度小，边坡开挖整齐，生产效率较高。

（4）抓铲挖土机施工。抓铲挖土是在挖土机臂端用钢丝绳吊装一个抓斗。其工作特点是：直上直下，自重切土。其挖掘力较小，主要用于停机面以下Ⅰ～Ⅱ类土的开挖。例如窄而深的基坑、疏通旧的渠道以及挖取水中淤泥等，或用于装卸碎石、矿渣等松散材料。在软土地基的地区，常用于开挖基坑、深井等。

2. 多斗挖土机

多斗挖土机是一种连续作业式挖掘机械，按构造不同，可分为链斗式和斗轮式两类。链斗式是由传动机械带动固定在传动链条上的土斗进行挖掘的，多用于挖掘河滩及水下砂砾料；斗轮式是用固定在转动轮上的土斗进行挖掘的，多用于挖掘陆地上的土料。

（1）链斗式采砂船。链斗式采砂船，如图 1-31 所示。水利水电工程中常用的国产采砂船有 120m³/h 和 250m³/h 两种，采砂船是无自航能力的砂砾石采掘机械。当远距离移动时，须靠拖轮拖带；近距离移动时（如开采时移动），可借助船上的绞车和钢丝绳移动。其配合的运输工具一般采用轨距为 1435mm 和 762mm 的机车牵引矿斗车（河滩开采）或与砂驳船（河床水下开采）配合使用。

（2）斗轮式挖掘机。斗轮式挖掘机（图 1-32）的斗轮装在可仰俯的斗轮臂上，斗轮上

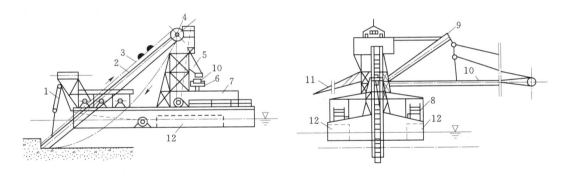

图 1-31　链斗式采砂船

1—斗架提升索；2—斗架；3—链条和链斗；4—主动链轮；5—卸料漏斗；6—回转盘；
7—主机房；8—卷扬机；9—吊杆；10—皮带机；11—泄水槽；12—平衡水箱

装有 7～8 个铲斗，当斗轮转动时，即可挖土，铲斗转到最高位置时，斗内土料借助自重卸到受料皮带机上卸入运输工具或直接卸到料堆上。斗轮式挖掘机的主要特点是斗轮转速较快，连续作业，因而生产率高。此外，斗轮臂倾角可以改变，且可回转 360°，因而开挖范围大，可适应不同形状的工作面要求。

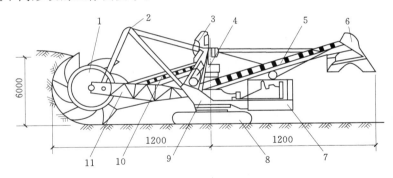

图 1-32　斗轮式挖掘机（单位：mm）

1—斗轮；2—升降机构；3—司机室；4—中心料仓；5—卸料皮带机；6—双槽卸料斗；
7—动力装置；8—履带；9—转台；10—受料皮带机；11—斗轮臂

（二）挖运组合机械

挖运组合机械是指由一种机械同时完成开挖、运输、卸土任务，有推土机、铲运机及装载机。

1. 推土机

推土机（图 1-33）是一种在拖拉机上装有推土铲刀等工作装置的土方机械，在水利水电工程施工中应用很广，可用于平整场地、开挖基坑、推平填方、堆积土料、回填沟槽等。推土机的运距不宜超过 60～100m。挖深不宜大于 1.5～2.0m，填高不宜大于 2～3m。

推土机有履带式和轮胎式两种，履带式推土机附着牵引力大，接地压力小，但机动性比轮胎式推土机差。按铲刀操纵方式不同，又可分为索式和油压式两种，索式推土机的铲刀依靠本身自重切入土中，因此在硬土中切入深度较小。而油压式推土机是用油压操纵，能使铲刀强制切入土中,切土深度比较大,而且还可以调升铲刀和调整铲刀的切土角度,具有更大的灵活性。

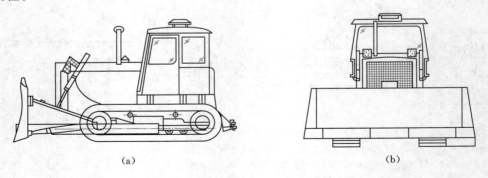

(a)　　　　　　　　　　　　(b)

图 1-33　T-180 型推土机

推土机的特点是:可以独立完成铲土、运土及卸土三种作业,操纵灵活,运转方便,所需工作面较小,行驶速度较快,易于转移,可爬 30°左右的缓坡,因此应用较广。主要适用于土的浅挖短运,例如施工场地的清理与平整,深度不大的基坑的开挖及回填等。此外,在推土机后面还可牵引其他无动力的土方机械,如拖式铲运机、松土机及羊足碾等进行土方其他作业。推土机的经济运距在 100m 以内,运距过远,土将从推土铲刀的两侧流失过多,大大影响其工作效率。当推运距离在 40~60m 时效率最高。

推土机的生产效率主要取决于推土铲刀推移土的体积及切土、推土、回程等工作的循环时间。为了提高推土机的生产效率,缩短推土时间和减少土的散失,常用以下几种施工方法:

(1) 下坡推土。推土机顺地面坡度沿下坡方向开行切土与推进,借助机械本身的重力作用,增大切土深度和运土数量,缩短铲土时间。推土坡度在 15°以内时,一般可提高生产率30%~40%。

(2) 并列推土。当平整场地的面积较大时,可用 2~3 台推土机并列作业,铲刀相距 15~30cm,这样可以增大推土量,减少土的散失。但平均运距不宜超过 50~70m,不宜小于 20m。

(3) 槽形推土。推土机重复多次在一条作业线上切土和推土,使地面逐渐形成一条浅槽,以减少土从铲刀两侧流散,可以增加推土量 10%~30%。

(4) 多铲集运。在硬质土中,铲刀切土深度不大时,可以采取多次铲土、分批集中、一次推送的方法。可以有效利用推土机的功率,缩短推土时间。

2. 铲运机

铲运机是一种能独立完成铲土、运土、卸土、填筑、整平的土方机械。按行走方式可分为自行式铲运机 [图 1-34 (a)] 和拖式铲运机 [图 1-34 (b)] 两种。按铲斗的操纵系统可分为索式和油压式两种。

铲运机的工作装置是铲斗,铲斗前方有一个能开启的斗门,铲斗前设有铲土刀片。切土时,铲斗的门打开,铲斗下降,刀片切入土中。铲运机前进时,被切下的土挤入铲斗,铲斗装满后,提起铲斗,放下斗门,将土运至卸土地点。

铲运机对行驶道路要求低,行驶速度快,操纵灵活,易于控制运行路线,生产效率高。

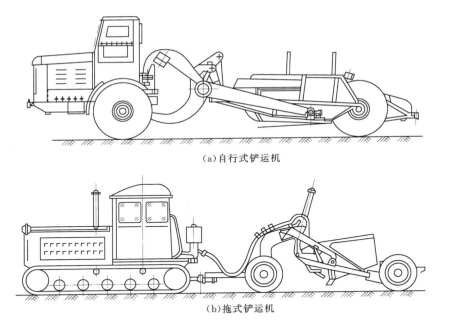

(a)自行式铲运机

(b)拖式铲运机

图 1-34 铲运机

一般适用于含水量不大于 27% 的一至三类土的直接挖运，对于硬土需用松土机预松后才能开挖。不适于在砾石层、冻土地带及沼泽区施工。

自行式铲运机的行驶和工作都靠本身的动力装置，可适用于运距 800～3500m 的大型土石方工程的施工，以运距在 800～1500m 的范围内生产效率最高。拖式铲运机适用于运距在 80～800m 的土方工程施工，而运距在 200～350m 时效率最高。

(1) 铲运机的开行路线。铲运机由挖土至卸土运行的循环路线称之为开行路线，开行路线选择的合理与否将直接影响生产效率，故应根据挖、填方区的分布预先合理选择。铲运机的开行路线一般有以下几种：

1) 环行路线。对于地形起伏不大，而施工地段又较短和填方不高的场地平整工程宜采用图 1-35 (a)、(b) 所示的环行路线。环行路线每一循环只完成一次铲土和卸土、挖土和填土交替。当挖填交替，且互相距离又较短时，则可采用大环行路线，如图 1-35 (c) 所示，其优点是每一循环可以完成两次或多次铲卸作业，减少了铲运机的转弯次数，从而提高工作效率。采用环行路线，为了防止铲运机定向转弯造成机件单侧磨损，应每隔一定时间变换铲运机的运行方向，避免始终向一侧转弯。

2) "8" 字形路线。对于地形起伏较大或施工地段较长的场地平整工程宜采用 "8" 字形路线 [图 1-35 (d)]。这种开行路线的优点是：铲运机上坡取土时是斜向开行，可减小坡度影响，而且每一循环能完成两次铲卸作业，所以 "8" 字形路线比环行路线运行时间短，减少了转弯次数及空驶距离，可提高生产效率，而且由于每一循环铲运机沿两个方向转弯，所以机件的磨损也比较均匀。

(2) 提高铲运机生产效率的措施。

1) 下坡铲土法。铲运机利用地形进行下坡铲土，借助铲运机的自重加大铲斗的切土深度，缩短铲土时间。

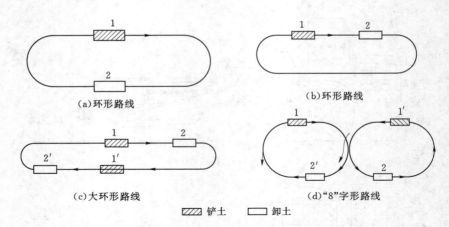

(a)环形路线　　　　　　　　　　(b)环形路线

(c)大环形路线　　　　　　　　　(d)"8"字形路线

▨ 铲土　　□ 卸土

图1-35　铲运机开行路线

2）跨铲法。铲运机间隔铲土，预留土埂。这样在间隔铲土时由于形成一个土槽，减少了向外散土量；铲土埂时，铲土阻力减小。一般土埂高不大于300mm，宽度不大于拖拉机两履带间的净距。

3）助铲法（图1-36）。地势平坦，土质较硬时可用推土机在铲运机后助推，以提高铲刀切削力，加大铲土深度，缩短铲土时间，提高生产效率。推土机在助铲的空隙可兼作松土或平整工作，为铲运机创造工作条件。

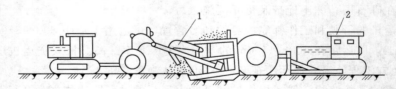

图1-36　助铲法示意图

1—铲运机；2—推土机

3. 装载机

装载机（图1-37）是一种工作效率高、用途广泛的工程机械，它不仅可对堆积的松散物料进行装、运、卸作业，还可以对岩石、硬土进行轻度的铲掘工作，并能用于清理、刮平

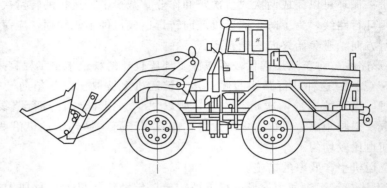

图1-37　轮式装载机

场地及牵引作业。如更换工作装置，还可完成堆土、挖土、松土、起重以及装载棒状物料等工作，因此被广泛应用。

装载机按行走装置可分为轮胎式和履带式两种，按卸载方式可分为前卸式、后卸式和回转式三种，按铲斗的额定重量可分为小型（<1t）、轻型（1～3t）、中型（4～8t）、重型（>10t）4 种。

（三）土方运输机械

水利工程施工中，运输机械有无轨运输、有轨运输和皮带机运输等。

1. 无轨运输

在我国水利水电工程施工中，汽车运输因其操纵灵活、机动性大，能适应各种复杂的地形，已成为最广泛采用的运输工具。

土方运输一般采用自卸汽车。目前常用的车型有上海、黄河、解放、斯太尔、康巴司和卡特等。随着施工机械化水平的不断提高，工程规模越来越大，国内外都倾向于采用大吨位重型和超重型自卸汽车，其载重量可达 60～100t 以上。

对于车型的选择，自卸汽车车厢容量应与装车机械的斗容量相匹配。一般自卸汽车容量应为挖装机械斗容的 3～5 倍较为适合。汽车容量太大，其生产率降低，反之挖装机械生产率减少。

对于施工道路，要求质量优良。加强经常性养护，可提高汽车运输能力和延长汽车使用年限；汽车道路的路面应按工程需要而定，一般多为泥结碎石路面，运输量及强度大的可采用混凝土路面。

对于运输线路的布置，一般是双线式和环形式，应依据施工条件、地形条件等具体情况确定，但必须满足运输量的要求。自卸汽车生产率计算式

$$P = V \frac{8 \times 60}{T} K_{时} \tag{1-37}$$

$$T_1 = t_1 + t_2 + t_3 + t_4 \tag{1-38}$$

其中

$$t_1 = \frac{V}{P} \times 60 \tag{1-39}$$

式中　　P——运输车辆生产率（松方），m^3/台班；

　　　　V——每一工作循环的载运量，一般以车箱堆装容积（m^3）计，但实际载重不得超过车辆的重量；

　　$K_{时}$——时间利用系数；

　　T_1——运输车辆工作循环时间，min；

　　t_1——装车时间，min；

　　t_2——包括重车运输和空车返回的行驶时间，min；

　　t_3——卸车和倒车转向时间，min，参见表 1-11；

　　t_4——在装载机旁的调车时间，但不包括因等候装车耽误的时间，单位为 min，参见表 1-12；

　　P——装载机械的生产率（松方），m^3/h。

t_2（行驶时间）由行驶距离和平均行驶速度而定，应根据具体情况计算。

表 1－11 运输车辆的卸车和倒车转向（即调头）时间 t_3 单位：min

作业条件	后卸车	底卸车	侧卸车
顺利	1.0	0.4	0.7
一般	1.3	0.7	1.0
不顺利	1.5～2.0	1.0～1.5	1.5～2.0

表 1－12 运输车辆的调车（即定位）时间 t_4 单位：min

作 业 条 件	后卸车	底卸车	侧卸车
顺利	0.15	0.15	0.15
一般	0.30	0.50	0.50
不顺利	0.80	1.00	1.00

2. 有轨运输

水利水电工程施工中所用的有轨运输，除巨型工程以外，其他工程均为窄轨铁路。窄轨铁路的轨距有 1000mm、762mm、610mm 几种。轨距 1000mm 和 762mm 窄轨铁路的钢轨质量为 11～18kg/m，其上可行驶 3m³、6m³、15m³ 可倾翻的车箱，用机车牵引。轨距 610mm 的钢轨质量为 8kg/m，其上可行驶 1.5～1.6m³ 可倾翻的铁斗车，可用人力推运或电瓶车牵引。

铁路运输的线路布置方式，有单线式、单线带岔道式、双线式和环形式 4 种。线路布置及车型应根据工程量的大小、运输强度、运距远近以及当地地形条件来选定。需要指出的是，随着大吨位汽车的发展和机械化水平的提高，目前国内水电工程一般多采用无轨运输方式，仅在一些有特殊条件限制的情况下才考虑采用有轨运输（如小断面隧洞开挖运输）。若选用有轨运输，为确保施工安全，工人只许推车不许拉车，两车前后应保持一定的距离：当为坡度小于 0.5% 的下坡道时，不得小于 10m；当为坡度大于 0.5% 的下坡道或车速大于 3m/s 时，不得小于 30m。每一个工人在平直的轨道上只能推运重车一辆。

3. 皮带机运输

皮带机是一种连续式运输设备，适用于地形复杂、坡度较大、通过地形较狭窄和跨越深沟等情况，特别适用于运输大量的粒状材料。

按皮带机能否移动，可分为固定式和移动式两种。固定式皮带机，没有行走装置，多用于运距长而路线固定的情况。移动武皮带机则有行走装置，一般长 5～15m，移动方便，适用于需要经常移动的短距离运输，如图 1－38 所示。按承托带条的托辊分，有水平和槽形两种形式，一般常用槽形。皮带宽度有 300mm、400mm、500mm、650mm、800mm、1000mm、1200mm、1400mm、1600mm 等几种。其运行速度一般为 1～2.5m/s。皮带机的允许坡度和运行速度，可参考表 1－13。

表 1－13 皮带机的允许坡度和运行速度

材 料	带条最大运行速度（m/s）			允许坡度（°）	
	带宽（mm）				
	400,650	800,1000	1200,1400	上升	下降
干砂	1.25～2.0	1.6～2.5	1.6～2.5	15	9～10
湿砂	1.25～2.0	1.6～2.5	1.6～2.5	15	21～22
砾石	1.25～2.0	1.6～2.5	1.6～2.5	20	14～15

材　料	带条最大运行速度（m/s）			允许坡度（°）	
	带宽（mm）				
	400,650	800,1000	1200,1400	上升	下降
碎石	1.0～1.6	1.25～2.0	1.25～2.0	18	11～12
干松泥土	1.25～2.0	1.6～2.5	1.6～2.5	20	14～15
水泥	1.5	1.5	1.5	20	—
混凝土 （坍落度小于40mm）	1.5	1.5	1.5	18	12
混凝土 （坍落度40～80mm）	1.5	1.5	1.5	15	10

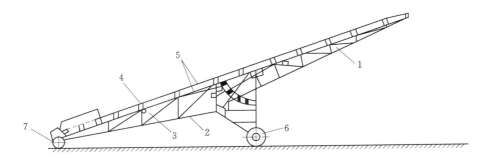

图 1-38 移动式皮带机

1—前机架；2—后机架；3—下托辊；4—上托辊；5—皮带；6—行走轮；7—尾部导向轮

皮带机的实用生产率可用下式计算

水平托辊 $\qquad P=200B^2VK_时K_充K_径K_倾/K_松（m^3/h）$ （1-40）

槽形托辊 $\qquad P=400B^2VK_时K_充K_径K_倾/K_松（m^3/h）$ （1-41）

式中 $\quad B$——皮带宽度，m；

$\quad V$——皮带运行速度，m/s；

$\quad K_时$——时间利用系数，取 0.75～0.80；

$\quad K_充$——充盈系数，取 0.5～1.0；

$\quad K_径$——粒径系数，当粒径为（0.1～0.3）B 时取 0.75，粒径为（0.05～0.09）B 时取 0.9，粒径小于 0.05B 时取 1.0；

$\quad K_倾$——倾角影响系数，当倾角为 11°～15° 时取 0.95，倾角为 16°～18° 时取 0.9，倾角为 19°～22° 时取 0.85；

$\quad K_松$——可松性系数。

五、施工降排水

土方开挖过程中，当基坑底面低于地下水位时，由于土壤的含水层被切断，地下水将不断渗入基坑。这时如不采取有效措施排水，降低地下水位，不但会使施工条件恶化，而且基坑经水浸泡后会导致地基承载力的下降和边坡塌方。因此为了保证工程质量和施工安全，在基坑开挖前或开挖过程中，必须采取措施降低地下水位，使基坑在开挖中坑底始终保持干燥。

对于地面水（雨水、生活污水）一般采取在基坑四周或流水的上游设排水沟、截水沟或挡水土堤等办法解决。对于地下水则常采用集水坑降水和井点降水的方法，使地下水位降至所需开挖的深度以下。无论采用何种方法，降水工作都应持续到基础工程施工完毕并回填土后才可停止。

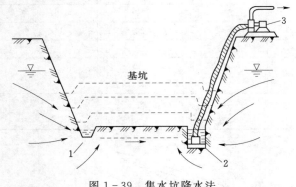

图 1-39　集水坑降水法
1—排水沟；2—集水井；3—离心泵

（一）集水坑降水法

集水坑降水法是当基坑挖至接近地下水位时，在坑底设置集水坑，并在坑底四周开挖具有一定坡度的排水沟，使地下水流入集水坑内，然后用水泵抽出坑外（图1-39）。

1. 集水坑的设置

为了防止基底土的颗粒随水流失而使土结构受到破坏，集水坑应设置在建筑物的基础范围以外，地下水走向的上游。根据地下水量大小、基坑平面形状及水泵抽水能力，确定集水坑间距，一般每隔 20～40m 设置一个。

集水坑的直径和宽度一般为 0.6～0.8m。其深度随着挖土的加深而加深，要经常低于挖土面 0.7～1.0m，坑壁可用竹、木等加固，以防坍塌。当基坑挖至设计标高后，集水坑应进一步加深至低于基坑底 1～2m，并铺填约 0.3m 厚的碎石滤水层，以免因抽水时间较长而挟带大量泥砂，并防止集水坑底的土被搅动。

集水坑降水法比较简单、经济，对周围影响小，因而应用较广。但当涌水量较大、水位差较大或土质为细砂或粉砂时，有产生流沙、边坡塌方及管涌等可能时，往往采用强制降水的方法，人工控制地下水流的方向，降低地下水位。

2. 流砂

当基坑挖至地下水位以下，且采用集水坑降水时，如果坑底、坑壁的土粒形成流动状态随地下水的渗流不断涌入基坑，即称为流砂。发生流砂时，土完全丧失承载力，土边挖边冒，很难挖到设计深度，给施工带来极大困难，严重时还会引起边坡塌方，甚至危及临近建筑物。

发生流砂现象的关键是动水压力的大小与方向，所以，防治流砂的主要途径是减小或平衡动水压力，或者改变动水压力的方向。其具体措施有：

（1）枯水期施工。因枯水期地下水位低，坑内外水位差小，动水压力不大，不易发生流沙。

（2）抛大石块法。即向基坑内抛大石块，增加土的压重，以平衡动水压力。采用此法时，应组织分段抢挖，使挖土速度超过冒砂速度，挖至设计标高后立即铺设芦席并抛大石块把流沙压住。此法对于解决局部或轻微的流沙现象是有效的。

（3）打钢板桩法。将钢板桩沿基坑周围打入坑底以下一定深度，不仅可以支护坑壁，而且使地下水从坑外渗入坑内的渗流路程增长，从而降低水力坡度，减小了动水压力。

（4）水下挖土法。就是不排水而直接在水中挖土的方法。使坑内外水压相平衡，消除动水压力。此法需要有一定的机械设备和技术条件。

（5）人工降低地下水位。可采用轻型井点或管井井点将地下水位降至坑底以下，使地下水的渗流向下，通过改变地下水渗流方向防止流砂现象。此方法可靠有效。

（6）设地下连续墙。基沿基坑周围先浇筑一道混凝土或者钢筋混凝土墙，阻止地下水流入基坑内。

（二）井点降水法

井点降水是在基坑开挖前，预先在基坑周围埋设一定数量的滤水管（井），利用抽水设备不断抽出地下水，使地下水位降低到坑底以下，直至基础工程施工完毕。这就使所挖的土始终保持干燥状态，该法避免了流砂现象，也提高了地基上的承载能力。

井点降水可以分为轻型井点、喷射井点、电渗井点、管井井点和深井井点等。各种井点有其适用范围，可参考表1-14。其中以轻型井点采用较广，下面作重点介绍。

表 1 - 14　　　　　　　　　　各类井点的适用范围

井点类型	土层渗透系数（m/d）	降低水位深度（m）
单层轻型井点	0.1～50	3～6
多层轻型井点	0.1～50	6～12
喷射井点	0.1～2	8～20
电渗井点	<0.1	根据选用的井点确定
管井井点	20～200	3～5
深井井点	10～250	>15

1. 井点设备

轻型井点降水，是沿基坑周围以一定的间距埋入井点管（下端为滤管），在地面上用集水总管将各井点管连接起来，并在一定位置设置抽水设备，利用真空泵和离心泵的真空吸力作用，使地下水经滤管进入井管，然后经总管排出，从而降低地下水位。

轻型井点设备由管路系统的抽水设备组成，如图1-40所示。

管路系统由滤管、井点管、变联管及总管等组成。

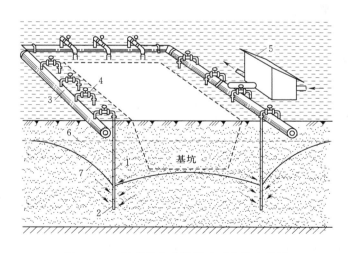

图1-40　轻型井点法降低地下水位全貌图
1—井管；2—滤管；3—总管；4—弯联管；5—水泵房；
6—原有地下水位线；7—降低后地下水位线

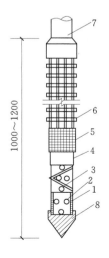

图1-41　滤管构造
1—钢管；2—管壁上的小孔；3—缠绕；
4—细滤网；5—粗滤网；6—粗铁丝
保护网；7—井点管；8—铸铁头

滤管（图 1-41）是长 1.0~1.2m、外径为 38~50mm 的无缝钢管，管壁上钻有直径为 12~19mm 的星棋状排列的滤孔，滤孔面积为滤管表面的 20%~50%。滤管外面包括两层孔径不同的滤网，内层为细滤网，采用 30~40 眼/cm² 的铜丝布或尼龙丝布；外层为粗滤网，采用 5~10 眼/cm² 的塑料纱布。为使水流畅通，管壁与滤网之间用塑料管或铁丝绕成螺旋形隔开，滤管外面再绕一层粗铁丝保护，滤管下端为一铸铁头。

井点管用直径 38~55mm、长 5~7m 的无缝钢管或焊接钢管制成。下接滤管、上连弯联管与总管。

集水总管为直径 100~127mm 的无缝钢管，每节长 4m，各节间用橡皮套管联结，并用钢箍拉紧，防止漏水。总管上装有与井点管联结的短接头，间距为 0.8m 或 1.2m。

抽水设备由真空泵、离心泵和水气分离器（又称为集水箱）等组成。

2. 井点布置

平面布置（图 1-42）：根据基坑（槽）形状，轻型井点可采用单排布置、双排布置、环形布置，当土方施工机械需进出基坑时，也可采用 U 形布置。单排布置适用于基坑、槽宽度小于 6m，且降水深度不超过 5m 的情况，井点管应布置在地下水的上游一侧，两端的延伸长度不宜小于坑槽的宽度。

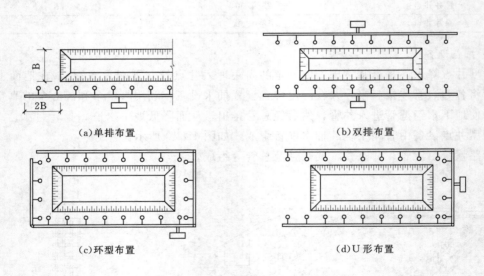

（a）单排布置　　　　　　　　　　　　　（b）双排布置

（c）环型布置　　　　　　　　　　　　　（d）U 形布置

图 1-42　轻型井点平面布置

高程布置（图 1-43）：井点降水深度，考虑抽水设备的水头损失以后，一般不超过 6m。井点管埋设深度 h 按式（1-42）计算

$$h \geqslant h_1 + \Delta h + iL \tag{1-42}$$

式中　h_1——井点管埋设面至基坑底面的距离，m；

$\quad\quad \Delta h$——基坑底面至降低后的地下水位线的最小距离，一般取 0.5~1.0m；

$\quad\quad i$——水力坡度，根据实测：双排和环状井点为 1/10，单排井点为 1/4~1/5；

$\quad\quad L$——井点管至基坑中心的水平距离，单排井点为至基坑另一边的距离（m），如图 1-43 所示。

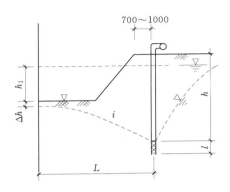

图 1-43 轻型井点高程布置

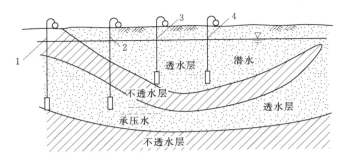

图 1-44 井型分类图

1—承压完整井；2—承压非完整井；3—无压完整井；4—无压非完整井

3. 井点涌水量 Q 计算（环状井点系统）

（1）判断井型（图 1-44）。按照滤管与不透水层的关系：完整井——到不透水层；非完整井——未到不透水层。

按照是否承压水层：承压井；无压井。

（2）无压完整井（图 1-45）群井井点计算（积分解）。

$$Q=1.366K(2H-S)S/(\lg R-\lg X_0)(\text{m}^3/\text{d}) \qquad (1-43)$$

式中 K——土层渗透系数，m/d；

H——含水层厚度，m；

S——水位降低值，m；

R——抽水影响半径，m，$R=1.95S\sqrt{HK}$；

X_0——环状井点系统的假想半径，m，当长宽比 $A/B\leqslant 5$ 时，$X_0=\sqrt{\dfrac{F}{\pi}}$，否则分块计算涌水量再累加；

F——井点系统所包围的面积。

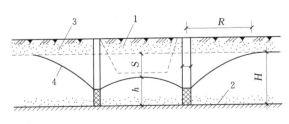

图 1-45 无压完整井图

1—透水层；2—不透水层；3—原水位线；4—降水坡度线

图 1-46 无压非完整井图

1—透水层；2—不透水层；3—原水位线；4—降水后水位线

（3）无压非完整井（图 1-46）群井系统涌水量计算（近似解）。

以有效影响深度 H_0 代替含水层厚度 H 用式（1-43）计算 Q。

H_0 的确定方法见表 1-15。

表 1 - 15 H_0 值

$S'/(S'+l)$	0.2	0.3	0.5	0.8
H_0	1.3 $(S'+l)$	1.5 $(S'+l)$	1.7 $(S'+l)$	1.85 $(S'+l)$

注 1. 当 H_0 值超过 H 时，取 $H_0 = H$。

2. 计算 R 时，也应以 H_0 代入。

（4）承压完整井（图 1 - 47）。

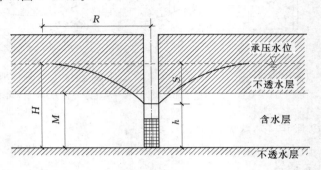

图 1 - 47 承压完整井图

$$Q = 2.73KMS/(\lg R - \lg X_0)(\text{m}^3/\text{d}) \qquad (1-44)$$

式中 M——承压含水层厚度，m。

（5）确定井管的数量与间距。

1）单井出水量： $$q = 65\pi dl\sqrt[3]{K}(\text{m}^3/\text{d}) \qquad (1-45)$$

式中 d、l——滤管直径、长度，m。

2）最少井点数： $$n' = 1.1Q/q(\text{根}) \qquad (1-46)$$

式中 1.1——备用系数。

3）最大井距： $$D' = L_{总管}/n'(\text{m}) \qquad (1-47)$$

4）确定井距 D：

D 满足 $15d \leqslant D \leqslant D'$，且应符合总管的接头间距要求。

5）确定井点数： $$n = L_{总管}/D \qquad (1-48)$$

4. 轻型井点的施工

轻型井点系统的施工，主经要包括施工准备、井点系统的安装、使用及拆除。

施工准备工作包括井点设备、施工机具、水源、电源及必要材料的准备，排水沟的开挖，水位观测孔的设置等。

井点系统的安装顺序是：先埋设总管，冲孔，沉设井点管、灌填砂滤层，然后用弯联管将井点管与总管联结，最后安装抽水设备。

井点管的沉设一般用水冲法进行，可分为冲孔与埋管两个过程（图 1 - 48）。冲孔时，先用起重设备将冲管吊起并插在井点位置上，然后利用高压水将土冲松，边冲边沉，直至冲孔深度比滤管底深 0.5m 左右，以保证滤管埋设深度，并防止拔出冲管时，部分土颗粒沉于底部而使滤管淤塞。冲孔直径不宜小于 300mm，以保证井点管四周有一定厚度的滤砂层。冲管一般采用直径为 50～70mm 的钢管，长度比井点管长 1.5m 左右，下端装有圆锥形冲嘴，并焊有三角形翼板，以辅助冲水时扰动土层，便于冲管下沉。

井孔冲成后，拔出冲管，立即居中插入井点管，并在井点管与孔壁之间填灌干净的粗砂作过滤层，以防孔壁塌土堵塞滤网。砂滤层应比滤管顶高 1～1.5m 以上，以保证水流畅通。最后在井孔的上部用黏土封口捣实，以防漏气。

　　弯联管最好采用软管，以便安装，并可避免因井点管沉陷而造成的管件损坏。井点系统的各部件连接接头应安装严密，防止漏气而影响降水效果。

　　轻型井点系统全部安装完毕后，应进行抽水试验，以检查有无死井（井点管淤塞）或漏气、漏水现象。在井点系统的使用过程中，应连续抽水，时抽时停会抽出大量泥沙，使滤管淤塞，并可能造成附近建筑物因土粒流失而沉降开裂。

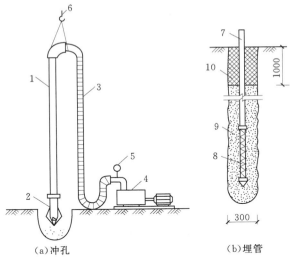

(a)冲孔　　　　　(b)埋管

图 1-48　井点管的埋设
1—冲管；2—冲嘴；3—胶皮管；4—高压水泵；
5—压力表；6—起重吊钩；7—井点管；
8—滤管；9—填砂；10—黏土封口

六、土方开挖要求

　　基坑开挖前应根据工程结构型式、基础埋置深度、地质条件、施工方法及工期等因素，确定基坑开挖方法。

　　对于大型基坑，宜用机械开挖，基坑深在 5m 以内，宜用反铲挖土机在停机面一次开挖，深 5m 以上的基坑宜开挖坡道用正铲挖土机下到基坑分层开挖。对面积很大、很深的设备基础基坑或地下室深基坑，可采用多层阶梯式同时开挖的方法，土方用翻斗汽车运出。

　　为防止超挖和保持边坡坡度正确，机械开挖至接近设计坑底标高或边坡边界，应预留 30～50cm 厚的土层，用人工开挖和修坡。

　　人工挖土，一般采用分层分段均衡往下开挖，较深的坑（槽），每挖 1m 左右应检查边线和边坡，随时纠正偏差。

　　基坑挖好后，应对坑底进行抄平、修整。如挖坑时有小部分超挖，可用素土、灰土或砾石回填夯实与地基基本相同的密实度。

　　为防止坑底扰动，基坑挖好后应尽量减少暴露时间，及时进行下一道工序的施工，如不能立即进行下一工序，应预留 15～30cm 厚覆盖土层，待基础施工时再挖去。

工作任务四　土方填筑与压实

　　工程中场地平整，基坑（槽）、管沟回填，枯井、暗塘的处理以及填土等项目都需要进行填土施工，为了保证填土工程的质量，必须正确选择土壤的种类和填筑方法。而这些填土需要满足压实要求，压实的目的是保证填土的强度和稳定性。

一、土料的选择

选择填方土料应符合设计要求。设计无要求时，应符合下列规定：

（1）碎石类土、砂土和爆破石渣（粒径不大于每层铺土的 2/3）可用于表层下的填料。

（2）含水量符合压实要求的黏性土，可用作各层填料。

（3）碎块草皮和有机质含量大于 8％（质量分数）的土，仅用于无压实要求的填方。

（4）淤泥和淤泥质土一般不能用作填料，但在软土或沼泽地区，经过处理使含水量符合压实要求后，可用于填方中的次要部位。

（5）水溶性硫酸盐大于 5％（质量分数）的土，不能用作回填土，在地下水作用下，硫酸盐会逐渐溶解流失，形成孔洞，影响土的密实性。

（6）冻土、膨胀性土等不应作为填方土料。

二、影响填土压实的因素

影响填土压实质量的因素很多，主要有填土的种类、压实功、土的含水量以及每层铺土厚度。

1. 不同类别土的影响

黏性土中的黏土粒小，孔隙比大，压缩性也大，但因其颗粒间的间隙小，压实时逸气排水困难，所以较难压实。砂土的颗粒大，孔隙比小，压缩性也小，但因颗粒间的间隙大，透水透气性好，所以比较容易压实。

2. 压实功的影响

填土压实后的密度与压实机械在其上所施加的功有一定的关系。当土的含水量一定，在开始压实时，土的密度急剧增加，待到接近土的最大密度时，压实功虽然增加许多，而土的密度却变化不大。

在实际施工中，在压实机械和铺土厚度一定的条件下，碾压一定遍数即可，过多增加压实遍数对提高土的密度并无多大作用。对于砂土一般只需碾压或夯实 2～3 遍，对亚砂土只需 3～4 遍，对亚黏土或黏土只需 5～6 遍。

3. 含水量的影响

在压实功相同的条件下，土的含水量对压实质量有直接的影响（图 1-49）。较干燥的土，由于土颗粒间的摩阻力较大，因而不易压实。但若土的含水量超过一定限度，土颗粒之间的孔隙全部被水填充而呈饱和状态，故土颗粒的间隙无法减小，土也不能被压实。所以，只有当土具有适当的含水量时，土颗粒之间的摩阻力减小，土才容易被压实。在压实功相同的条件下，使填土压实获得最大的密度时土的含水量，称为土的最佳含水量。土的最佳含水可由击实试验确定，也可查经验表确定（仅供参考）。各种土壤的最佳含水量（质量分数）为：砂土 8％～12％，粉土 16％～22％，粉质黏土 18％～21％，黏土 19％～23％。为了保证填土在压实过程中具有最优含水量，当实际含水量偏高时，应先翻松晾干，或均匀掺入干土或吸水性填料（碎砖、毛石灰粉等），再铺填压实；若含水量偏低，则应预先洒水湿润，以提高压实效果。

4. 铺土厚度的影响

土在压实功的作用下，其应力随深度增加而逐渐减小（图 1-50），其影响深度与压实

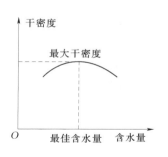

图 1-49 土的干密度与
含水量的关系

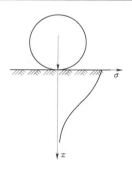

图 1-50 压实作用沿
深度的变化

机械、土的性质和含水量有关。超过一定深度后，虽经反复碾压，土的密实度仍与未压实一样，这是因为业已压实的上部土层较厚，则在继续压实过程中上层土体的弹性变形将吸收较多的压实功，必然影响下层的压实效果。所以铺土厚度应小于压实机械压土时的作用深度，但其中还有最优土层厚度问题，铺得过薄，则会增加机械的总压实遍数。施工时，每层最优铺土厚度和压实遍数可根据所填土料性质、压实的密实度要求和所选用的压实机械性能确定或按表 1-16 选用。

表 1-16　　　　　　　　　　　填方每层的铺土厚度和压实遍数

压实机械	每层铺土厚度（mm）	每层压实遍数
平碾	200～300	6～8
羊足碾	200～350	8～16
蛙式打夯机	200～250	3～4
推土机	200～300	6～8
拖拉机	200～300	8～16
人工打夯	不大于 200	3～4

注　人工打夯时，土块粒径不应大于 50mm。

三、土料压实方法及压实机械选择

（一）填土的压实方法

填土压实的方法有碾压、夯实和振动压实三种，此外还可以利用运土工具压实。

1. 碾压法

碾压法是由沿填筑面滚动的鼓筒或轮子的压力压实土壤，多用于大面积填土工程。碾压机械有平碾（压路机）、羊足碾和气胎辗等。

（1）平碾。平碾（压路机）［图 1-51（a）］是一种以内燃机为动力的自行式压路机。按重量大小平碾划分为轻型、中型和重型三种。碾压时每层铺土厚度一般为 20～30cm，从两侧向中心分条碾压，为防止漏碾每条都应有不小于 20cm 的重叠搭接，如条件许可应先用轻型作初碾，再用重型追碾，可提高压实质量。否则如直接用重型碾压虚铺的土层，会使碾压后的地表产生较大的起伏现象，影响压实效果。

若在平碾上附加以振动装置则构成振动平碾，多适用于压实爆破石渣、碎石类土、杂填土或轻亚黏土的大型填方。

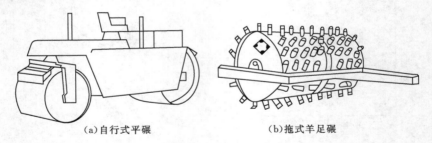

（a）自行式平碾　　　　　　　　（b）拖式羊足碾

图1-51　碾压机械

（2）羊足碾。羊足碾［图1-51（b）］一般设有动力，常用拖拉机或推土机牵引，其单位面积的碾压力大，压实效果好。但只适用于黏性土，不适宜于砂类土。因为在砂土中碾压时，土颗粒受到"羊足"较大的单位压力后会向四面移动，使土的结构破坏，反而使土颗粒处于不稳定的状态。

羊脚碾压实有两种方式：圈转套压和进退错距。后种方式压实效果较好。羊脚碾的碾压遍数，可按土层表面都被羊脚压过一遍，即可达到压实要求考虑。所以，碾压遍数可用式（1-49）计算

$$n = K \frac{S}{mF} \qquad (1-49)$$

式中　K——考虑羊脚碾在碾压时分布不均匀的修正系数，一般取1.3；

　　　S——滚筒表面面积，cm^2；

　　　m——滚筒上羊脚的个数；

　　　F——每个羊脚的底面面积，cm^2。

（3）气胎碾。气胎碾是一种拖式碾压机械，分单轴和双轴两种。单轴气胎碾主要由装载荷载的金属车厢和装在轴上的4～6个充气轮胎组成。碾压时在金属车厢内加载同时将气胎充气至设计压力。为避免气胎损坏，停工时用千斤顶将金属车厢顶起，并把胎内的气放出一些，如图1-52所示。

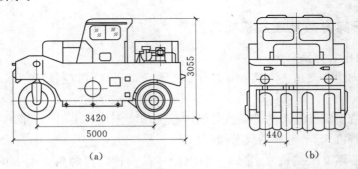

（a）　　　　　　　　　　　　　　（b）

图1-52　YL-9/16型自行式轮胎碾（单位：mm）

气胎碾在压实土料时，充气轮胎随土体的变形而发生变形。开始时，土体很松，轮胎的变形小，土体的压缩变形大。随着土体压实密度的增大，气胎的变形也相应增大，气胎与土体的接触面积也增大，始终能保持较均匀的压实效果。另外，还可通过调整气胎内压，来控制作用于土体上的最大应力，使其不致超过土料的极限抗压强度。增加轮胎上的荷重后，由

于轮胎的变形调节，压实面积也相应增加，所以平均压实应力的变化并不大。因此，气胎的荷重可以增加到很大的数值。对于平碾和羊脚碾，由于碾滚是刚性的，不能适应土壤的变形，荷载过大就会使碾滚的接触应力超过土壤的极限抗压强度，而使土壤结构遭到破坏。

气胎碾既适宜于压实黏性土，又适宜于压实非黏性土，适用条件好，压实效率高，是一种十分有效的压实机械。

2. 夯实法

夯实法是利用夯锤自由下落的冲击力来夯实土壤。这种方法主要适用于小面积的回填土。夯实机械主要有夯锤、内燃夯土机和蛙式打夯机等。人工夯土用的工具有木夯、石夯、飞蛾等。

（1）夯锤。夯锤是用钢筋混凝土做成的截头圆锥体，锤底面为钢板。夯锤重量一般为1.5～3.0t。工作时，借助起重机将锤提升至2.5～4.5m，然后自由下落夯击。夯土的影响深度大，压实效果好，但费用较高。适用于夯实砂砾土、湿陷性黄土、杂填土以及含有石块的填土。

（2）蛙式打夯机。蛙式打夯机（图1-53）是建筑工地上应用较广的小型夯实机械，由电动机带动皮带轮使偏心块旋转继而使夯板作上下运动而夯击土层，夯头架即随之牵引拖盘作蛙跃式前移。这种机械，操作简单，尤其对零星分散或边角部分的夯实反应灵活。其虚铺土厚一般为20～25m。

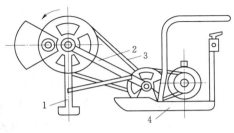

图 1-53　蛙式打夯机
1—夯头；2—夯架；3—三角皮带；4—托盘

3. 振动压实法

振动压实法是利用振动机械作用的振动力，使土颗粒发出相对位移而趋向密实的稳定状态，此法用于非黏性土效果较好。将碾压和振动结合而设计制作了振动平碾、振动凸块碾等新型压实机械。振动平碾适用于填料为爆碎石碴、碎石类土、杂填土或粉土的大型填方；振动凸块碾则适用于粉质黏土或黏土的大型填方。当压实爆破石碴或碎石类土时，可选用8～15t重的振动平碾，铺土厚度为0.6～1.5m，先静压、后振压，碾压遍数应由现场试验确定，一般为6～8遍。

（二）压实机械的选择

选择压实机械主要考虑如下原则：

（1）适应筑坝材料的特性。黏性土应优先选用气胎碾、羊脚碾；砂砾质土宜用气胎碾、夯板；堆石与含有特大粒径的砂卵石宜用振动碾。

（2）应与土料含水量、原状土的结构状态和设计压实标准相适应。对含水量高于最优含水量1%～2%的土料，宜用气胎碾压实；当重黏土的含水量低于最优含水量，原状土天然密度高并接近设计标准时，宜用重型羊脚碾、夯板；当含水量很高且要求压实标准较低时，黏性土也可选用轻型的肋形碾或平碾。

（3）应与施工强度大小、工作面宽窄和施工季节相适应。气胎碾、振动碾适用于生产要求强度高和抢时间的雨季作业；夯击机械宜用于坝体与岸坡或刚性建筑物的接触地带、边角和沟槽等狭窄地带。冬季作业选择大功率、高效能的机械。

（4）应与施工单位现有机械设备情况和习用某种设备的经验相适应。

（三）填土压实的施工方法

碾压机械碾压实土料的施工方法主要有两种：圈转套压法和进退错距法，如图1-54所示。

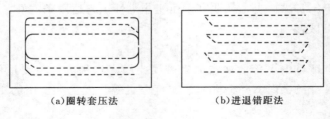

(a)圈转套压法　　　　　　(b)进退错距法

图1-54 碾压方式

1. 圈转套压法

碾压机械从填方一侧开始，转弯后沿压实区域中心线另一侧返回，逐圈错距，以螺旋形线路移动进行压实。这种方法适用于碾压工作面大，多台碾具同时碾压的情况，生产效率高。但转弯处重复碾压过多，容易引起超压剪切破坏，转角处易漏压，难以保证工程质量。

2. 进退错距法

碾压机械沿直线错距进行往复碾压。这种方法操作简单，容易控制碾压参数，便于组织分段流水作业，漏压重压少，有利于保证压实质量。此法适用于工作面狭窄的情况。

由于振动作用，振动碾的压实影响深度比一般碾压机械大1～3倍，可达1m以上。它的碾压面积比振动夯、振动器压实面积大，生产率高。振动碾压实效果好，使非黏性土料的相对密实度大为提高，坝体的沉陷量大幅度降低，稳定性明显增强，使土工建筑物的抗震性能大为改善。故抗震规范明确规定，对有防震要求的土工建筑物必须用振动碾压实。振动碾结构简单，制作方便，成本低廉，生产率高，是压实非黏性土石料的高效压实机械。

四、压实参数的选择及压实试验

坝面的铺土压实，除应根据土料的性质正确地选择压实机具外，还应合理地确定黏性土料的含水量、铺土厚度、压实遍数等各项压实参数，以便使坝体达到要求的密度，而消耗的压实功能又最少。由于影响土石料压实的因素很复杂，目前还不能通过理论计算或由实验室确定各项压实参数，宜通过现场压实试验进行选择。现场压实试验应在坝体填筑以前，土石料和压实机具已经确定的情况下进行。

1. 压实标准

土石坝的压实标准是根据设计要求通过试验提出来的。对于黏性土，在施工现场是以干密度作为压实指标来控制填方质量的；对于非黏性土则以土料的相对密度来控制。由于在施工现场用相对密度来进行施工质量控制不方便，往往将相对密度换算成干密度作为现场控制质量的依据。

2. 压实参数的选择

当初步选定压实机具类型后，即可通过现场碾压试验进一步确定为达到设计要求的各项压实参数。对于黏性土，主要是确定含水量、铺土厚度和压实遍数。对于非黏性土，一般多加水即可压实，所以主要是确定铺土厚度和压实遍数。

3. 碾压试验

根据设计要求和参考已建工程资料，可以初步确定压实参数，并进行现场碾压试验。

（1）试验场地选择。要求试验场地地面密实，地势平坦开阔，可以在建筑物附近或在建筑物的非重要部位。

（2）场地布置。

1）一般布置成 60m×6m 的条带形，然后将此条带等分为 4 段，每段长 15m，各段含水量依次为 ω_1、ω_2、ω_3、ω_4（要求误差不超过 1‰）。再将每段沿长边等分为 4 块，段内各块按规定碾压遍数依次为 n_1、n_2、n_3、n_4，如图 1-55 所示。

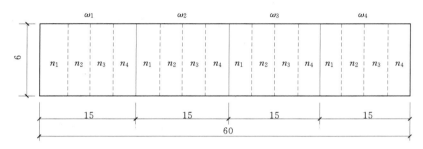

图 1-55　土料压实试验场地布置示意图（单位：m）

2）压实试验土料的含水量可根据土料性质分别确定。黏性土料一般采用 4 种含水量：$\omega_1 = \omega_p - 4\%$，$\omega_2 = \omega_p - 2\%$，$\omega_3 = \omega_p$，$\omega_4 = \omega_p + 2\%$。（注：$\omega_p$ 为土的塑性下限。）

3）试验的铺土厚度和压实遍数，可参照表 1-17 的数据选用。

表 1-17　　　　　　　　　　　　　　试验的铺土厚度和压实遍数

序号	压实机械名称	铺松土厚度 h（cm）	碾压遍数 n	
			黏性土	非黏性土
1	80 型履带拖拉机	10—13—16	6—8—10—12	4—6—8—10
2	10t 平碾	16—20—24	4—6—8—10	2—4—6—8
3	5t 双联羊脚碾	19—23—27	8—11—14—18	—
4	30t 双联羊脚碾	50—25—65	4—6—8—10	—
5	13.5t 振动平碾	75—100—150	—	2—4—6—8
6	25t 气胎碾	28—34—40	4—6—8—10	2—4—6—8
7	50t 气胎碾	40—50—60	4—6—8—10	2—4—6—8
8	2~3t 夯板	80—100—150	2—4—6	2—3—4

4. 现场碾压试验记录

试验时依次按规定碾压遍数进行碾压。将每段压 n_1 遍的小块各取 9 个试样组成一组，依次对各段压 n_2、n_3、n_4 遍的小块，各取 9 个试样，组成相应的组，然后分别测定其含水量和干密度。以上试验是在同一铺土厚度下进行的，如果要确定不同铺土厚度的压实参数，试验在不同铺土厚度 h 的地段进行。试验土料的土质、含水量应与筑坝土料一致。现场碾压试验记录可填入干密度测定成果表，见表 1-18。

表 1－18　　　　　　　　　　　　　干 密 度 测 定 成 果 表

n	h_1				h_2				h_3				h_4			
	ω_1	ω_2	ω_3	ω_4	ω_1	ω_2	ω_3	ω_4	ω_1	ω_2	ω_3	ω_4	ω_1	ω_2	ω_3	ω_4
n_1																
n_2																
n_3																
n_4																

5. 碾压试验成果整理分析

根据上述碾压试验成果，进行综合整理分析，以确定满足设计干密度要求的最合理碾压参数，步骤如下：

（1）根据干密度测定成果表，绘制不同铺土厚度、不同压实遍数土料含水量和干密度的关系曲线，如图 1－56 所示。

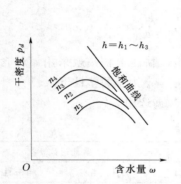

图 1－56　不同铺土厚度、不同压实遍数
土料含水量和干密度的关系曲线

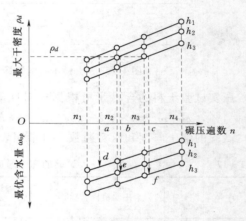

图 1－57　铺土厚度、压实遍数、最优含
水量、最大干密度的关系曲线

（2）根据设计干密度 ρ_d，从图 1－56 上可以分别查出不同铺土厚度对应的最大干密度对应的最优含水量，得到最大干密度与最优含水量汇总表，见表 1－19。

表 1－19　　　　　　　　　　　　最大干密度与最优含水量汇总表

H	h_1		h_2		h_3		h_4	
n								
最大干密度								
最优含水量								

（3）根据表 1－19，可以绘出铺土厚度、压实遍数和最优含水量、最大干密度的关系曲线，如图 1－57 所示。

（4）根据设计干密度 ρ_d，从图 1－57 上分别查出不同铺土厚度时所对应的压实遍数 a、b、c 和最优含水量 d、e、f，然后计算出 h_1/a、h_2/b 及 h_3/c 进行比较，以单位压实遍数的压实厚度最大者为最终的施工参数。

对于非黏性土料的压实试验，也可用上述类似的方法进行，但因含水量的影响较小可以不考虑。根据试验成果，按不同铺土厚度绘制干密度（或相对密度）与压实遍数的关系曲线，然后根据设计干密度（或相对密度）即可由曲线查得在某种铺土厚度情况下所需的压实遍数，再选择其中压实工作量最小的，即仍以单位压实遍数的压实厚度最大者为参考值，取其铺土厚度和压实遍数作为施工的依据。

选定经济压实厚度和压实遍数后，应首先核对是否满足压实标准的含水量要求，然后将选定的含水量控制范围与天然含水量比较，看是否便于施工控制，否则可适当改变含水量和其他参数。有时对同一种土料采用两种压实机具、两种压实遍数最为经济合理。

工作任务五　土方工程季节性施工

一、土方工程冬季施工

寒冷地区的冬季气温常在零度以下，由于土料冻结，给土方工程施工带来很大的困难。SL 303—2004《水利水电施工组织设计规范》规定：当日平均气温低于 $0℃$ 时，黏性土应按低温季节施工；当日平均气温低于 $-10℃$ 时，一般不宜填筑土料，否则应进行技术经济论证。土方工程冬季施工的中心环节是防止土料的冻结。通常可以采用以下方面的措施。

1. 防冻

（1）降低土料含水量。在入冬前，采用明沟截、排地表水或降低地下水位，使砂砾料的含水量降低到最低限度；对黏性土将其含水量降低到塑限的 90% 以下，并在施工中不再加水。

（2）降低土料冻结温度。在填土中加入一定量的食盐，降低土料冻结温度。

（3）加大施工强度，保证填土连续作业。采用严密的施工组织，严格控制各工序的施工速度，使土料在运输和填筑过程中的热量损失最小，下层土料未冻结前被新土迅速覆盖，以利于上下层间的良好结合。发现冻土应及时清除。

2. 保温

（1）覆盖隔热材料。对开挖面积不大的料场，可覆盖树枝、树叶、干草、锯末等保温材料。

（2）覆盖积雪。积雪是天然的隔热保温材料，覆盖一定厚度的积雪可以达到一定的保温效果。

（3）冰层保温。采取一定措施，在开挖土料表面形成 $10\sim15$ cm 厚度的冰层，利用冰层下的空气隔热对土料进行保温。

（4）松土保温。在寒潮到来前，对将要开采的料场表层土料翻松、击碎，并平整至 $5\sim35$ cm 厚，利用松土内的空气隔热保温。

一般情况下开采土料温度不低于 $5\sim10℃$，压实温度不低于 $2℃$，便能保证土料的压实效果。

3. 加热

当气温低、风速过大，一般保温措施不能满足要求时，则可采用加热和保温相结合的暖棚作业，在棚内用蒸汽或火炉升温。蒸汽可以用暖气管或暖气包放热。暖棚作业费用高，只有在冬季较长、工期很紧、质量要求很高、工作面狭长的情况下才使用。

二、土方工程雨季施工

在多雨的地区进行土方工程施工，特别是黏性土，常因含水量过大而影响施工质量和施工进度。SL 303—2004 要求：土料施工尽可能安排在少雨季节，若在雨季或多雨地区施工，应选用合适的土料和施工方法，并采取可靠的防雨措施。雨季作业通常采取以下措施：

（1）改进黏性土特性，使之适应雨季作业。在土料中掺入一定比例的砂砾料或岩石碎屑，滤出土料中的水分，降低土料含水量。

（2）合理安排施工，改进施工方法。对含水量高的料场，采用推土机平层松土取料，以利于降低含水量。晴天多采土，加以翻晒，堆成土堆，并将土堆表面压实抹光，以利排水，形成储备土料的临时土库，即所谓"土牛"。充分利用气象预报，晴天安排黏性土施工，雨天安排非黏性土施工。

（3）增加防雨措施，保证更多有效工作日。对作业面不大的土方填筑工程，雨季施工可以采用搭建防雨棚的方法，避免雨天停工；或在雨天到来时，用帆布或塑料薄膜加以覆盖；当雨量不大，降雨历时不长时，可在降雨前迅速撤离施工机械，然后用平碾或振动碾将土料表面压成光面，并使其表面向一侧倾斜以利于排水。

小常识　土方施工安全技术措施

（1）施工前，应对施工区域内存在的各种障碍物，如建筑物、道路、沟渠、管线、防空洞、旧基础、坟墓、树木等，凡影响施工的均应拆除、清理或迁移，并在施工前妥善处理，确保施工安全。

（2）大型土方和开挖较深的基坑工程，施工前要认真研究整个施工区域和施工场地内的工程地质和水文资料、邻近建筑物或构筑物的质量和分布状况、挖土和弃土要求、施工环境及气候条件等，编制专项施工组织设计（方案），制定有针对性的安全技术措施，严禁盲目施工。

（3）山区施工，应事先了解当地地形地貌、地质构造、地层岩性、水文地质等，如因土石方施工可能产生滑坡时，应采取可靠的安全技术措施。在陡峻山坡脚下施工，应事先检查山坡坡面情况，如有危岩、孤石、崩塌体、古滑坡体等不稳定迹象时，应妥善处理后，才能施工。

（4）施工机械进入施工现场所经过的道路、桥梁和卸车设备等，应事先做好检查和必要的加宽、加固工作。开工前应做好施工场地内机械运行的道路，开辟适当的工作面，以利安全施工。

（5）土方开挖前，应会同有关单位对附近已有建筑物或构筑物、道路、管线等进行检查和鉴定，对可能受开挖和降水影响的邻近建（构）筑物、管线，应制定相应的安全技术措施，并在整个施工期间，加强监测其沉降和位移、开裂等情况，发现问题应与设计或建设单位协商采取防护措施，并及时处理。相邻基坑深浅不等时，一般应按先深后浅的顺序施工，否则应分析后施工的深坑对先施工的浅坑可能产生的危害，并应采取必要的保护措施。

（6）基坑开挖工程应验算边坡或基坑的稳定性，并注意由于土体内应力场变化和淤泥土的塑性流动而导致周围土体向基坑开挖方向位移，使基坑邻近建筑物等产生相应的位移和下沉。验算时应考虑地面堆载、地表积水和邻近建筑物的影响等不利因素，决定是否需要支护，选择合理的支护形式。在基坑开挖期间应加强监测。

（7）在饱和黏性土、粉土的施工现场不得边打桩边开挖基坑，应待桩全部打完并间歇一段时间后再开挖，以免影响边坡或基坑的稳定性并应防止开挖基坑可能引起的基坑内外的桩产生过大位移、倾斜或断裂。

（8）基坑开挖后应及时修筑基础，不得长期暴露。基础施工完毕，应抓紧基坑的回填工作。回填基坑时，必须事先清除基坑中不符合回填要求的杂物。在相对的两侧或四周同时均匀进行，并且分层夯实。

（9）基坑开挖深度超过9m（或地下室超过两层），或深度虽未超过9m，但地质条件和周围环境复杂时，在施工过程中要加强监测，施工方案必须由单位总工程师审定，报企业上一级主管。

（10）基坑深度超过14m（或地下室为三层或三层以上），地质条件和周围特别复杂及工程影响重大时，有关设计和施工方案，施工单位要协同建设单位组织评审后，报市建设行政主管部门备案。

（11）夜间施工时，应合理安排施工项目，防止挖方超挖或铺填超厚。施工现场应根据需要安设照明设施，在危险地段应设置红灯警示。

（12）土方工程、基坑工程在施工过程中，如发现有文物、古迹遗址或化石等，应立即保护现场和报请有关部门处理。

（13）挖土方前对周围环境要认真检查，不能在危险岩石或建筑物下面进行作业。

（14）人工开挖时，两人操作间距应保持2～3m，并应自上而下挖掘，严禁采用掏洞的挖掘操作方法。

（15）上下坑沟应先挖好阶梯或设木梯，不应踩踏土壁及其支撑上下。

（16）用挖土机施工时，挖土机的工作范围内，不得有人进行其他工作，多台机械开挖，挖土机间距大于10m，挖土要自上而下，逐层进行，严禁先挖坡脚的危险作业。

（17）基坑开挖应严格按要求放坡，操作时应随时注意边坡的稳定情况，如发现有裂纹或部分塌落现象，要及时进行支撑或改缓放坡，并注意支撑的稳固和边坡的变化。

（18）机械挖土，多台阶同时开挖土方时，应验算边坡的稳定，根据规定和验算确定挖土机离边坡的安全距离。

（19）深基坑四周设防护栏杆，人员上下要有专用爬梯。

学习情境二 地基与基础施工

【引例】

引水萧山枢纽工程主要由外江侧闸站上游段、闸站、内河侧闸站下游段、闸站后输水河道及跨河桥梁等组成。其中闸站段由左岸引水闸、主泵房、右岸引水闸三部分组成，左岸引水闸上设安装间，副厂房布置在主泵房靠内河侧。

本工程场地高程 6.80～7.10m，西南侧浦阳江防洪堤顶高程 10.05m 左右，闸站段基坑基础垫层底高程 0.05～－3.35m，基坑挖深 6.95～10.0m，基坑挖深较深。基坑开挖尺寸长×宽约为 133m×115m，总开挖量约 12 万 m³。基坑影响深度范围内含有粉砂夹淤泥质土、淤泥质土，力学性质差，对基坑整体稳定不利；该土层为高含水量、中等～高压缩性土，动水条件下易产生流砂现象，属于区域内容易发生渗透破坏的高危土。根据本工程的周边环境及基坑挖深等实际情况，本工程基坑安全等级为一级基坑。

闸站段基坑三面进行了专项支护设计，支护结构为钻孔灌注桩＋止水帷幕结合内支撑形式。地面高程至 5.50m 按 1:1 放坡处理，坡面喷射混凝土及挂钢筋网，5.50m 高程下设 Φ800@1100 钻孔桩，高程 4.65m 设混凝土支撑，支撑尺寸为 850mm×850mm，钻孔桩插入深度为 10.5m，钻孔桩外侧用旋喷桩 Φ800@600 止水。

问题：1. 该工程基坑土方如何开挖？如何防止流砂事故？

2. 该工程不良土质地基是否需要处理？如何处理？

3. 该工程属于深基础，应如何进行施工？

4. 该工程土方填筑与压实有何要求？

【知识目标】

本单元介绍地基处理、深浅基础、桩基础工程的施工方法、施工要求。要求掌握地基处理的基本方法；掌握浅基础的施工要求、施工方法；掌握预制桩施工顺序的确定、注意事项、质量事故产生的原因和预防措施；掌握泥浆护壁成孔灌注桩、沉管灌注桩、大直径人工挖孔灌注桩的施工方法；了解预制桩、灌注桩质量的检验标准，了解常见质量事故的预防和处理及安全施工措施。

【能力目标】

能选择地基处理的施工方法，组织常见深浅基础的砌筑，选择预制桩和灌注桩的施工方法、施工方案，判断产生预制桩和灌注桩施工常见质量通病的原因，并采取对应的防治措施。

工作任务一 基坑开挖施工

一、软基开挖

软基开挖的施工方法与一般土方开挖方法相同，但由于软土地基的施工条件比较特殊，常会遇到很多困难，所以应采取相应的措施，确保开挖工作顺利进行。

（一）淤泥

淤泥的特点是颗粒细、水分多、人无法立足，应根据土质情况不同分别采取措施。

1. 稀淤泥

稀淤泥的特点是含水量高，流动性大，装筐易漏。当稀淤泥较薄、面积较小时，可将干砂倒入淤泥中挤成土埂形状，然后在土埂上进行挖运作业；如面积较大，可同时填筑多条土埂，分区治理，以防乱流；若淤泥深度大、面积广，可以将稀淤泥分区围埂，分别将淤泥排入附近挖好的坑内。

2. 烂淤泥

烂淤泥的特点是淤泥层较厚，含水量较小，并且较为黏稠，开挖时挖锹或铲斗等工具难拔或泥土黏结不易脱离。为避免黏结，挖前先将锹或铲斗蘸水，或用股钗代替铁锹。为解决施工立足问题，一般采取自坑边沿起，集中力量突破一点，一直挖到硬土层，再向四周扩展；也可采用苇排铺路法，即将芦席扎成捆枕，每枕用桩连成苇排，铺在烂泥上，以方便人员、机械在上面挖运。

3. 夹砂淤泥

夹砂淤泥的特点是淤泥中有一层或几层夹砂层。如淤泥厚度较大，可采用上述方法挖除；如游泥层较薄，可以先将砂面晾干，能站人施工时，连同下层淤泥同时挖除，露出新砂面，避免夹砂层混挖导致开挖困难。

（二）流砂

采用明排水方法开挖基坑时，由于形成较大的水力坡降，造成渗流挟带细砂从坑底上冒，或在边坡上形成管涌、流坠等现象，因在砂性土质中经常发生，称为流砂。流砂现象一般发生在非黏性土中，主要与砂土的含水量、孔隙率、黏性颗粒含量和动水压力的水力坡度有关。治理流砂的关键是解决好"排"和"封"的问题。"排"，即及时将流砂层的水排出，以降低含水量和水力坡度；"封"，即将开挖区的流砂封闭起来。

如坑底翻砂冒水，可在较低的位置挖沉砂坑，将竹筐或柳条筐沉入坑底，水流入筐内而砂被阻挡在外面，然后将筐内水分排出。对于坡面流砂，当土质允许，流砂层又较薄（一般为 4～5m）时，可采用大开挖的方法（一般放坡为 1:5～1:8），但这种方法扩大了开挖面积，增加了工程量。所以在基坑开挖挖深不大、面积较小时，可以采取下列措施进行治理：

（1）砂石护面。在坡面上先铺一层粗砂，再铺一层小石子，各层厚 5～8cm，形成反滤层，坡脚挖排水沟，做同样的反滤层，如图 2-1 所示。这种方法既防止渗水流时挟带泥沙，也可以防止坡面产生径流冲刷。

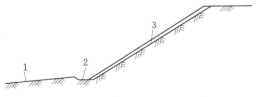

图 2-1 砂石护面
1—水闸基坑；2—排水沟；3—砂石护面

（2）柴枕护面。在坡面上铺设爬坡式柴枕，坡脚没排水沟，沟底及两侧均铺柴枕，以起到滤水拦砂的作用。如图 2-2 所示，一定距离打桩加固，防止柴枕下坍移动。

（3）柴枕拦砂法。当基坑坡面较长、基坑挖深较大时，可采用柴枕拦砂法处理，在坡面渗水范围的下部打入木桩，桩内叠铺柴枕，如图 2-3 所示。

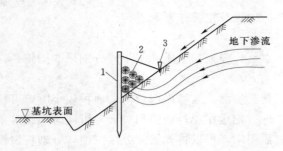

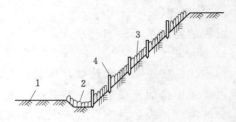

图 2-2　柴枕护面　　　　　　　　　　　　图 2-3　柴枕拦砂
1—木桩；2—柴枕；3—小木桩　　　　1—水闸基坑；2—排水沟；3—柴枕；4—钎枕桩

（三）泉眼治理

泉眼产生的原因是基坑排水不畅，致使地下水从局部穿透薄弱土层，流出地面，或地基深层的承压水被击穿压力冒出，一般在施工钻孔处易发生。如泉眼水质为清水，只需将流水引入集水井，排出基坑外部即可；如泉眼流出的是浑水，为避免土颗粒流失则应抛铺粗砂和石子各一层，经过滤后变为清水方可排至集水井；如泉眼位于建筑物底部，应先在泉眼上铺设砂石反滤层，然后插入铁管，将泉水引至结构外部，待混凝土浇筑完毕后用干硬性水泥砂浆将排水管堵塞严密。

二、岩基开挖

岩基开挖就是按照设计要求，将风化、破碎和有缺陷的岩层挖除，使水工建筑物建在完整坚实的基层上。由于开挖的工程量大，需要投入大量的人力、资金和设备，并占用很长的工期。因此，选择合理的开挖方法和措施，保证开挖的质量，加快开挖的速度，确保施工的安全，对于加快整个工程的建设具有重要的意义。

（一）开挖前的准备工作

（1）熟悉基本资料：详细分析坝址区的工程地质和水文地质资料，了解岩土特性，掌握各种地质缺陷的分布及发育情况。

（2）明确水工建筑物设计对地基的具体要求。

（3）熟悉工程的施工条件和施工技术水平及装备力量。

（4）业主、地质、设计、监理等人员共同研究，确定适宜的地基开挖范围、深度和形态。

（二）坝基开挖注意事项

坝基开挖是一个重要的施工环节，为保证开挖的质量、进度和安全，应解决好以下几个方面的问题：

（1）做好基坑排水工作。在围堰闭气后，立即排除基坑积水及围堰渗水，布置好排水系统，配备足够的排水设备，边开挖基坑，边排水，降低和控制水位，确保开挖工作不受水的干扰。

（2）合理安排开挖程序。由于受地形、时间和空间的限制，水工建筑物基坑开挖一般比较集中，工种多，安全问题比较突出。因此，基坑开挖的程序，应本着自上而下，先岸坡，后河槽的原则。如果河床很宽，也可考虑部分河床和岸坡平行作业，但应采取有效的安全措施。无论是河床还是岸坡，都要由上而下，分层开挖，逐步下降，如图 2-4 所示。

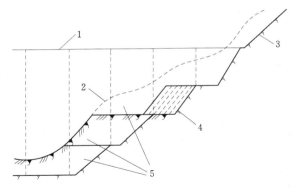

图 2-4 坝基开挖程序

1—坝顶线；2—原地面线；3—安全削坡；
4—开挖线；5—开挖层

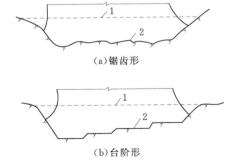

（a）锯齿形

（b）台阶形

图 2-5 坝基开挖形态

1—原基岩面；2—基岩开挖面

（3）选定合理的开挖范围和形态。基坑开挖范围，主要取决于水工建筑物的平面轮廓，还要满足机械的运行、道路的布置、施工排水、立模与支撑的要求。放宽的范围一般从几米到十几米不等，由实际情况而定。开挖以后的基岩面，要求尽量平整，并尽可能略向上游倾斜，高差不宜太大，以利于水工建筑物的稳定。要避免基岩有突出部分和应力集中，开挖形态如图 2-5 所示。

（4）正确地选择开挖方法，保证开挖质量。岩基开挖的主要方法是钻孔爆破法，应采用分层梯段松动爆破；边坡轮廓面开挖，应采用预裂爆破或光面爆破；紧邻水平建基面，应预留岩体保护层，并对保护层进行分层爆破。

（5）开挖偏差的要求为：

1）对节理裂隙不发育、较发育、发育和坚硬、中硬的岩体，水平基面高程的开挖偏差，不应大于 ±20cm。

2）设计边坡轮廓面的开挖偏差，在一次钻孔深度条件下开挖时，不应大于其开挖高度的 ±2%。

3）在分台阶开挖时，其最下部一个台阶坡脚位置的偏差，以及整体边坡的平均坡度，均应符合设计要求。

（6）保护层的开挖是控制建基岩质量的关键，其要点是：

1）分层开挖，梯段爆破，控制一次起爆药量，控制爆破震动影响。

2）对于建基面 1.5m 以上的一层岩石，应采用梯段爆破，炮孔装药直径不应大于 40mm；对于风钻钻孔，一次起爆药量控制在 300kg 以内。

3）保护层上部开挖，采用梯段爆破，控制药量和装药直径；中层开挖控制装药直径小于 32mm，采用单孔起爆，距建基面 0.2m 厚度的岩石，应进行撬挖。

（7）边坡预裂爆破或光面爆破的效果应符合以下要求：

1）在开挖轮廓面，残留的炮孔痕迹应均匀分布。

2）对于节理裂隙不发育的岩体，炮孔痕迹保存率应不低于 80%，对节理裂隙较发育的岩体，应达到 50%～80%，对节理裂隙及发育完全的岩体，应达到 10%～50%。

3）相邻炮孔间，岩面不平整度不应超过 15cm。

4）预裂炮孔和梯段炮孔在同一个爆破网时，预裂孔先于梯段孔起爆的时间不得小于75～100ms。

工作任务二　地　基　处　理　施　工

水工建筑物的地基一般分为岩石地基、砂砾石地基和软土地基等。由于天然地基复杂多样，各种建筑物对地基的要求各有不同，加上工程地质和水文地质作用的影响，天然地基往往存在不同程度、不同形式的缺陷，需要经过人工处理，使地基具有足够的强度、整体性、抗渗性和耐久性。开挖是地基处理中最常见的方法，但受工期、费用、开挖条件和机械设备性能等客观条件的限制，地基处理还需根据不同的地质条件，以及不同工程对地基处理的要求采用适当的处理措施或方法。

一、岩基处理

岩基的一般地质缺陷经过开挖和灌浆处理后，地基的承载力和防渗性能都可以得到不同程度的改善。但对于一些比较特殊的地质缺陷，如断层破碎带、缓倾角的软弱夹层以及岩溶地区较大的空洞和漏水通道，如果这些缺陷的埋深较大或延伸较远，采用开挖处理在技术上就不易实现，在经济上也不合理。所以针对工程具体条件，采用一些特殊的处理措施，常用处理措施包括断层破碎带的处理、软弱夹层的处理、岩溶处理以及基岩的锚固等。

（一）断层破碎带的处理

因地质构造原因形成的破碎带，有断层破碎带和挤压破碎带两种。经过地质错动和挤压，其中的岩块极易破碎且风化强烈，常夹有泥质充填物。

对于宽度较小或闭合的断层破碎带，如果延伸不深，常采用开挖和回填混凝土的方法进行处理。即将一定深度范围内的断层和破碎风化岩层清理干净，直到新鲜岩基，然后再回填混凝土。如果断层破碎带需要处理的深度很大，为了克服深层开挖的困难，可以采用大直径钻头（直径1m以上）钻孔，到需要深度再回填混凝土，或开挖一层回填一层，在回填的混凝土中预留竖井或斜井，作为继续下挖的通道，直到预定深度为止。

对于埋深较大且为陡倾角的断层破碎带，在断层外露处回填混凝土，形成混凝土塞（取断层宽度的1.5倍），必要时可沿破碎带开挖斜井和平洞，回填混凝土，与断层相交一定长度，组成抗滑塞群，并有防渗帷幕穿过，组成混合结构，如图2-6所示。

（二）软弱夹层的处理

软弱夹层是指基岩层面之间或裂隙面中间强度较低已经泥化或容易泥化的夹层，受到上部结构荷载作用后，很容易产生沉陷变形和滑动变形。软弱夹层的处理方法，视夹层产状和地基的受力条件而定。

对于较陡倾角软弱夹层，如果没有与上下游河水相通，可在断层入口处进行开挖，回填混凝土，提高地基的承载力；如果夹层与水库相通，除对坝基范围内的夹层进行开挖并回填混凝土外，还要对夹层渗水部位进行封闭处理。对于坝肩部位的陡倾角软弱夹层，主要是防止不稳定岩石塌滑，进行必要的锚固处理。

对于较缓倾角软弱夹层，如果埋藏不深，开挖量不是很大，最好的办法是彻底挖除；如夹层埋藏较深，当夹层上部有足够的支撑岩体能维持基岩稳定时，可只对上游夹层进行挖除，回填混凝土，进行封闭处理，如图 2-7 所示。

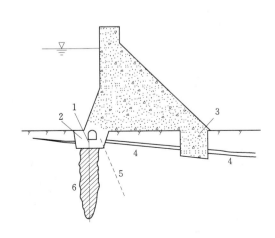

图 2-6 含缓倾角夹层坝基处理
1—帷幕灌浆廊道；2—齿槽；3—下游齿墙；
4—软弱夹层；5—排水孔；6—灌浆帷幕

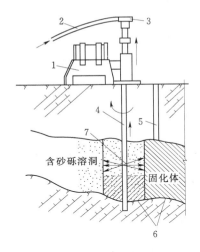

图 2-7 高压旋喷法处理岩溶地基
1—钻机；2—进浆管；3—调压阀；4—钻杆；
5—钻孔；6—固化体；7—喷头

（三）岩溶处理

岩溶是可溶性岩层长期受水的溶蚀作用后产生的一种自然现象。由岩溶现象形成的溶槽、漏斗、溶洞、暗河、岩溶湖、岩溶泉等地质缺陷，削弱基岩的承载能力，形成漏水的通道。处理岩溶的主要目的是防止渗漏，保证蓄水，提高坝基的承载能力，确保大坝的安全稳定。

对岩溶的处理可采取堵、铺、截、围、导、灌等措施：堵，即堵塞漏水的洞眼；铺，即在漏水的地段做铺盖；截，即修筑截水墙；围，即将间歇泉、落水洞等围住使之与库水隔开；导，即将建筑物下游的泉水导出建筑物以外；灌，即进行固结灌浆和帷幕灌浆。

（四）基岩的锚固

基岩锚固是用预应力锚束对基岩施加预压应力的一种锚固技术，达到加固和改善地基受力条件的目的。

锚固技术由于效果可靠、施工方便、经济合理等优点，在国内外工程中得到广泛使用。在水利水电工程施工中，利用锚固技术可以解决以下几方面的问题：

（1）高边坡开挖时锚固边坡。

（2）坝基、岸坡抗滑稳定加固。

（3）锚固建筑物，改善受力条件，提高抗震性能。

（4）大型洞室支护加固。

（5）混凝土建筑物的裂缝和缺陷修补锚固。

（6）大坝加高加固。

锚固方法视工程具体条件不同而异，对于缓倾角软弱夹层，当分布较浅、层数较多时，可设置钢筋混凝土桩和预应力锚索进行加固。在基础范围，沿夹层自上而下钻孔或开挖竖井，穿过几层夹层，浇筑钢筋混凝土，形成抗剪桩，如图 2-8 所示。在一些工程中采用预应力锚固技术，加固软弱夹层，效果明显。其型式有锚筋和锚索，可对局部及大面积地基进行加固，如图 2-9 所示。

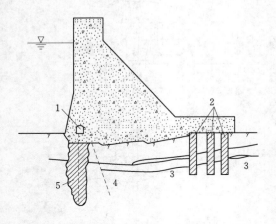

图 2-8　抗剪桩锚固地基
1—帷幕灌浆廊道；2—抗剪桩；3—软弱夹层；
4—排水孔；5—灌浆帷幕

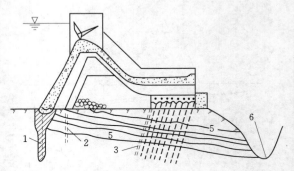

图 2-9　预应力锚索锚固
1—灌浆帷幕；2—排水孔；3—下游排水孔；
4—预应力锚索；5—软弱夹层；6—冲刷坑

二、土基处理

土基是建筑工程中最常见的地基之一，土基处理通常是为了达到两个目的，或者是提高地基的承载能力，或者是改善地基的防渗性能。提高地基承载能力的方法称为土基加固，常见处理方法有换填法、强夯法、排水固结法、混凝土灌注桩、振动水冲法、旋喷加固法等。改善地基防渗性能的方法称为截渗处理，常见处理方法有防渗墙、帷幕灌浆、垂直铺塑、深层搅拌桩等。

（一）土基加固

1. 换填法

换填法是将建筑物基础下的软弱土层或缺陷土层的一部分或全部挖去，然后换填密度大、压缩性低、强度高、水稳性好的天然或人工材料，并分层夯压至要求的密实度，达到改善地基应力分布、提高地基稳定性和减少地基沉降的目的。

换土垫层与原土相比，具有承载力增加、变形减小的优点。砂石垫层还可提高地基排水固结速度，防止季节性冻土的冻胀，消除膨胀地基及湿陷性土层的不良影响。灰土垫层还可以促使下部土层含水量均衡转移，从而减小土层的差异性。

换填法的处理对象主要是淤泥、淤泥质土、湿陷性黄土、膨胀土、冻胀土、杂填土地基。水利工程中常用的垫层材料有砂砾土、碎（卵）石土、灰土、素土（主要指壤土）、中砂、粗砂、矿渣等。近年来，土工合成材料加筋垫层因处理效果良好而逐步广泛应用。

根据换填材料的不同，将垫层分为砂石（砂砾、碎卵石）垫层、土（素土、灰土、二灰土）垫层、粉煤灰垫层、矿渣垫层、加筋砂石垫层等，其适用范围见表 2-1。

表 2-1		垫 层 的 适 用 范 围
垫层种类		适 用 范 围
砂石（砂砾、碎卵石）垫层		多用于中小型工程的暗河、塘、沟等的局部处理。适用于一般饱和、非饱和的软弱土和水下黄土地基处理，不宜用于湿陷性黄土地基，也不宜用于大面积堆载、密集基础和动力基础的软土地基处理，可有条件地用于膨胀土地基，不宜用于有地下水且流速快、流量大的地基处理
土垫层	素土垫层	适用于中小型工程及大面积回填、湿陷性黄土地基的处理
	灰土或二灰土垫层	适用于中小型工程，尤其适用于湿陷性黄土地基的处理，也可用于膨胀土地基处理
粉煤灰垫层		多用于大面积地基工程的填筑。粉煤灰垫层在地下水位以下时，其强度降低幅度在30%左右
矿渣垫层		用于中小型工程，尤其适用于地坪、堆场等工程大面积的地基处理和场地平整等。对于受酸性或碱性废水影响的地基不得使用

在不同的工程中，垫层所起的作用也不同，如换土垫层和排水垫层。一般水闸、泵房基础下的砂垫层主要起换土作用，而在路堤和土坝等工程中，砂垫层主要起排水固结作用。

换土垫层视工程具体情况而异，若软弱土层较薄，采用全部换土；若软弱土层较厚，可采用部分换土。

2. 强夯法

强夯法又称动力固结法或动力加密法。这种方法是使用吊升设备将重锤（一般为10～25t，最重达45t）起吊至较大高度（一般为10～20m）后，让其自由下落产生巨大的冲击能量对地基产生强大的冲击和振动，通过加密、固结和预加变形的作用，从而改善地基土的工程性质，使地基土的渗透性、压缩性降低，密实度、承载力和稳定性得到提高，湿陷性和液化可能性得以消除。地基经强夯加固后，承载能力可以提高2～5倍，是一种效果好、速度快、节省材料、施工简便的地基加固方法。强夯法具有设备简单、施工速度快、不添加特殊材料、造价低、适宜处理的土质类别多等特点，目前强夯法已成为我国最常用的地基处理方法之一。

强夯法适用于处理碎石土、砂土及低饱和度的粉土、黏性土、杂填土、湿陷性黄土等各类地基。强夯法的缺点是施工时噪音和振动很大，离建筑物小于10m时，应挖防震沟，沟深要超过建筑物基础深。

强夯法施工前应进行试夯，试夯面积不小于10m×10m，对试夯前后的变化情况进行对比，以确定正式夯击施工时的技术参数。夯点的布置应根据基础底面形状确定，施工时按由内向外、隔行跳打原则进行，夯实范围应大于基础边缘3m。

3. 排水固结法

为了提高软土地基的承载能力，采取人为措施，使地基表层或内部形成水平或垂直排水通道，在自重或外部荷载作用下，加速排水和固结，从而提高强度。排水法又分为水平排水法和竖直排水法。

水平排水法是在软基的表面铺一层粗砂或级配好的砂粒石做排水通道，在垫层上堆土或其他荷载，使孔隙水压力增高形成水压差，孔隙水通过砂垫层逐步排出，孔隙减小，土体被压缩后密度增加，强度提高。

垂直排水法是在软土层中建若干排水井，灌入砂形成竖向排水通道，在堆土或外部荷载作用下达到排水固结并提高承载强度的目的，也称砂井预压法。由于排水距离短，从而大大缩短排水和固结时间。砂井直径一般多采用 20~100cm，井距采用 1.0~2.5m。井深主要取决于土层情况：软土层较薄时，砂井宜贯穿软土层；软土层较厚且夹有砂层时，一般可设在砂层上；软土层较厚又无砂层时，或软土层下有承压水时，则不应打穿。

（二）桩基加固处理

当建筑场地浅层土质无法满足建筑物对地基承载力和变形的要求，又不适宜采取地基处理措施时，就要利用地基深层坚实土层或岩层作为持力层，采用深基础方案。深基础主要有桩基础、墩基础、沉井基础和地下连续墙等几种类型，其中以桩基础应用最为广泛。

1. 桩基分类

桩基础简称桩基，是提高土基承载能力最有效的方法之一。桩基是由若干沉入土中的单桩组成的一种深基础，由基桩和连接于基桩桩顶的承台共同组成，承台和承台之间再用承台梁相互连接。若承台下只用一根桩（通常为大直径桩）来承受和传递上部结构（通常为柱）的荷载，这样的桩基础称为单桩基础；承台下有 2 根或 2 根以上基桩组成的桩基础为群桩基础。桩基础的作用是将上部结构的荷载，通过上部较软弱地层传递到深部较坚硬的、压缩性较小的土层或岩层。

（1）按承载性状分类。作用于桩顶的竖向荷载是通过桩侧与土的摩擦及桩端下土的支承来抵抗。根据竖向荷载作用下桩土相互作用的特点，桩侧阻力与桩端阻力发挥的程度和分担的荷载比，可将桩基分为两个大类四个亚类（摩擦桩、端承摩擦桩、端承桩、摩擦端承桩），如图 2-10 所示。

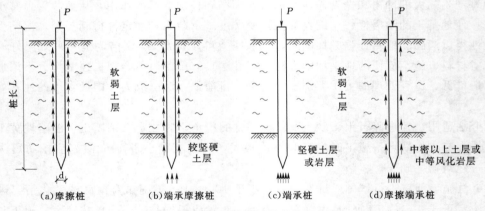

图 2-10 按承载力性状的桩机分类

1）摩擦型桩。指作用于桩顶的竖向极限荷载全部或主要由桩侧阻力来承受的桩基。根据桩侧阻力分担荷载的比例，摩擦型桩又分为摩擦桩和端承摩擦桩两类。

a）摩擦桩。作用于桩顶的竖向极限荷载绝大部分由桩侧阻力承受，桩端阻力很小、可忽略不计的桩。如深厚软土层中，桩端下无较硬土层作为桩端持力层的桩；长径比（桩长 l/桩径 d）很大的桩等，图 2-10（a）所示。

b）端承摩擦桩。作用于桩顶的竖向极限荷载由桩侧阻力和桩端阻力共同承担，但大部分由桩侧阻力承担的桩。如桩的长径比 l/d 不很大，桩端持力层为较坚硬土层的桩，如图 2-10（b）所示。

2）端承型桩。指作用于桩顶的竖向极限荷载全部或主要由桩端阻力来承受，桩侧阻力相对桩端阻力而言较小，或可忽略不计的桩基。根据桩端阻力分担荷载的比例，端承型桩又分为端承桩和摩擦端承桩两类。

a）端承桩。作用于桩顶的竖向极限荷载绝大部分由桩端阻力承受，桩侧阻力很小、可忽略不计的桩。如桩的长径比 l/d 较小，桩身穿过软弱土层，桩端设置在坚硬土层或岩层中的桩，如图 2-10（c）所示。

b）摩擦端承桩。作用于桩顶的竖向极限荷载由桩侧阻力和桩端阻力共同承担，但大部分由桩端阻力承担的桩。如桩端进入中密以上的砂土、碎石类土或中、微风化岩层中的桩，如图 2-10（d）所示。

（2）按桩身材料分类。按桩身材料性质不同，桩基分为混凝土桩、钢桩和组合材料桩三类。

1）混凝土桩。混凝土桩是目前工程上应用最广泛的桩基。它又分为预制桩和灌注桩两类。

a）预制桩。预制桩是在工厂或施工现场预制成型后，通过锤击、振动打入、静压或旋入等方式于土中设置而成的桩基。

预制桩的截面形状有方形、圆形多边形等多种形式。常用的圆形管桩如图 2-11 所示。

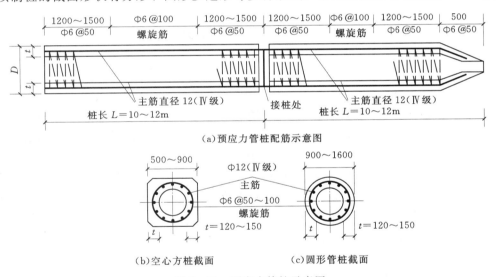

（a）预应力管桩配筋示意图

（b）空心方桩截面　（c）圆形管桩截面

图 2-11 预应力管桩示意图

预制桩的特点是制作方便，桩身质量易于得到保证，截面形状、尺寸和桩长可根据需要在一定范围内选择，桩尖可进入坚硬土层或强风化岩层，桩的耐久性好，耐腐蚀性强，承载力高。但预制桩自重大，用钢量多，需大能量桩工机械，桩体不易穿透坚硬地层，且截桩困难。

b）灌注桩。在现场采用桩工机械或通过人工成孔，孔内放置钢筋笼，再灌注混凝土所形成的桩基。按成孔方法不同，有沉管灌注桩、钻（冲）孔灌注桩和挖孔桩等多种类型。

灌注桩可配置钢筋，以增强桩的竖向承载力；亦可不配钢筋，仅靠混凝土来承受竖向荷载。与预制桩相比，灌注桩用钢量少，但灌注混凝土桩的施工质量不易控制，桩的检测较麻烦；桩身承载力比预制桩要低。

2）钢桩。常见的钢桩类型有钢管桩、H形钢桩和钢轨桩等。

钢桩的穿透能力强，自重轻，沉桩效果好，承载能力高，无论起吊、运输和接桩均很方便。但缺点是耗钢量大、成本高，国内只在少数重点工程中使用。

3）组合材料桩。组合材料桩是指用两种或两种以上材料组合成的桩。如钢管桩内填充混凝土的组合桩，下部为混凝土上部为钢管桩的组合桩。

（3）按成桩方法分类。根据成桩方法和成桩过程中的挤土效应，桩基分为非挤土桩、部分挤土桩和挤土桩三类。

1）非挤土桩。先钻孔后打入的预制桩、钻（冲或挖）孔灌注桩等，在成桩过程中需先成孔，再清除孔中土体，因此桩间土体不会受到排挤。桩周土还可能向桩孔内移动，使桩侧摩阻力有所减少。

2）部分挤土桩。底端开口的钢管桩、H形钢桩和开口预应力混凝土管桩等，打桩时对桩周土稍有排挤作用，但对土的强度及变形性质影响不大。

3）挤土桩。实心的预制桩、下端封闭的管桩以及沉管灌注桩等，在锤击或振动过程中，都将桩位处的土大量排挤开，使桩周土的结构受到严重扰动破坏，土的工程性质发生很大变化。

（4）按桩径（d）大小分类。

小桩：$d \leqslant 250mm$；

中等直径桩：$250mm < d < 800mm$；

大直径桩：$d \geqslant 800mm$。

2. 钢筋混凝土预制桩施工

（1）钢筋混凝土预制桩的制作。预制桩可以在工厂或施工现场预制。一般桩长不大于12m时多在预制厂生产，采用蒸汽养护；桩长在30m以下时则在施工现场预制，采用自然养护。现场制作预制桩可采用重叠法生产，间隔制作，制作工艺流程为：现场布置→场地平整→场地地坪混凝土浇筑→支模→绑扎钢筋、安装吊环→浇筑混凝土→养护至设计强度的30％拆模→支上层模板、涂刷隔离剂→重叠制作第二层桩→养护至设计强度的70％起吊→达到100％设计强度后运输→堆放→沉桩施工。

现场预制桩的制作方法多采用重叠法，重叠层数，应根据地面承载力和吊装要求而定，一般不宜超过4层。预制时可采用木模板或钢模，模板应支在坚实、平整的场地上，立模时必须保证桩身及桩尖部分的形状尺寸和相互位置正确。

桩主筋应通至桩顶钢筋网之下，并与钢筋网焊接在一起，以承受和传递打桩时的冲击力；为保证顺利沉桩，桩尖处主筋应与一根 φ22 或 φ25 的粗钢筋焊接在一起，箍筋应加密，如图 2-11 所示。桩混凝土的强度等级不应低于C30，浇筑时应由桩顶向桩尖连续进行，严禁中断，以确保桩顶混凝土密实。浇筑完毕后，覆盖洒水养护不应少于7d，且应自然养护1个月。

（2）钢筋混凝土预制桩的起吊及运输堆放。预制桩混凝土强度达到设计值的70％方可起吊。起吊时，吊点位置应符合设计规定，吊点不大于3个时，其位置根据桩身正负弯矩相等的原则确定；吊点大于3个时，其位置按反力相等原则确定。常见吊点位置的设置情况如图 2-12 所示。

若桩上吊点处未设吊环，则可采用绑扎起吊，吊索与桩身接触处应加衬垫。起吊时应平

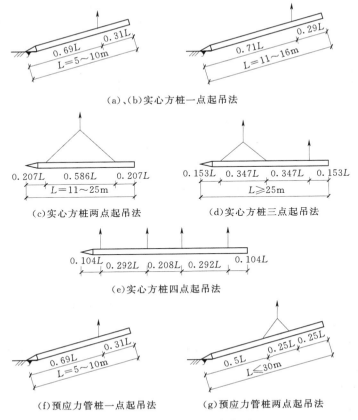

（a）、（b）实心方桩一点起吊法

（c）实心方桩两点起吊法   （d）实心方桩三点起吊法

（e）实心方桩四点起吊法

（f）预应力管桩一点起吊法   （g）预应力管桩两点起吊法

图 2-12　预制桩吊点位置

稳提升，避免桩身摇晃、受撞击和振动。

预制桩混凝土强度达到设计值的 100% 后方可运输。一般情况下，宜根据沉桩进度随打随运，以减少桩的二次搬运。桩的运输方式：对现场制作的桩，运距不大时，可在桩下垫以滚筒，用卷扬机拖动桩前进；运距较大时，可采用平板拖车运输；严禁在场地上以直接拖拉桩体方式代替装车运输。

桩堆放时，地面必须平整、坚实，垫木位置应与吊点保持在同一横断面平面上，各层垫木应上下对齐，堆放层数不宜超过 4 层。

（3）钢筋混凝土预制桩的沉桩施工。

1）锤击沉桩法。锤击沉桩法亦称打入桩法，是利用桩锤下落产生的冲击能量，克服土对桩的阻力，将桩沉入土中。锤击沉桩法是钢筋混凝土预制桩最常用的沉桩方法，该法施工时有挤土、噪音和振动现象，在市区和夜间施工受到限制。

（a）打桩设备。主要包括桩锤、桩架和动力设备三部分。

a）桩锤。常见的桩锤有落锤、单动汽锤、双动汽锤、柴油锤等。落锤打桩速度慢，生产效率低。单动汽锤和双动汽锤均属蒸汽锤，需配备空压机或锅炉，且要安装管道，生产准备时间较长，设备机动性差。而柴油锤一般自带机架，设备简单，机动性强，打桩速度较快，因此，柴油锤应用最普遍。

b）桩架。桩架是打桩时用于起重和导向的设备，其作用是：吊桩就位、起吊桩锤和支承桩身，在打桩过程中引导锤和桩的方向，移动桩位。桩架的高度应为桩长、桩锤高度、桩帽厚度、滑轮组高度的总和，再加1～2m作为吊桩锤时的伸缩余量。常见的桩架有滚筒式、多功能和履带式桩架三种。

滚筒式桩架：滚筒式桩架行走依靠两根钢滚筒在枕木上滚动进行。优点是结构简单、制作方便，但转动不灵活，操作人员多。如图2-13所示。

多功能桩架：多功能桩架机动性大，适应性强，如图2-14所示，在水平方向可作360°旋转，导杆能水平微调和前后倾斜打斜桩，底座下装有铁轮，可在轨道上行走。

履带式桩架：履带式桩架以普通履带式起重机为主机，增加导杆和斜撑组成，导杆由起重机吊起，两者应连接牢固，如图2-15所示。与多功能桩架相比，履带式桩架移位更灵活，因此，目前应用最广泛。

c) 动力装置。动力装置的设置取决于所选用的桩锤，如选用单动汽锤或双动汽锤，则需配备空压机、蒸汽锅炉和卷扬机。其作用在于提供打桩时的动力设施。

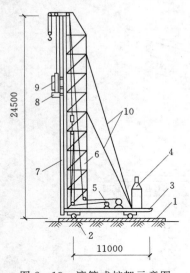

图2-13　滚筒式桩架示意图
（单位：mm）

1—枕木；2—滚筒；3—底座；4—锅炉；
5—卷扬机；6—桩body；7—龙门架；
8—蒸汽锤；9—桩帽；
10—牵绳

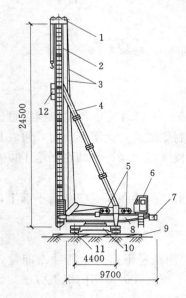

图2-14　多功能桩架示意图
（单位：mm）

1—顶部滑轮组；2—导杆；3—起吊用钢丝绳；
4—斜撑；5—起吊用卷扬机；6—司机室；
7—配重；8—回转平台；9—枕木；
10—底盘；11—钢轨道；
12—桩锤和桩帽

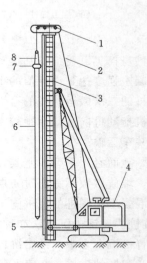

图2-15　履带式桩架示意图

1—顶部滑轮组；2—起吊用钢丝绳；3—导杆；
4—履带式起重机；5—龙门架；6—桩体；
7—桩帽；8—桩锤

（b）打桩前的准备工作。

a）打桩施工前应查明场地的工程地质和水文地质条件，清除现场妨碍施工的高空和地下障碍物，并平整场地。场地地基承载力必须满足桩机作业时的要求，若土质较软，可在地表铺设碎石垫层，以提高地表土的强度。场地排水应保持通畅。

b）施工定位放线。沉桩施工前，应根据桩基平面设计图，将桩基轴线和桩位准确测设在地面上，以利桩基定位。为控制桩顶水平标高，应在施工现场附近不受沉桩影响的地方设置水准点，作为水准测量之用。水准点一般不超过 2 个。

c）确定打桩顺序。打入式钢筋混凝土预制桩属挤土桩，桩体对土有横向挤密作用，先打入的桩体可能因此产生偏移桩位、被垂直挤出等现象；而后打入的桩体又难以达到设计标高。因此，施打群桩前，应根据桩的几何尺寸、桩距等因素正确选择打桩的顺序。常见的打桩顺序如图 2-16 所示。

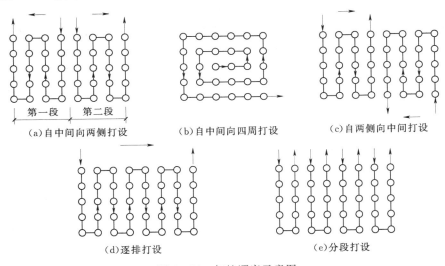

图 2-16 打桩顺序示意图

当桩布置较密，即桩距 $s \leqslant 4$ 倍的方桩边长或桩径 d 时，可采用自场地中间向两个方向或向四周对称施打的方法，如图 2-16（a）、（b）所示。当桩布置较稀，即 $s > 4d$ 时，打桩顺序的选择对桩的打设影响不大，一般可采用从一侧开始沿单一方向逐排施打，或从两侧同时向中间施打，或分段施打等方法进行，如图 2-16（c）、（d）、（e）所示。

若建筑场地一侧毗邻已有建筑物，应自毗邻建筑物一侧向另一方向施打。若桩的规格、承台埋深和桩长不同，则宜按先大后小、先深后浅、先长后短的顺序施打。

（c）沉桩工艺。

预制桩的沉桩工艺包括吊桩就位、打桩和接桩。

a）吊桩就位。将打桩机移至设计桩位处，桩体运至桩架下，利用桩架上的滑轮组，通过卷扬机把桩吊成垂直状态，再送入桩架上的龙门导管内，扶正桩身，使桩尖准确对准桩位。桩就位后，在桩顶放上草垫、废麻袋等，以形成弹性衬垫，然后放下钢桩帽套入桩顶。桩帽上放上垫木，降下桩锤轻轻压住桩帽。在锤重力作用下，桩会沉入土中一定深度，待下沉停止，再进行检验，以保证桩锤底面、桩帽和桩顶水平，桩锤、桩帽和桩身在同一直线上。

b）打桩。打桩时应遵循"重锤低击"原则，桩开始打入时，桩锤落距宜小，一般小于1m，以便使桩能正常沉入土中，待桩入土一定深度，桩体不易发生偏移时，可适当增加桩锤落距，并逐渐提高到设计值，再连续锤击。

打入桩停止锤击的控制原则（或称沉桩深度的控制原则）是：桩端（指桩的全断面）位于一般土层时，以桩端设计标高为控制，贯入度（指平均每击桩的下沉量）为参考；桩端达到坚硬、硬塑黏性土，中密以上粉土、砂土、碎石类土及强风化岩石时，以贯入度为控制，桩端标高为参考。当贯入度已达到而桩端标高未达到设计值时，应继续锤击3阵，按每阵10击的贯入度不大于设计规定值为准。施工控制贯入度应通过实验与有关单位会商确定。

需注意的是，建筑工程中的桩基多为低承台形式，承台需埋入地下一定深度，同时露在地面的桩影响桩机移动。需将桩送到地面以下。此时可采用与所打预制桩截面尺寸相同的送桩筒进行，送桩长度应视桩顶标高而定。

c）接桩。当设计桩过长时，由于受桩架和运输机械限制，通常将桩分节预制，再逐节沉桩，因此各桩节间需连接起来。桩的连接方法有焊接、法兰连接和硫磺胶泥锚结三种，前两种适用于各类土层；而硫磺胶泥锚结则适用于软土层，且接头承载力较低。

焊接法接桩的节点构造如图2-17所示。当下节桩打至桩顶离地面1m左右时，吊起上节桩开始接桩施工，上桩垂直对准下桩后，下落上节桩，经检查位置正确后，再由两人同时按对角对称的方法进行施焊，且应保证焊缝连续饱满。

法兰接桩法节点构造如图2-18所示。上下桩间通过法兰盘用螺栓连接起来，接桩速度快，一般用于预应力钢筋混凝土管桩。

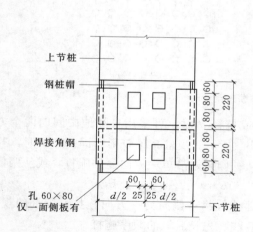

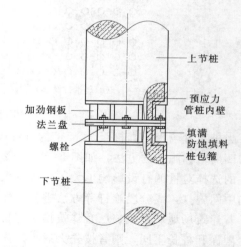

图2-17 角钢绑焊接头构造示意图　　　　图2-18 预应力管桩法兰接头构造示意图

硫磺胶泥锚结法接桩节点构造如图2-19所示。上节桩下端伸出四根锚筋；下节桩顶上预留有4个锚筋孔，孔壁呈螺纹形，孔径为锚筋直径的2.5倍。而硫磺胶泥是一种热塑冷硬性胶结材料，由硫磺、水泥或石墨粉填充材料、砂和聚硫橡胶按一定比例配置而成。接桩时，先将上节桩对准下节桩，下落上节桩，使锚筋插入锚筋孔内，并结合紧密。再上提上节桩200mm，然后将熔化的硫磺胶泥注满锚筋孔内和接头平面上，待硫磺胶泥冷却后，停歇17min以上，即可沉桩施工。

2）静力压桩法。静力压桩是在软土地基上，利用机械或液压静力压桩机的自重及配重，

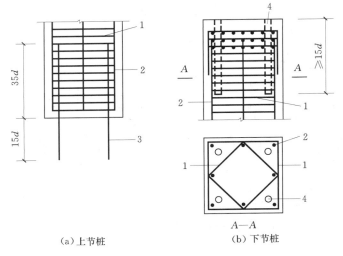

（a）上节桩　　　　　（b）下节桩

图 2-19　硫磺胶泥锚结法接桩节点构造示意图
1—桩箍筋；2—桩主筋；3—锚筋（直径 d）；4—锚筋孔（孔径为 2.5d）

产生无振动的静压力，将预制桩沉入土中的一种沉桩工艺。其优点是施工时无噪音、无振动、无空气污染，且静力压桩施工对桩身产生的应力小，因此可减少桩体钢筋用量，降低了工程成本。缺点是只适用于软土地基，若软土中存在厚度大于 2m 的中密以上砂层时，亦不宜采用静力压桩法。

机械静力压桩机是通过安置在压桩机底盘上的卷扬机、钢丝绳和压梁，将整个桩机的重量反作用于桩顶，使桩克服入土时的阻力而下沉，如图 2-20 所示。

液压静力压桩机如图 2-21 所示，其由液压起重机、液压夹持和压桩机构、短船行走及回转机构、液压系统、电控系统及压重等部分组成。压桩时，先通过液压起重机将预制桩吊入液压夹持机构内部，调整桩垂直，用液压夹持机构夹紧，然后借助液压系统将夹持机构连同预制桩一起压入土中。

静力压桩的工艺流程为：场地清理→测量定位→桩机就位→吊桩插桩→桩尖对中、调直→压桩→接桩→再压桩→停止压桩→送桩或截桩。

3）振动沉桩法。振动沉桩法是借助固定于桩头上的振动沉桩机产生高频振动，使桩周土体产生液化，从而减少桩侧与土体间摩阻力，再靠振动桩锤和桩体自重将桩沉入土中。

振动沉桩机由电动机、弹簧支承、偏心振动块和桩帽组成，如图 2-22 所示。振动桩锤内的偏心振动块分左右对称两组，其旋转速度相同，方向相反。工作时，偏心块旋转产生离心力的水平分力相互抵消，而垂直分力相互叠加，形成垂直方向上下

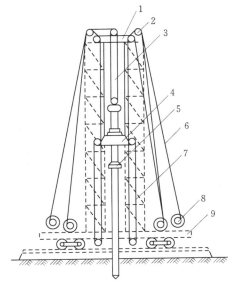

图 2-20　机械静力压桩机示意图
1—桩架顶梁；2—导向滑轮；3—提升滑轮组；
4—压梁；5—桩帽；6—钢丝绳；7—压桩
滑轮组；8—卷扬机；9—底盘

振动力。由于桩头与振动桩锤通过桩帽刚性连接在一起，桩体亦沿垂直方向产生上下振动而沉桩。

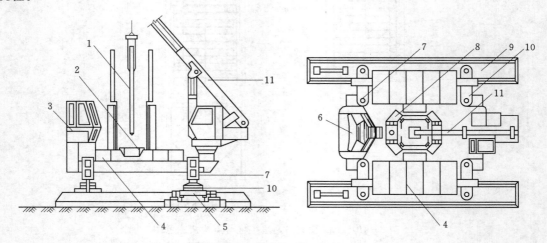

图 2-21　液压静力压桩机

1—桩体；2—夹持与压桩机构；3—操作室；4—配重铁块；5—短船行走及回转机构；6—电控系统；

7—液压系统；8—导向架；9—长船行走机构；10—支腿式底盘结构；11—液压起重机

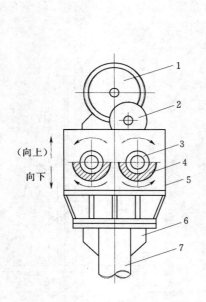

图 2-22　振动沉桩机

1—电动机；2—减速箱；3—转动轴；4—偏心块；

5—箱体；6—桩帽；7—桩体

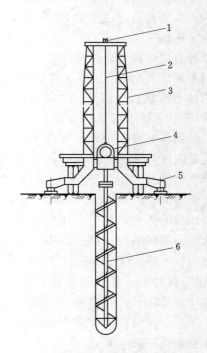

图 2-23　螺旋钻孔机示意图

1—导向滑轮；2—钢丝绳；3—龙门导架；4—动

力箱；5—千斤顶支腿；6—螺旋钻杆

振动沉桩法适用于松砂、粉质黏土、黄土和软土，不宜用于岩石、砾石和密实的黏性土层，亦不适于打设斜桩。

（4）钢管桩施工。常见的钢桩类型有钢管桩、H型钢桩和钢轨桩等，其中钢管桩使用比较普遍。

钢管桩一般由无缝钢管制成。为运输方便，分节长度通常不大于15m，若设计桩过长需接桩时，宜用焊接的方法，焊接应对称进行，且应采用多层焊，各层焊缝接头应错开。运输钢管桩时，应防止桩体受撞击而损坏，钢管两端应设保护圈。钢管桩的堆放层数要求是：ϕ900mm放置3层；ϕ600mm放置4层；ϕ400mm放置5层。

钢管桩的沉桩可采用锤击、振动、静力压桩和水冲等方法。其施工工艺流程为：钢桩制作→场地清理→测设桩位→桩机就位→吊桩插桩→桩尖对中、调直→压桩→接桩→再压桩→停止压桩→送桩或截桩→质量检验。

3. 混凝土灌注桩施工

混凝土灌注桩，是指直接在施工现场采用桩工机械或通过人工等方法成孔，孔内放置钢筋笼（亦可不放置），再灌注混凝土所形成的桩基。一般可分为钻孔灌注桩、沉管灌注桩和人工挖孔灌注桩三类。其中钻孔灌注桩又分为干作业成孔灌注桩和泥浆护壁成孔灌注桩。

（1）干作业成孔灌注桩。干作业成孔灌注桩是指在地下水位以上干土层中钻孔后形成的灌注桩。成孔用机械主要用螺旋钻孔机。该机由动力箱（内设电动机）、滑轮组、螺旋钻杆、龙门导架及钻头等组成，如图2-23所示。常用钻头类型有平底钻头、耙式钻头、筒式钻头和锥底钻头4种，如图2-24所示。

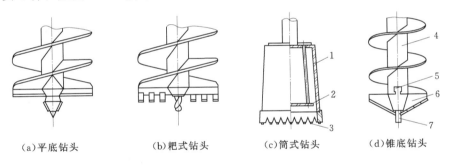

（a）平底钻头　（b）耙式钻头　（c）筒式钻头　（d）锥底钻头

图2-24　钻头类型示意图

1—筒体；2—推土盘；3—八角硬质合金钻头；4—螺旋钻杆；5—钻头接头；

6—切削刀；7—导向尖

1）钻机工作原理是，动力箱带动螺旋钻杆旋转，钻头向下切削土层，切下的土块自动沿整个钻杆上的螺旋叶片上升，土块涌出孔外后成孔。

2）干作业成孔灌注桩施工。

a）施工流程：场地清理→测设桩位→钻机就位→取土成孔→成孔质量检校→清除孔底沉渣→安放钢筋笼→安置孔口护孔漏斗→浇筑混凝土→拔出漏斗成桩。

b）施工要求：钻杆应保持垂直稳固，位置正确，防止因钻杆晃动引起孔径扩大；钻进速度应根据电流值变化及时调整；钻进过程中，应随时注意清理孔口积土，遇到地下水、塌孔、缩孔等异常情况时，应及时处理；成孔达到设计深度后，孔口应予以保护，并按规定验收；浇筑混凝土前，应先放置孔口护孔漏斗，随后放置钢筋笼并测量孔内虚土厚度。浇筑桩顶以下5m范围内混凝土时，应随浇随振动，每次浇筑高度应不大于1.5m。

（2）泥浆护壁成孔灌注桩。泥浆护壁成孔灌注桩是由钻孔设备在设计桩位处钻孔；钻孔过程中，为防止孔壁坍塌，于孔内注入泥浆护壁；钻孔的土屑与护壁泥浆混合后，通过循环泥浆的流动，被携带出孔外成孔；钻孔达到设计深度后，清除孔底泥渣，然后安放绑扎好的钢筋笼，在泥浆下灌注混凝土而成桩。

1）施工流程：场地清理→测设桩位→埋设护筒→桩机就位→设置泥浆池制备泥浆→钻机成孔→泥浆循环流动清渣→清孔→安放钢筋笼→灌注水下混凝土→拔出护筒。

2）施工工艺。

（a）埋设护筒。护筒是埋置在钻孔口处的圆筒，一般是用4～8mm厚钢板制作，其内径应大于钻头直径，回转钻机成孔时，宜大于100mm；冲击钻机成孔时，宜大于200mm，以利钻头升降。护筒作用是保证钻机能沿着桩位垂直方向工作；提高孔内泥浆水位高度，以防塌孔；并起着保护孔口的作用。如图2-25所示。

埋设护筒时，位置应准确，护筒应稳定，护筒中心与桩位中心的偏差不得大于50mm；护筒顶部宜开设1～2个溢浆孔，以便多余泥浆溢出流回泥浆池；护筒的埋置深度在黏性土中不宜小于1.0m，砂土中不宜小于1.5m，为保证筒内泥浆面水头，护筒顶应露出地面0.4～0.6m。

（b）泥浆制备。制备泥浆可采用两种方法，黏性土中成孔时，可向孔中直接注入清水，钻机钻削下来的土屑与清水混合后，即以可塑性黏土或膨胀土为原料，在桩孔外泥浆池中用水调制。

泥浆的作用是将孔内不同深度土层中的孔隙渗填密实，使孔内漏水减少到最低程度，保持孔内维持较稳定的液体压力，以防塌孔。泥浆循环排土时，还起着携渣、冷却和润滑钻头、减少钻进阻力的作用。

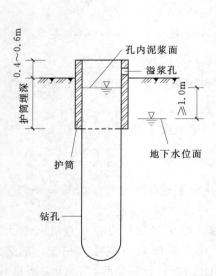

图2-25 护筒埋设示意图

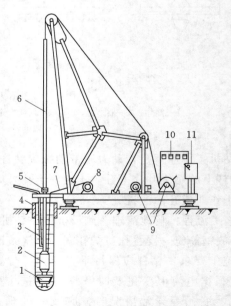

图2-26 潜水钻机示意图

1—钻头；2—潜水电钻；3—水管；4—护筒；5—支点；

6—钻杆；7—电缆线；8—电缆盘；9—卷扬机；

10—电流电压表；11—启动开关

为平衡土中地下水对孔壁产生的侧向压力，护筒内的泥浆面应高出地下水位面 1.0m 以上，在受水位涨落影响时，泥浆面应高出地下水位面 1.5m 以上。泥浆比重应控制在 1.1～1.15。

(c) 成孔。泥浆护壁成孔灌注桩主要有潜水钻机成孔和冲击钻机成孔。

a) 潜水钻机成孔。

利用潜水电钻和钻头共同组成的专用钻具，潜进注有护壁泥浆的孔内作业，钻削下来的土屑通过泥浆的循环流动，被带出孔外而成孔。钻进时，先将钻具与钢丝绳通过钻杆连接，借助卷扬机吊起钻具对准护筒中心，钻具下放至土面后，先开始空转，待注入护壁泥浆后，再向下钻进，直至达到设计深度而成孔。钻削下来的土屑混合进护壁泥浆后，通过泥浆循环流动被带出孔外。泥浆循环流动方式有正循环和反循环两种：

正循环排泥法。如图 2-27 (a) 所示，当设在泥浆池中的潜水泥浆泵，将泥浆和清水从位于钻机中心的送水管射向钻头后，下放钻杆至土面钻进，钻削下的土屑被钻头切碎，与泥浆混合在一起，待钻至设计深度后，潜水电钻停转，但泥浆泵仍继续工作，因此，泥浆携带土屑不断溢出孔外，流向沉淀池，土屑沉淀后，多余泥浆再溢向泥浆池，形成排泥正循环过程。正循环排泥过程，需孔内泥浆比重达到 1.1～1.15 后，方可停泵提升钻机，然后钻机迅速移位，再进行下道工序。

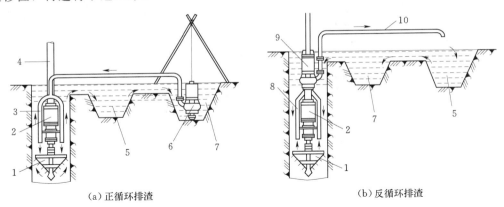

(a) 正循环排渣　　　　　　　　　(b) 反循环排渣

图 2-27　循环排渣方式

1—钻头；2—潜水电钻；3—送水管；4—钻杆；5—沉淀池；6—潜水泥浆泵；
7—泥浆池；8—抽渣管；9—砂石泵；10—排渣胶管

反循环排泥法。如图 2-27 (b) 所示，排泥浆用砂石泵与潜水电钻连接在一起。钻进时先向孔中注入泥浆，采用正循环钻孔，当钻杆下降至砂石泵叶轮位于孔口以下时，启动砂石泵，将钻削下的土屑通过排渣胶管排至沉淀池，土屑沉淀后，多余泥浆溢向泥浆池，形成排泥反循环过程。钻机钻孔至设计深度后，即可关闭潜水电钻，但砂石泵仍需继续排泥，直至孔内泥浆比重达到 1.1～1.15 为止。与正循环排泥法相比，反循环排泥法无需借助钻头将土屑切碎搅拌成泥浆，而直接通过砂石泵排土，因此钻孔效率更高。对孔深大于 30m 的端承型桩，宜采用反循环排泥法。

b) 冲击钻机成孔。

冲击钻机成孔是将带刃口的重型钻头提升到一定高度，然后使其自由下落，通过下落时的冲击力来破碎岩层或冲挤土层，再排出泥渣成孔，如图 2-28 所示。冲击钻机成孔时，应

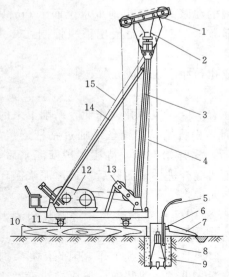

图 2-28　冲击钻机示意图
1—副滑轮；2—主滑轮；3—主杆；4—前拉索；
5—供浆管；6—溢流口；7—泥浆渡槽；
8—护筒回填土；9—钻头；10—垫木；
11—钢管；12—卷扬机；13—导向
轮；14—斜撑；15—后拉索

低锤密击，如表土为淤泥、细砂等软弱土层，可加黏土块夹小片石反复冲击造壁，孔内泥浆面应保持稳定，且每钻进 4～5m 深度应验孔一次。进入基岩后，应低锤冲击或间断冲击，如发现偏孔，应回填片石至偏孔上方 300～500mm 处，然后重新冲孔，每钻进 100～500mm 应清孔取样一次。

（d）清孔。当钻孔达到设计深度后，应及时进行孔底清理。清孔目的是清除孔底沉渣和淤泥，控制循环泥浆比重，为水下混凝土灌注创造条件。

清孔时，对利用黏性土自行造浆的钻孔，当钻孔达到设计深度后，可使钻机空转不钻进，同时射水，待孔底沉渣磨成泥浆后，再通过泥浆循环流动排出孔外；对在孔外泥浆池中制备泥浆的钻孔，宜采用泥浆循环清孔。清孔后，孔底 500mm 以内泥浆比重应小于 1.25，含砂率不大于 8%，孔底残留沉渣厚度应符合下列规定：端承桩不大于 50mm；摩擦端承桩、端承摩擦桩不大于 100mm；摩擦桩不大于 300mm。桩位清孔符合要求后，应立即吊放钢筋笼，接着灌注混凝土。

（e）灌注水下混凝土。泥浆护壁成孔灌注桩混凝土灌注是在泥浆中进行，故亦称水下混凝土灌注。水下混凝土必须具备良好的和易性，配合比宜通过实验确定，坍落度应控制在 180～220mm。其中，水泥用量应不小于 360kg/m³，粗骨料最大粒径应小于 40mm，细骨料宜采用中粗砂。为改善和易性和缓凝，水下混凝土可掺入减水剂、缓凝剂和早强剂等外加剂。水下混凝土灌注的主要机具有导管、漏斗和隔水栓。灌注混凝土用导管一般由无缝钢管制成，壁厚不小于 3mm，直径宜为 200～250mm，直径制作偏差不应超过 2mm。导管的分节长度视工艺要求确定，底管长度不宜小于 4m，两导管接头宜采用法兰或双螺纹方扣快速接头，接头连接要求紧密，不得漏浆、漏水，如图 2-29 所示。

为方便混凝土灌注，导管上方一般设有漏斗。漏斗可用 4～6mm 钢板制作，要求不漏浆、不挂浆。隔水栓为设在导管内阻隔泥浆和混凝土直接接触的构件。隔水栓常用混凝土制作，呈圆柱形，直径比导管内径小 20mm，高度比直径大 50mm，顶部采用橡胶垫圈密封，如图 2-30 所示。

3）混凝土灌注。混凝土灌注前，先宜将安装好的导管吊入桩孔内，导管顶部应高出泥浆面，且于顶部连接好漏斗；导管底部至孔底距离 0.3～0.5m，管内安设隔水栓，通过细钢丝悬吊在导管下口。灌注混凝土时，先在漏斗中储藏足够数量的混凝土，剪断隔水栓提吊钢丝后，混凝土在自重作用下同隔水栓一起冲出导管下口，并将导管底部埋入混凝土内，埋入深度应控制在 0.8m 以上。然后连续灌注混凝土，相应地不断提升导管和拆除导管，提升速度不宜过快，应保证导管底部位于混凝土面以下 2～6m，以免断桩。当灌注接近桩顶部位时，应控制最后一次灌注量，使得桩顶的灌注标高高出设计标高 0.5～0.8m，以满足凿除桩顶部泛浆层后桩顶标高能达到其设计值。凿桩头后，还必须保证暴露的桩顶混凝土强度达到其设计值。

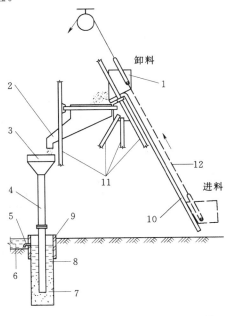

图 2-29 水下混凝土灌注示意图

1—进料斗；2—储料斗；3—漏斗；4—导管；5—护筒溢浆孔；
6—泥浆池；7—混凝土；8—泥浆；9—护筒；10—滑道；
11—桩架；12—进料斗上行轨迹

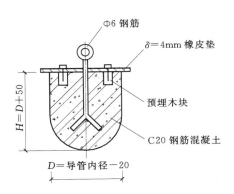

图 2-30 混凝土隔水栓示意图

（3）沉管灌注桩。沉管灌注桩按施工方法不同，一般分为锤击沉管灌注桩和振动沉管灌注桩两种。它是利用锤击打桩法或振动打桩法，将带有活瓣桩尖或预制混凝土桩尖的钢管沉入土中，管内放入钢筋笼（亦可不放），然后边灌注混凝土边锤击或振动拔管而成。

施工流程：桩机就位→沉入钢管→放钢筋笼→灌注混凝土→拔出钢管成桩。

1）锤击沉管灌注桩。锤击沉管灌注桩成孔，是利用落锤、蒸汽锤或柴油锤将钢管打入土中形成，如图 2-31 所示。其施工机械设备包括：桩架、由无缝钢管制成的桩管、桩锤、活瓣桩尖或预制钢筋混凝土桩尖。锤击沉管灌注桩施工方法一般有单打法和复打法。

a）单打法。先将桩机就位，利用卷扬机吊起桩管，垂直套入预先埋设在桩位上的预制钢筋混凝土桩尖上（采用活瓣桩尖时，需将活瓣合拢），借助桩管自重将桩尖垂直压入土中一定深度。预制桩尖与桩管接口处应垫以稻草绳或麻绳垫圈，以防地下水

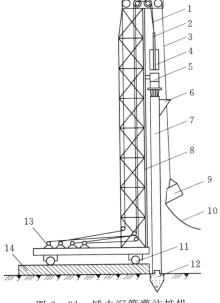

图 2-31 锤击沉管灌注桩机

1—桩锤钢丝绳；2—滑轮组；3—吊斗钢丝绳；
4—桩锤；5—桩帽；6—混凝土漏斗；7—桩管；8—桩架；9—混凝土吊斗；10—回绳；11—行驶钢管；12—桩尖；13—卷扬机；14—枕木

渗入桩管。检查桩管、桩锤和桩架是否处于同一垂线上，在桩管垂直度偏差不大于5％后，即可于桩管顶部安设桩帽，起锤沉管。锤击时，先宜低锤轻击，观察桩管无偏差后，方进入正式施打，直至将桩管沉至设计标高或要求的贯入度。桩管沉至设计标高后，应先检查桩管内有无泥浆和水进入，并确保桩尖未被桩管卡住，然后立即灌注混凝土。桩身配置钢筋时，第一次灌注混凝土应浇至钢筋笼底标高处，而后放置钢筋笼灌注混凝土。当混凝土灌满桩管后，即可上拔桩管，一边拔管，一边锤击混凝土。拔管速度应均匀，对一般土层以1m/min为宜；在软弱土层和软硬土层交界处宜控制在0.3～0.8m/min以内。桩锤击打频率，对单动汽锤应不小于50次/min；落锤应不小于40次/min。拔管过程中，应继续向桩管内灌注混凝土，保持管内混凝土量略高于地面，直至桩管全部拔出地面为止。

b）复打法。单打法施工的沉管灌注桩有时易出现颈缩和断桩现象。颈缩是指桩身某部位进土，致使桩身截面缩小；断桩常见于地面下1～3m内软硬土层交界处，系由打邻桩使土侧向外挤造成。因此，为保证成桩质量，避免颈缩和断桩现象产生，常采用复打法扩大灌注桩桩径，并可提高桩的承载力。复打法施工，是在单打法施工完毕并拔出桩管后，清除黏在桩管外壁上和散落在桩孔周围地面上的泥土，立即在原桩位上再次埋设桩尖，进行第二次沉管，使第一次灌注的混凝土向四周挤压扩大桩径，然后灌注混凝土，拔管成桩。施工中应注意前后两次沉管轴线应重合，复打施工必须在第一次灌注的混凝土初凝之前完成。

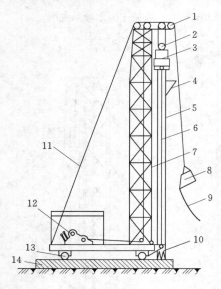

图2-32　振动沉管灌注桩机
1—导向滑轮；2—滑轮组；3—激振器；
4—混凝土漏斗；5—桩管；6—加压
钢丝绳；7—桩架；8—混凝土料斗；
9—回绳；10—桩尖；11—缆风
绳；12—卷扬机；13—钢管；
14—枕木

2）振动沉管灌注桩。振动沉管灌注桩是采用激振器或振动冲击锤将桩管沉入土中成孔而成的灌注桩。其施工机械设备如图2-32所示。振动沉管灌注桩施工方法有单振法、反插法和复振法三种。

a）单振法。单振法施工宜采用预制桩尖，施工方法与锤击沉管灌注桩单打法基本相同。施工时，先将振动桩机就位，埋设好桩尖，起吊桩管并缓慢下沉，利用桩管自重将桩尖压入土中，当桩管垂直度偏差经检验不大于5％后，即可启动激振器沉管。桩管沉至设计深度后，便停止振动，立即灌注混凝土，混凝土灌注需连续进行。当混凝土灌满桩管时，先启动激振器5～10s，然后开始拔管，应边振动边拔管。拔管速度，一般土层中宜为1.2～1.5m/min，软弱土层中宜控制在0.6～0.8m/min。拔管过程中，每拔起0.5～1.0m，应停5～10s时间，但保持振动，如此反复进行，直至桩管全部拔出地面为止。

b）反插法。反插法施工的沉管方法与单振法相同，在桩管灌满混凝土后，亦应先振动后拔管，但拔管速度应小于0.5m/min，且每拔起0.5～1.0m，需向下反插0.3～0.5m，拔管过程中，应分段添加混凝土，保持管内混凝土面始终不低于地面或高于地下水位1.0～1.5m，如此反复进行，直至桩管全部拔出地面成桩。

c）复振法。施工方法与锤击沉管灌注桩的复打法相同。

沉管灌注桩质量要求：

a）群桩基础中桩中心距小于4倍桩径的桩基，应提出保证相邻桩桩身质量的技术措施。

b）混凝土预制桩尖或钢桩尖的加工质量和埋设位置应与设计相符，桩管和桩尖的接触应有良好的密封性。

c）混凝土灌注充盈系数应不小于1.0；对充盈系数小于1.0的桩，宜全长复打，对可能的断桩和颈缩桩，应采用局部复打。成桩后，桩身混凝土顶面标高应不小于500mm。全长复打桩的入土深度宜接近原桩长，局部复打深度应超过断桩或颈缩区1m以上。

d）当桩身配有钢筋时，混凝土坍落度宜采用80～100mm；素混凝土宜采用60～80mm。

（4）人工挖孔灌注桩。人工挖孔灌注桩系指在设计桩位处采用人工挖掘方法进行成孔，然后安放钢筋笼，灌注混凝土所形成的桩。其施工特点是：设备简单；成孔作业时无噪音和振动，无挤土现象；施工速度快，可同时开挖若干个桩孔；挖孔时，可直接观察土层变化情况，孔底沉渣清除彻底，施工质量可靠。但施工时人工消耗量大，安全操作条件差。人工挖孔灌注桩构造如图2-33所示。

人工挖孔灌注桩通常桩内径d应不小于800mm，以便人工挖土；桩底扩大端尺寸应满足$D \leqslant 3d$，$(D-d)/2$：$h=0.33 \sim 0.5$，$h_1 \geqslant (D-d)/4$，$h_2=(0.10 \sim 0.15)D$的要求。

1）人工挖孔灌注桩施工机具主要有：

a）挖土工具。铁锹、镐、钢钎和铁锤。当挖掘岩石时，还应配备风镐、风钻和爆破材料。

b）出土工具。电动葫芦或手摇辘轳，提土桶及三脚支架。

c）降水工具。潜水泵，用于抽出桩孔内积水。

d）通风工具。鼓风机及输风管，用于向桩孔中输送新鲜空气。

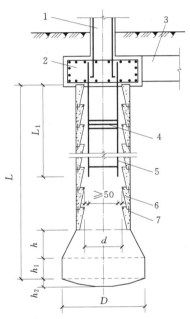

图2-33　人工挖孔桩构造图
1—柱；2—承台；3—地梁；4—箍筋；
5—主筋；6—护壁；7—护壁插筋；
L_1—钢筋笼长度；L—桩长

此外，还应配有照明灯、对讲机、电铃及护壁模板等。

2）施工工艺。人工挖孔灌注桩施工时，为确保挖孔安全，必须采取支护措施防止土壁坍塌。支护方法有现浇混凝土护壁、喷射混凝土护壁、砖护壁和钢套管护壁等多种。下面以应用较广的现浇混凝土护壁为例，介绍人工挖孔灌注桩的施工工艺。

a）按设计图纸测设桩位、放线。

b）开挖桩孔土方。采取人工分段开挖的形式，每段高度取决于土壁保持直立状态而不坍塌的能力，一般取0.5～1m为一施工段，开挖直径为设计桩芯直径d加2倍护壁厚度。

c）现浇混凝土护壁厚度一般应不小于（$d/10+5$）cm，且有1：0.1的坡度。

d）支设护壁模板。模板高度取决于开挖桩孔土方施工段高度，一般为1m，由4～8块活动钢模板（或木模板）组合而成。

e）在模板顶部安设操作平台。平台可用角钢和钢板制成的两个半圆形合在一起形成，其置于护壁模板顶部，用以临时放置料具和浇注护壁混凝土。

f) 浇筑护壁混凝土。护壁混凝土起着防止孔壁坍塌和防水的双重作用，因此混凝土应捣实。通常第一节护壁顶面应比场地高出 150～200mm，壁厚上端比下端宽 100～150mm。上下节护壁的搭接长度应不小于 50mm。

g) 拆除模板进行下段施工。护壁混凝土在常温下经 24h 养护（强度达到 1.0MPa）后，可拆除模板，开挖下一段桩孔土方。

h) 开挖过程中，应保证桩孔中心线的平面位置偏差始终不大于 20mm，偏差经吊放锤球等方法检验合格后，再支设模板，浇筑混凝土，如此反复进行。桩孔挖至设计深度后，还应检查孔底土质是否符合设计要求，然后将孔底挖成扩大头，清除孔底沉渣。

i) 吊放钢筋笼、浇筑桩身混凝土。桩孔内渗水量不大时，应用潜水泵抽取孔内积水，然后立即浇筑混凝土，混凝土宜通过溜槽下落，在高度超过 3m 时，应用串筒，串筒末端离孔底高度不宜大于 2m。若桩孔内渗水量过大，积水不易排干，则应用导管法浇筑水下混凝土。当混凝土灌至钢筋笼底部设计标高后，开始吊放钢筋笼，再继续浇筑桩身混凝土而成桩。

（5）打拔管灌注桩施工。打拔管灌注桩，利用与桩的设计尺寸相适应的一根钢管，在端部套上预制的桩靴打入土中，然后将钢筋骨架放入钢管内，再浇筑混凝土，并随灌随将钢管拔出，利用拔管时的振动将混凝土捣实，其施工步骤如图 2-34 所示。

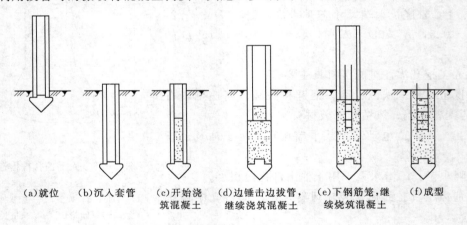

(a)就位　(b)沉入套管　(c)开始浇　(d)边锤击边拔管，　(e)下钢筋笼，继　(f)成型
筑混凝土　继续浇筑混凝土　续烧筑混凝土

图 2-34　打拔管灌注桩施工程序

沉管时必须将桩尖活瓣合拢。如有水泥或泥浆进入管中，则应将管拔出，用砂回填桩孔后，再重新沉入土中，或在钢管中灌入一部分混凝土后再继续沉入。拔管控制速度，一般土层中为 1.2～1.5m/min，在软弱土层中不得大于 0.8～1.0m/min。在拔管过程中，每拔起 0.5m 左右，应停 5～10 s，但保持振动，如此反复进行直至将钢管拔离地面为止。

拔管方法，根据承载力的要求不同，可分别采用单打法、复打法和翻插法。

4. **振动水冲法**

振动水冲法是用一种类似插入式混凝土振捣器的振冲器，在土层中进行射水振冲造孔，并以碎石或砂砾充填形成碎石桩或砂砾桩，达到加固地基的一种方法。这种方法不仅适用于松砂地基，也可用于黏性土地基，由于碎石桩承担了大部分传递荷载，同时又改善了地基排水条件，加速地基的固结，因而提高了地基的承载能力。一般碎石桩的直径为 0.6～1.1m，桩距视地质条件在 1.2～2.5m 内选择。采用此法应考虑要有充足的水源作为辅助。

5. 灰土（砂）挤密桩法

先利用机械或人工成孔，再将灰土或砂、碎石等土料灌入孔中而形成挤密桩，对软土产生横向挤密作用，从而使土的压缩性减小，抗剪强度提高，又因为桩体有较高的承载力和变形模量，截面又较大，一般可达松软土加固面积的 20% 左右，可与软弱土形成复合地基，共同承受建筑物的荷载，这种方法称为灰土（砂）挤密桩法，如图 2-35 所示。

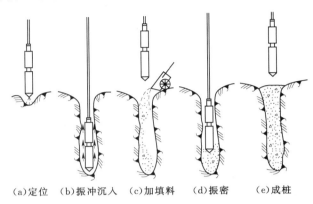

(a)定位　(b)振冲沉入　(c)加填料　(d)振密　(e)成桩

图 2-35　灰土（碎石）挤密桩施工程序

这种方法适用于处理地下水位以上的湿陷性黄土、新近堆积黄土、素填土、杂填土及其他非饱和性的黏性土、粉土等地基，可处理地基的深度为 5～15m。当以消除湿陷性为目的时，宜选用土挤密法；当以提高地基土的承载力或增强其水稳定性为主要目的时，宜选用灰土挤密法。当地基土的含水率大于 24%、饱和度大于 65% 时，以及土中碎（卵）石含量超过 15% 或有厚度 40cm 以上的砂土或碎石夹层时，不宜用灰土挤密法和土挤密法。

（三）截渗处理

由于受河道水流和地下水位的影响，河堤、大坝以及建筑物的地基会产生一定程度的渗透变形，严重时将危及建筑物的安全。解决的办法是截断渗流通道，以减小渗透变形。改善地基防渗性能的方法称为截渗处理，常见处理方法有防渗墙、帷幕灌浆、垂直铺塑、深层搅拌桩等。具体内容详见《水利工程施工技术——专项施工篇》。

三、砂砾石地基处理

砂砾石地基处理的最常用的方法是灌浆处理。具体处理方法详见《水利工程施工技术——专项施工篇》。

工作任务三　浅基础施工

浅基础系指埋置深度在 3～5m 以内，只需采用一般基坑（槽）开挖和敞坑排水方法建造起来的基础。由于天然地基上的浅基础施工简便，造价相对低廉，因此，在地基承载力和变形均能满足设计要求的前提下，应优先采用浅基础。

浅基础类型一般有无筋扩展基础、扩展基础、柱下条形基础和高层建筑筏形基础等。

一、无筋扩展基础施工

无筋扩展基础系指由砖、毛石、混凝土或毛石混凝土、灰土和三合土等材料组成的墙下条形基础或柱下独立基础。无筋扩展基础所用材料均具有较高抗压强度，但其抗拉、抗剪强度较低，亦称为刚性基础。

1. 砖基础施工

砖基础是将普通黏土砖（蒸压灰砂砖）用水泥（混合）砂浆砌筑而成的砖砌体。通常从室内设计地面起，基础墙下应砌成大放脚形式，大放脚有等高式和不等高式两种砌法，如图2-36所示。

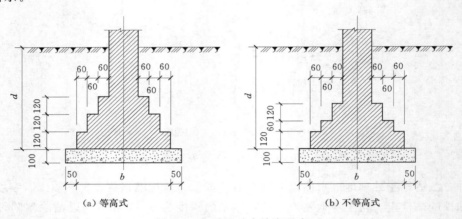

图 2-36　砖基础大放脚形式

砖基础施工是在基槽（坑）已开挖，且基础垫层施工完毕后进行的。施工程序包括基础弹线和基础砌筑。

基础弹线时，先于基槽四角布设龙门板（或轴线控制桩），并沿事先测设在龙门板上的基础轴线控制标钉拉上线绳；在纵横线绳相交处，通过吊挂锤球，将各轴线交点准确引测于基础垫层上，再借助墨斗弹出基础轴线；然后利用钢尺量出大放脚外边缘线，并用墨斗弹线。基础放线尺寸的允许偏差应符合表2-2中的规定。

表 2-2　　　　　　　　　　　　　　基础放线尺寸的允许偏差

长度 L、宽度 B（m）	允许偏差（mm）	长度 L、宽度 B（m）	允许偏差（mm）
L（或 B）≤30	±5	60<L（或 B）≤90	±15
30<L（或 B）≤60	±10	L（或 B）>90	±20

砌筑基础前，宜先在垫层转角处、丁字或十字交接处及高低踏步处立好基础皮数杆，皮数杆上应准确划出砖皮数和灰缝尺寸。砌筑时，可依皮数杆先在转角及交接处砌几皮砖（简称盘角），然后在其间拉上准线，按一顺一丁的组砌形式砌筑中间部分。若基底标高不同，应从低处砌起，并由高出向低处搭砌，搭接长度不应小于基础扩大部分的高度。内、外墙基应同时砌筑，对不能同时砌筑而又必须留置的临时间断处应砌成斜槎，斜槎水平投影长度不应小于高度的 2/3。基础砌筑完后，应立即进行回填土，土的回填应在基础两侧同时进行，并分层夯实。

砖基础施工质量控制应符合以下规定：

（1）砖和砂浆的强度等级必须符合设计要求。

（2）砌筑时，砖应提前1～2天浇水湿润。一般断砖后，砖截面四周融水深度为15～20mm时，可认为达到湿润标准。

（3）砖砌体组砌方法应正确，上、下错缝，内外搭砌，砖柱不得采用包心砌法。

（4）砖砌体灰缝应横平竖直，厚薄均匀。水平灰缝的砂浆饱满度不得小于80％，厚度宜为10mm，但不应小于8mm，也不应大于12mm。

（5）砖基础砌体尺寸、位置允许偏差见表2-3。

表2-3　　　　　　　　　砖基础砌体尺寸、位置允许偏差

项　次	项　目	允许偏差（mm）	检　验　方　法
1	轴线位置偏差	10	用经纬仪和尺检查，或用其他测量仪器
2	基础顶面标高	±15	用水准仪和尺检查
3	表面平整度	8	用2m靠尺和楔形塞尺检查
4	水平灰缝平直度	10	拉10m线和尺检查

2. 毛石基础施工

毛石基础是用毛石、毛料石或粗料石与水泥砂浆砌筑而成。所用石材应质地坚实、无风化剥落和裂纹，石料的强度等级一般为MU30以上，砂浆的强度等级不得低于M5。毛石基础的截面形状一般有阶梯形和梯形等，其构造要求如图2-37所示。

毛石基础施工程序仍是基础弹线和基础砌筑。基础弹线方法与砖基础相同，当基础

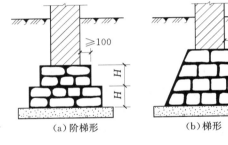

（a）阶梯形　　　　　　（b）梯形

图2-37　毛石基础形式（H＝300～400mm）

放线尺寸的允许偏差经检验符合表2-4中的规定后，即可进行毛石的砌筑。

基础砌筑时，应先砌转角处和交接处，再依拉好的准线分层砌筑中间部分。毛石基础的第一皮石块，应选用较大的平毛石座浆砌筑，并将大面朝下。分层砌筑时，宜上下错缝，内外搭砌，拉结石和丁砌石交错设置，拉结石可每隔1m设一块，相邻上下层皮结石位置应错开，立面宜砌成梅花形，每层灰缝厚度不宜大于20mm。与砖基础相同，毛石基础内、外墙基亦应同时砌筑，无法同时砌筑时，应留设斜槎，斜槎水平投影长度不应小于高度的2/3。

毛石基础施工质量控制应符合以下规定：

（1）石材及砂浆强度等级必须符合设计要求。

（2）砂浆饱满度不应小于80％。

（3）毛石基础砌体尺寸、位置允许偏差见表2-4。

3. 混凝土基础施工

无筋混凝土基础断面形状有阶梯形和锥形两种，阶梯形基础每阶高度及锥形基础边缘高度均不得小于200mm，基础顶部每边应宽出上部墙体50mm，如图2-38所示。一般选用C15混凝土浇筑。

表 2-4　　　　　　　　　　　　毛石基础砌体尺寸、位置允许偏差

项次	项　目	允许偏差（mm）			检 验 方 法
		毛石砌体	料石砌体		
			毛料石	粗料石	
1	轴线位置	20	20	15	用经纬仪和尺检查，或用其他测量仪器检查
2	基础顶面标高	±25	±25	±15	用水准仪和尺检查
3	砌体厚度	+30	+30	+15	用尺检查

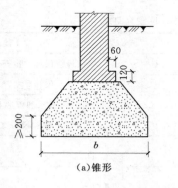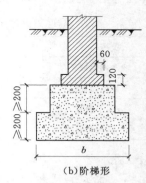

（a）锥形　　　　　　　　　（b）阶梯形

图 2-38　混凝土基础形式

基础施工时，应先在已开挖的基槽（坑）底部弹出基础轴线和边线，并按基础的设计尺寸支设模板。模板及其固定支架应具有足够的承载力、刚度和稳定性，能可靠地承受浇筑混凝土的重量、侧压力以及施工荷载，模板接缝处不得漏浆。若采用木模板，需浇水湿润，但模板内不应有积水。模板安装完后，应进行施工验收，其轴线位置的允许偏差为 5mm，截面内部尺寸的允许偏差应控制在 ±10mm 以内。

基础混凝土浇筑宜分层连续进行。阶梯形基础每一台阶应一次浇筑成型，上层台阶浇筑不应超过下层混凝土的初凝时间。为保证混凝土施工质量，混凝土运输、浇筑及间歇的全部时间不应超过混凝土的初凝时间。基础混凝土浇筑完毕后，应在 12h 以内对混凝土加以覆盖，并浇水养护，养护时间不得少于 7d，在混凝土强度达到 1.2MPa 之前，不得在其上踩踏。

现浇混凝土基础尺寸、位置允许偏差见表 2-5。

表 2-5　　　　　　　　　　　现浇混凝土基础尺寸、位置允许偏差

项次	项　　目		允许偏差（mm）	检 验 方 法
1	轴线位置	独立基础	10	钢尺检查
		其他基础	15	
2	标高		±10，±30	水准仪或拉线、钢尺检查
3	截面尺寸		+8，−5	钢尺检查
4	表面平整度		8	2m 靠尺和塞尺检查
5	预留洞中心线位置		15	钢尺检查

二、扩展基础及柱下条形基础施工

1. 构造要求

扩展基础系指柱下钢筋混凝土独立基础和墙下钢筋混凝土条形基础。其中钢筋混凝土独立基础依其构造形式，又分为现浇锥形基础、阶梯形基础和预制杯形基础。扩展基础多用于基础底面积较大、埋深较浅的多层建筑。柱下条形基础是指支承在同一方向上若干根柱的长条形连续基础，可用于多层或高层建筑。

(1) 现浇扩展基础。现浇扩展基础的断面形式如图 2-39、图 2-40 所示，其构造要求应符合下列规定：

1) 锥形基础边缘高度，不宜小于 200mm；阶梯形基础的每阶高度，宜为 300～500mm。

2) 垫层厚度不宜小于 70mm；垫层混凝土强度等级应为 C10。

3) 基础底板受力钢筋的最小直径应不小于 10mm；间距不宜大于 200mm，也不宜小于 100mm。墙下钢筋混凝土条形基础纵向分布钢筋的直径应不小于 8mm，间距不大于 300mm，每延米分布钢筋的面积应不小于受力钢筋面积的 1/10。当有垫层时，钢筋保护层的厚度不小于 40mm；无垫层时不小于 70mm。

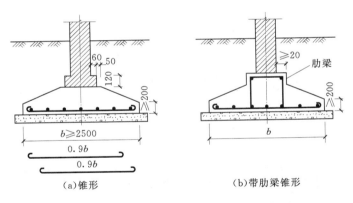

(a)锥形　　　　　　　(b)带肋梁锥形

图 2-39　墙下钢筋混凝土条形基础示意图

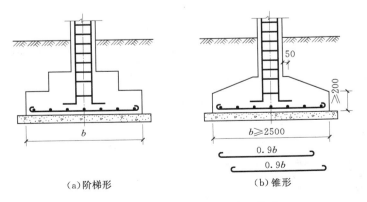

(a)阶梯形　　　　　　(b)锥形

图 2-40　柱下钢筋混凝土独立基础

4）混凝土强度等级不应低于 C20。

5）当柱下钢筋混凝土独立基础的边长和墙下钢筋混凝土条形基础的宽度不小于 2.5m 时，底板受力钢筋的长度可取边长或宽度的 0.9 倍，并宜交错布置。

6）现浇柱下的基础，其插筋数量、直径及钢筋种类应与柱内纵向受力钢筋相同。插筋的锚固长度及与纵向受力钢筋的连接方法，应符合现行 GB50010—2002《混凝土结构设计规范》中有关构造要求的规定。

（2）预制杯形基础。预制杯形基础的断面形式如图 2-41 所示，其构造要求，应符合下列规定：

1）柱的插入深度，可按表 2-6 选用，并应满足钢筋锚固长度（GB50010—2010《混凝土结构设计规范》）及吊桩时柱的稳定性。

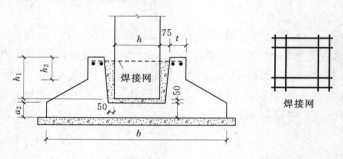

图 2-41　预制钢筋混凝土柱杯形基础示意图

（注：$a_2 \geqslant a_1$）

表 2-6　　　　　　　　　　　　　　　柱的插入深度 h_1　　　　　　　　　　　　　单位：mm

矩形或工字形柱				双肢柱
$h<500$	$500 \leqslant h<800$	$800 \leqslant h<1000$	$h>1000$	
$h \sim 1.2h$	h	$0.9h$ 且 $\geqslant 800$	$0.8h$ 且 $\geqslant 1000$	$(1/3 \sim 2/3)\, h_a$ $(1.5 \sim 1.8)\, h_b$

注　1. h 为柱截面长边尺寸；h_a 为双肢柱全截面长边尺寸；h_b 为双肢柱全截面短边尺寸。

　　2. 柱轴心受压或小偏心受压时，h_1 适当减少；偏心距大于 $2h$ 时，h_1 应适当增加。

2）基础的杯底厚度和杯壁厚度，可按表 2-7 选用。

表 2-7　　　　　　　　　　　　　基础的杯底厚度和杯壁厚度　　　　　　　　　　　单位：mm

柱截面长边尺寸 h	杯底厚度 a_1	杯壁厚度 t
h	$\geqslant 150$	$150 \sim 200$
$500 \leqslant h<800$	$\geqslant 200$	$\geqslant 200$
$800 \leqslant h<1000$	$\geqslant 200$	$\geqslant 300$
$1000 \leqslant h<1500$	$\geqslant 250$	$\geqslant 350$
$1500 \leqslant h<2000$	$\geqslant 300$	$\geqslant 400$

注　1. 双肢柱的杯底厚度值，可适当加大。

　　2. 当有基础梁时，基础梁下的杯壁厚度，应满足其支承宽度的要求。

　　3. 柱子插入杯口部分的表面应凿毛，柱子与杯口之间的空隙，应用比基础混凝土强度等级高一级的细石混凝土充填密实，当达到材料设计强度的 70% 以上时，方能进行上部吊装。

3）当柱为轴心受压或小偏心受压且 $t/h_2 \geqslant 0.65$ 时，或大偏心受压且 $t/h_2 \geqslant 0.75$ 时，杯壁可不配筋；当柱为轴心受压或小偏心受压且 $0.5 \leqslant t/h_2 < 0.65$ 时，杯壁可按表 2-8 构造配筋；其他情况下，应按计算配筋。

表 2-8 杯壁构造配筋

柱截面长边尺寸（mm）	1500≤h<2000	1500≤h<2000	1500≤h<2000
钢筋直径（mm）	8～10	10～12	12～16

注 表中钢筋置于杯口顶部，每边两根（图 2-40）。

（3）柱下钢筋混凝土条形基础。柱下钢筋混凝土条形基础的形状如图 2-42 所示，其构造除应满足现浇扩展基础同等要求外，尚应符合下列规定：

1）柱下条形基础梁高度宜为柱距的 1/4～1/8。翼板厚度不小于 200mm。当翼板厚度大于 250mm 时，宜采用变厚度翼板，其坡度宜不大于 1:3。

2）条形基础的端部宜向外伸出，其长度宜为第一跨距的 0.25 倍。

3）现浇柱与条形基础梁的交接处，其平面尺寸不应小于图 2-42（c）中的规定。

4）条形基础梁顶部和底部的纵向受力钢筋除满足计算要求外，顶部钢筋按计算配筋全部贯通，底部通长钢筋不应小于底部受力钢筋截面总面积的 1/3。

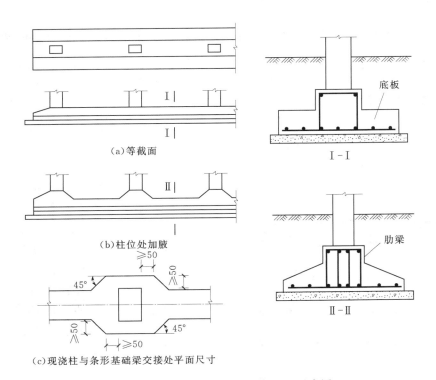

图 2-42 柱下钢筋混凝土条形基础示意图

2. 施工要点

（1）基坑（槽）开挖后应进行检验。检验内容包括：核对基坑（槽）的位置、平面尺寸和坑（槽）底标高，以及核对土质和地下水情况。坑（槽）内浮土、积水和杂物应清理干净。

（2）验槽后应立即浇灌垫层混凝土，待垫层混凝土强度达到 1.2MPa 后，再在其上弹出基础轴线和边线，并以此支设模板、铺放钢筋网。

（3）模板支设时的要求与无筋混凝土扩展基础相同；基础断面呈锥形时，其锥形斜面部分亦应支模；预制杯形基础杯口模板，可采用木模板做成两半形式，中间各加楔形板一块，拆模时，先取出楔形板，然后分别将两半杯口模板取出。铺放钢筋网时，其底部应用与混凝土保护层同厚度的水泥砂浆块垫塞，以保护钢筋位置正确。

（4）基础混凝土浇筑时的要求与无筋混凝土扩展基础相同。预制杯形基础浇筑杯口混凝土时，应四周对称均匀进行，避免将杯口模板挤向一侧，混凝土浇筑完后，杯口内侧表面混凝土应凿毛，以利于柱与杯口的连接。

三、筏板基础施工

1. 构造要求

筏形基础是设置于柱或墙下连续的钢筋混凝土整板基础，俗称满堂基础。其构造形式有梁板式和平板式两种类型，如图 2-43、图 2-44 所示。

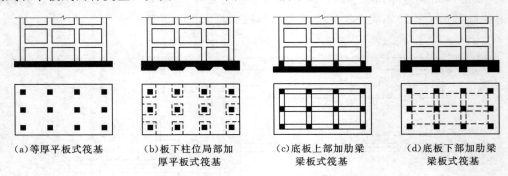

（a）等厚平板式筏基　（b）板下柱位局部加　（c）底板上部加肋梁　（d）底板下部加肋梁
　　　　　　　　　　　　厚平板式筏基　　　　梁板式筏基　　　　　梁板式筏基

图 2-43　筏形基础类型

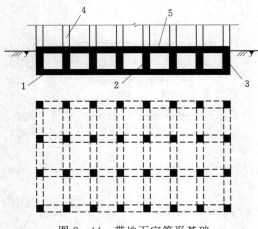

图 2-44　带地下室筏形基础
1—筏基底板；2—内墙；3—外墙；4—柱；
5—地下室楼盖

因基础底面积和基础刚度较大，与其他类型基础相比，筏板基础能有效减少基底压力和调整地基不均匀沉降。一般用于高层建筑，平板式筏板基础亦可用于横墙较密的多层砌体结构。筏板基础的主要构造要求是：

（1）基底平面形心宜与结构竖向永久荷载重心重合；当不能重合时，在荷载效应准永久组合下，偏心距 e 应不超过 $0.1W/A$（A 为基础底面积，W 为与偏心距方向一致的基础底面边缘抵抗矩。

（2）筏形基础底板厚度不宜小于 400mm；混凝土强度等级不应低于 C30，当有地下室时应采用防水混凝土，防水混凝土的抗渗等级

不应小于 0.6MPa。

（3）采用筏形基础的地下室，地下室钢筋混凝土外墙厚度不应小于 250mm，内墙厚度不应小于 200mm。墙体内应设置双面钢筋，竖向和水平钢筋的直径不应小于 12mm，间距不应大于 300mm。

（4）地下室底层柱、剪力墙与梁板式筏基的基础梁连接处应符合图 2-45 中的规定。

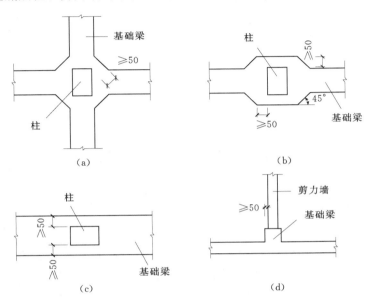

图 2-45　地下室底层柱或剪力墙与基础梁连接的构造要求

（5）筏形基础底板和基础梁配筋应按计算确定。当平板式筏板厚度大于 2m 时，宜在板厚中间部位设置直径不小于 12mm、间距不大于 300mm 的双向钢筋网；对梁板式筏基底板和基础梁纵横方向的底部钢筋，以及平板式筏基柱下板带和跨中板带的底部钢筋，应有 1/2～1/3 贯通全跨，且其配筋率不应小于 0.15%，顶部钢筋应全部贯通。

2. 施工要点

筏形基础施工时，其模板安装、钢筋制作和混凝土浇筑的规定与扩展基础相同，此外，还应满足以下要求：

（1）基坑开挖时，应保证边坡稳定，注意对基坑邻近建筑物的影响。当地下水位较高时，可采用明沟排水或井点降水等方法，使地下水位降至基坑底面下至少 500mm，以保证在无水情况下进行基坑开挖和基础施工。

（2）基坑开挖后，不得长期暴露和积水，应尽量减少对地基土的扰动；基坑验槽后，宜立即进行基础施工。

（3）筏基混凝土浇筑，一般属大体积混凝土施工。为减少混凝土浇筑时的水化热，防止混凝土出现温度收缩裂缝，调制混凝土时，水泥宜用矿渣硅酸盐水泥或粉煤灰水泥，粗骨料宜为 5～40mm，细骨料宜为中粗砂。

（4）筏基混凝土应一次连续浇筑完成。为控制裂缝开展，可于柱距三等分的中间范围内设置贯通的后浇带，如图 2-46 所示。

后浇带处钢筋宜贯通，接头处一般做成企口，带宽宜为 800～1000mm。当筏基施工 40～60d 后，可使用微膨胀水泥或普通水泥掺铝粉拌制的混凝土，亦可采用普通水泥拌制的混

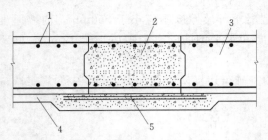

图 2-46　基础底部后浇带示意图

1—筏基底板配筋；2—后浇带；3—筏基底板；
4—筏基垫层；5—附加卷材防水

凝土，但强度宜比原设计强度提高 5～10MPa，将后浇带浇筑密实，并加强养护。同时应有必要的止水技术措施。

（5）带地下室的筏基，筏板与地下室外墙的接缝、地下室外墙沿高度处的水平接缝应严格按施工缝要求施工，必要时可设通长止水带。

（6）筏形基础施工完毕，应及时进行回填土。回填时，宜先清除基坑中的杂物，并在两侧或四周同时进行，并分层夯实。

工作任务四　深基础施工

一、地下连续墙施工

1. 施工方法

地下连续墙是利用专门的挖槽机械，沿深基坑开挖工程的周边，在膨润土泥浆护壁条件下，开挖出一条狭长的深槽；当一定长度的单元槽段开挖完后，在槽内吊入预先于地面上制作好的钢筋笼；再采用导管法浇筑水下混凝土，即完成一个单元槽段的施工。然后依次完成其他各单元槽段施工，且各单元槽段间以一定的接头方式相互连接，形成一道现浇壁式地下钢筋混凝土连续墙，如图 2-47 所示。

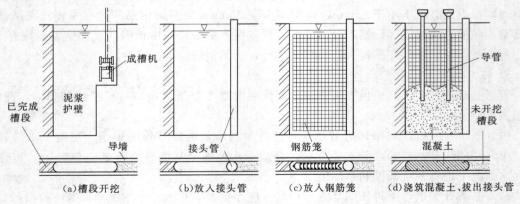

(a)槽段开挖　　(b)放入接头管　　(c)放入钢筋笼　　(d)浇筑混凝土、拔出接头管

图 2-47　地下连续墙施工程序示意图

地下连续墙可用于深基坑开挖时的防渗、挡土和其邻近建筑物的支护，可直接作为建筑物基础使用，并可用于水利工程的防渗墙。其主要特点是墙体结构刚度大，能承受较大土压力；适应各种地质条件；既可作为地下结构的外墙，亦可作为挡土墙使用，节省了开支；施工时振动小，噪音低；墙体防渗能力强。因而应用较广泛。

2. 构造要求

（1）地下连续墙的墙厚应根据计算、并结合成槽机械的规格确定，但不宜小于 600mm。

（2）墙体混凝土的强度等级不应低于 C20。

（3）受力筋宜采用 HPB335 级钢筋，直径不应小于 20mm。构造钢筋可采用 HRB235 级或 HPB335 级钢筋，直径不应小于 14mm。竖向钢筋的净距应不小于 75mm。构造钢筋的间距不应大于 300mm。单元槽段的钢筋笼宜装配成一个整体；必须分段时，宜采用焊接或机械连接，应在结构内力较小处布置接头位置，接头应相互错开。

（4）钢筋保护层厚度，对于临时性支护结构应不小于 50mm，对永久性支护结构应不小于 70mm。

（5）竖向受力钢筋应有一半以上通长配置。

（6）当地下连续墙与主体结构连接时，预埋在墙内的受力钢筋、连接螺栓或连接钢板，均应满足受力计算要求。锚固长度满足 GB50010—2010《混凝土结构设计规范》要求。预埋钢筋应采用 HRB235 级钢筋，直径应不小于 20mm。

（7）地下连续墙顶部应设置钢筋混凝土圈梁，梁宽不宜小于墙厚尺寸；梁高不宜小于 500mm；总配筋率应不小于 0.4%。墙的竖向主筋应锚入梁内。

（8）地下连续墙墙体混凝土的抗渗等级应不小于 0.6MPa。二层以上地下室不宜小于 0.8MPa。当墙段之间的接缝不设止水带时，应选用锁口圆弧形、槽形或 V 形等可靠的防渗止水接头，接头面应严格清刷。不得存有夹泥或沉渣。

3. 施工工艺

地下连续墙施工工艺包括：修筑导墙、制备泥浆、槽段开挖、钢筋笼的制作和安装及水下混凝土浇筑。

（1）修筑导墙。槽段开挖前，应根据设计墙厚，沿地下连续墙纵轴线方向开挖导沟。导沟开挖后，在沟两侧浇筑混凝土或钢筋混凝土形式的导墙。以作为槽段开挖时的导向，并起着挡土、承担部分成槽机械荷载和维持槽内护壁泥浆稳定液面等作用。

导墙的断面可有板墙、L 形和 [形等，埋深一般为 1.2～1.5m，顶部宜高出地面 100～150mm。导墙混凝土强度等级宜为 C20，厚度一般为 100～200mm，两导墙净宽宜大于地下连续墙设计墙厚 25～30mm，如图 2-48 所示。

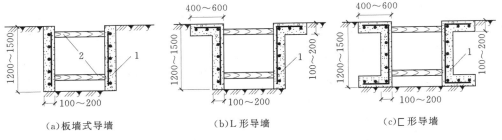

（a）板墙式导墙　　（b）L 形导墙　　（c）[形导墙

图 2-48　导墙形式示意图（单位：mm）

1—混凝土导墙；2—木支撑

（2）泥浆制备。泥浆是用膨润土在现场加水调制成的浆液。在地下连续墙挖槽过程中，泥浆主要起护壁作用，同时亦可用于携渣、冷却和润滑机具。泥浆密度通常为 1.05～1.1g/cm³，泥浆液面应保持高出地下水位 0.5～1.0m。

成槽施工中，泥浆一般采用正循环方式排渣［参见图 2-27（a）］。泥浆注入槽孔后，成槽机械开始工作，切削下的土屑与泥浆混合在一起，随浆液流向沉淀池，土屑沉淀后，多余泥浆再溢向泥浆池，形成正循环排泥。

（3）槽段开挖。槽段开挖是地下连续墙施工中最主要的工序。对于不同土质和挖槽深度，应采用不同的挖槽机械。对含大卵石、孤石等复杂地层，宜采用冲击钻；对一般土层，特别是软弱土层，常采用导板抓斗、铲斗或回转式成槽机等。采用多头钻成槽时，每小时钻进量可达6～8m。单元槽段长度一般为5～8m。

槽段开挖到设计深度后，应及时清除槽底沉渣，清槽方法同泥浆护壁钻孔灌注桩清孔方法。

（4）接头管和钢筋笼的安装。地下连续墙需分槽段施工，各槽段间靠接头连接，常用接头形式是接头管。施工中，宜先吊放接头管，再将在地面预先制作好并经检验合格的钢筋笼垂直吊放入槽，钢筋笼底端与槽底距离应为100～200mm，笼体保护层垫块应符合钢筋保护层的设计要求。

（5）水下混凝土浇筑。地下连续墙混凝土浇筑常用导管法。混凝土浇筑方法与要求同泥浆护壁成孔灌注桩。槽段混凝土浇筑完后，经约2～3h，待混凝土初凝前，应将接头管拔出。然后，重复以上施工工序，完成其他槽段施工。

4．质量检验

地下连续墙施工的允许偏差和质量检验方法见表2-9。

表 2-9　　　　　　　　　　　　　　　地下连续墙质量检验标准

项	序	检查项目		允许偏差或允许值		检 验 方 法
				单位	数值	
主控项目	1	墙体强度		设计要求		查试件记录或取芯试压
	2	垂直度	永久结构		1/300	测声波测槽仪或成槽机上的监测系统
			临时结构		1/150	
一般项目	1	导墙尺寸	宽度	mm	W+40	用钢尺量，W为地下墙体设计厚度
			墙面平整度	mm	<5	用钢尺量
			导墙平面位置	mm	±10	用钢尺量
	2	沉渣厚度	永久建筑	mm	≤100	重锤测或沉积物测定仪测
			临时建筑		≤200	
	3	槽深		mm	+100	重锤测
	4	混凝土坍落度		mm	180～220	坍落度测定器
	5	钢筋笼尺寸		见表2.4		见表2.4
	6	地下墙表面平整度	永久结构	mm	<100	此为均匀黏性土层
			临时结构	mm	<150	松散及易坍土层由
			插入式结构	mm	<20	设计决定
	7	永久结构时的预埋件位置	水平向	mm	≤10	用钢尺量
			垂直向	mm	≤20	水准仪

二、沉井施工

1．施工方法

沉井通常是用钢筋混凝土制成的井筒状结构件，可作为深基础或地下构筑物使用，平面形状常呈圆形或方形，一般为单孔构造，亦可呈双孔或多孔形式，如图2-49所示。

施工时，先在地面制作好沉井，然后在井筒内挖土，使沉井靠自重克服土阻力逐步下沉，下沉至设计标高后，用混凝土封底，并浇筑筒内底板、梁、隔墙和顶板等构件，形成一

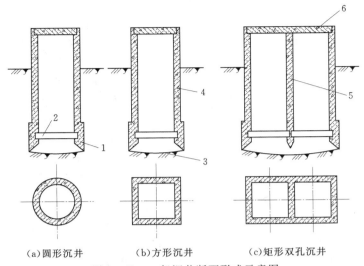

（a）圆形沉井　　　　（b）方形沉井　　　　（c）矩形双孔沉井

图 2-49　一般沉井断面形式示意图

1—刃脚；2—凹槽；3—封底；4—井壁；5—内隔墙；6—顶盖

地下构筑物或深基础。若沉井设计深度较大，可分节制作，多次下沉。

　　沉井在下沉过程中，井筒就是施工期间的维护结构，故施工较安全，挖土量少，施工简便，对邻近建筑物影响不大。沉井广泛用于地下泵房、水池、矿用竖井、桥梁墩台基础以及高层建筑物基础。

　　2．构造要求

　　沉井一般由井壁、刃脚、内隔墙、横梁、框架、封底和顶盖板组成，如图 2-50 所示。

　　（1）井壁。井壁为沉井外壳，是沉井的主要组成部分。其厚度和配筋应能抵抗沉井下沉时土压力和水压力对井壁产生的弯曲应力；沉井应有足够重量，以便能克服土的阻力，顺利下沉到设计标高。井壁厚度一般为 0.4～1.2m。

　　（2）刃脚。刃脚是位于井壁最下端形似刀刃的构造。其作用是减少沉井下沉时的阻力。刃脚底部的水平面称为踏面，如图 2-50（a）所示，踏面宽 b 通常为 100～300mm；刃脚内侧斜面倾角 α 一般为 40°

図 2-50　沉井构造图

1—刃脚；2—凹槽；3—过人洞；4—挖土孔；5—顶盖；6—内隔墙；7—井壁；8—封底

～60°；当沉井湿封底（浇筑水下混凝土）时，刃脚高 h 宜为 1.5m 左右，干封底时宜为 0.6m 左右。

　　为抵抗入土阻力，刃脚应具有一定强度。刃脚底部亦可加设角钢，做成钢刃脚，如图 2-51（b）、（c）所示。

　　（3）内隔墙。根据使用和结构上的需要，可在沉井井筒内设置内隔墙。其作用是增加沉井下沉时的刚度，较少井壁跨度，同时，将整个沉井分隔成多个取土井，使挖土和下沉可以较均衡地进行。

　　隔墙厚度一般为 0.5m 左右。墙底面宜高出井壁刃脚踏面 0.5～1.0m，隔墙下部宜设置

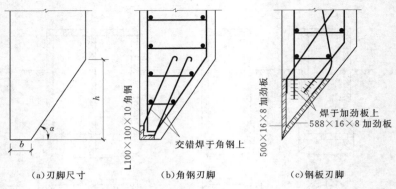

(a)刃脚尺寸　　　　(b)角钢刃脚　　　　(c)钢板刃脚

图 2-51　沉井刃脚示意图

0.8m×1.2m 的过人洞口，以便施工人员来往之用。

（4）上、下横梁和框架。若沉井内设置的内隔墙过多，各井孔内的挖土作业和沉井下沉均较困难，因此，常用上、下横梁和井壁组成的框架替代隔墙，来增加沉井的刚度。

（5）封底与顶盖。封底即是在井筒底部浇筑混凝土。为使封底底板与井壁连接牢固，常在靠刃脚踏面 2.5m 左右处，设置 0.15～0.25m 深、1.0m 高的凹槽。

封底分干封底和湿封底两种，干封底时，可先铺垫层，然后浇筑钢筋混凝土底板；湿封底时，待水下混凝土浇筑完，并达到设计强度后，抽干水，再浇筑钢筋混凝土底板。

当沉井作为地下构筑物使用中空时，应在井筒顶部浇筑钢筋混凝土顶盖。若沉井作为深基础使用，则应填以砾石或素混凝土。

3. 施工工艺

沉井施工的工艺流程是：阅读工程地质勘察报告→平整场地→测量放线→开挖基槽→铺设砂垫层和垫木→制作第一节井筒→降低地下水位→抽出垫木、挖土下沉→依次制作第二节及其他各节井筒并挖土下沉→封底、浇筑底板混凝土→浇筑内隔墙、横梁、顶盖，如图 2-52 所示。

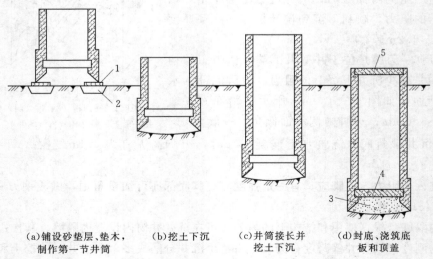

(a)铺设砂垫层、垫木，　(b)挖土下沉　　(c)井筒接长并　(d)封底、浇筑底
制作第一节井筒　　　　　　　　　　挖土下沉　　　板和顶盖

图 2-52　沉井施工顺序示意图

1—承垫木；2—砂垫层；3—素混凝土封底；4—底板；5—顶盖

学习情境三 模板工程施工

【引例】

某大型水利枢纽工程配套管理建筑物，地上 4 层为管理用房，层高为 3.6m；地下 1 层为综合设备检修控制室，层高为 8m。该建筑物基础形式为桩基础＋钢筋混凝土承台形式；主体结构形式为框架结构形式。框架柱截面尺寸分别为 400mm×400mm、500mm×500mm。框架梁截面尺寸有 250mm×550mm、300mm×700mm、400mm×800mm，其主要跨度有 4.8m、9.0m，最大跨度为 11.90m。本工程模板施工地下部分拟采用定型钢模板及多层胶合板模板，地上部分采用全钢大模板。

问题：1. 模板的主要类型有哪些？

2. 施工中模板荷载有何具体要求？

3. 该工程模板怎样进行安装施工？

4. 该工程模板拆除施工有何要求？

【知识目标】

了解模板在现代水利工程施工中的重要性、作用及发展趋势，熟悉模板的组成及分类，掌握几种常用模板的应用环境及适用条件，掌握新型模板的特点、种类及应用，明确模板的设计荷载分析与计算，掌握各种模板的安装与拆除要点、注意事项。

【能力目标】

模板的组成与分类，各类模板的特点、应用，模板的安装与拆除。

混凝土在没有凝固硬化以前，是一种处于半流体状态的物质。能够把混凝土做成符合设计图纸要求的各种规定的形状和尺寸的模子，称为模板。模板工程成为一个单独的工种。

在混凝土工程中，模板对于混凝土工程的费用、施工的速度、混凝土的质量均有较大影响。据国内外的统计资料分析表明，模板工程费用一般约占混凝土总费用的 25％～35％，（大体积混凝土约占 15％～20％）。因此，对模板结构形式、使用材料、装拆方法以及拆模时间和周转次数，均应仔细研究，以便节约木材，降低工程造价，加快工程建设速度，提高工程质量。

工作任务一 模板要求及设计荷载

一、模板的作用及要求

模板在混凝土结构中的作用及对模板的要求主要有以下几点：

(1) 成型作用。现浇混凝土具有流动性和可塑性，这就要求模板围成的模型形状、尺寸、相对位置和绝对位置必须符合设计图纸要求，并且需要在混凝土浇筑和养护期间保持稳定。

(2) 支撑作用。由于混凝土及模板的自重较大，且在浇筑和养护期间还有部分活荷载，故要求模板及其支撑系统有足够的强度、刚度和稳定性，以保证施工和构件安全。

（3）保护和改善混凝土表面质量。为保证混凝土表面不出现蜂窝和麻面等质量问题，要求模板之间的接缝严密不漏浆，模板与混凝土接触面应涂隔离脱模剂。

（4）保温保湿作用。木模板和胶合模板，对混凝土还有一定的保温保湿作用。当保温要求高时，应选用保温效果较好的材料或在模板上敷设保温材料。

（5）模板作为周转性材料，为提高周转效率，要求材料坚固耐用，构造简单，装拆方便，能多次使用。尽量做到标准化、系列化，尽量少用木模板。

二、模板设计

在施工前，施工企业应根据建筑物的实际情况、现场条件、混凝土结构施工与验收规范及有关的模板技术规范进行模板设计，模板设计包括模板面板、支承系统及连接配件的设计。

（一）模板设计的步骤

根据工程实践经验，模板设计大致可分为三个环节：

（1）配板设计并绘制配板图和支承系统布置图。

（2）据施工条件确定荷载并对模板及支承系统进行验算。

（3）编制模板及配件的规格数量汇总表和周转计划，制定模板系统安装与拆除的程序与方法以及施工说明书等。

（二）模板的荷载

模板及其支架承受的荷载分基本荷载和特殊荷载两类。

1. 基本荷载

（1）模板及其支架的自重。根据设计图纸确定。木材的密度：针叶类按 $600kg/m^3$，阔叶类按 $800kg/m^3$ 计算。

（2）新浇混凝土重量。通常可按 $24\sim25t/m^3$ 计算。

（3）钢筋重量。根据设计图纸确定。对一般钢筋混凝土，可按 $100kg/m^3$ 计算。

（4）工作人员及浇筑设备、工具等荷载。计算模板及直接支撑模板的棱木时，可按均布活荷载 $2.5kN/m^2$ 及集中荷载 $2.5kN$ 验算。计算支撑棱木的构件时，可按 $1.5kN/m^2$ 计，计算支架立柱时，按 $1kN/m^2$ 计。

（5）振捣混凝土产生的荷载。可按 $1kN/m^2$ 计。

（6）新浇混凝土的侧压力。侧压力大小与混凝土初凝前的浇筑速度、浇筑温度、振捣方法、坍落度及浇筑块的平面尺寸等因素有关。在无实测资料的情况下，应参考 SDJ 207—82《水工混凝土施工规范》附录有关规定选用。

2. 特殊荷载

（1）风荷载，根据施工地区和立模部位离地面的高度，按 GB 5009—2001《建筑结构荷载规范》确定。

（2）上述 7 项荷载以外的其他荷载。如平仓机、非模板工程的脚手架、工作平台、超过额定堆放重量的临时材料等。

（三）荷载组合及校核

1. 荷载组合

在计算模板及支架的强度和刚度时，根据承重模板和侧面模板（竖向模板）受力条件的不同，其荷载组合按表 3-1 进行。表列 6 项基本荷载，除侧压力为水平荷载之外，其余 5 项均为垂直荷载。表列之外的特殊荷载，按可能发生的情况计算，如在振捣混凝土的同时卸料入仓，则应计算卸料对模板的水平冲击力，该水平冲击力可根据入仓工具的容量大小，按 2~6kPa 计。

表 3-1　　　　　　　　　　各种模板结构的基本荷载组合

项　　次	模　板　种　类	基本荷载组合	
		计算强度用	计算刚度用
1	承重模板 1. 板、薄壳的模板及支架； 2. 梁、其他混凝土结构（厚于 0.4m）的底模支架	(1)+(2)+(3)+(4) (1)+(2)+(3)+(4)	(1)+(2)+(3) (1)+(2)+(3)
2	竖向荷载	(6) 或 (5)+(6)	(6)

2. 稳定性校核

承重模板及支架的抗倾稳定性应按下列要求核算：

（1）倾覆力矩。应计算下列三项倾覆力矩，并采用其中的最大值。

1）水荷载，按 GB 5009—2001 确定。

2）实际可能发生的最大水平作用力。

3）作用于承重模板边缘的水平力（取值 1471N/m）。

（2）稳定力矩。模板及支架的自重，折减系数为 0.8，如同时安装钢筋，应包括钢筋的重量。

（3）抗倾稳定系数。抗倾稳定系数大于 1.4，模板的跨度大于 4m 时，其设计起拱值通常取跨度的 0.3% 左右。

工作任务二　模板的基本类型

一、模板的组成及类型

模板主要由面板系统、连接系统和支撑系统三部分组成。根据面板和架立特点，可从以下几方面进行分类：

（1）按制作材料，模板可分为木模板、钢模板、钢胶合板模板、竹胶合板模板、塑料模壳模板、钢框橡胶模板、铝合金胶合板模板、混凝土和钢筋混凝土预制模板等。

（2）按模板形状，模板可分为平面模板和曲面模板。平面模板又称侧面模板，主要用于结构物垂直面。曲面模板用于廊道、隧洞、溢流面和某些形状特殊的部位，如进水口扭曲面、蜗壳、尾水管等。

（3）按受力条件，模板可分为侧面模板和承重模板。侧面模板按其支撑受力方式，又分为简支模板、悬臂模板和半悬臂模板。承重模板主要承受混凝土重量和施工中的垂直荷载。

（4）按架立和工作特征，模板可分为固定式模板、拆移式模板、移动式模板和滑动式模板。固定式模板多用于起伏的基础部位或特殊的异形结构（如蜗壳或扭曲面），因大小不等，形状各异，难以重复使用。拆移式模板、移动式模板、滑动式模板可重复或连续在形状一致或变化不大的结构上使用，有利于实现标准化和系列化生产。

（5）按施工工艺和应用特征，模板可分为传统模板和新型模板、通用模板和专用模板。

（6）按构件和建筑物特征，模板可分为基础模板、墙体模板、楼梯模板、梁模板、门窗模板、电梯井模板、隧道模板等。

二、选择模板的原则

（1）适应工程的结构特点。选择模板品种时，首先要根据工程的规模、面积、高度、平面形状及结构类型等综合考虑，且不同的部位可选用不同的模板。例如：当工程为全剪力墙结构的高层建筑时，可选用全钢大模板或钢框胶合板大模板；当工程为多层框架结构时，柱子可选用可调截面柱模板；而地下室外墙可采用木（竹）胶合板模板。

（2）确保工程质量。根据工程对混凝土表面质量等级的要求不同，选择合理的模板类型。

（3）满足施工进度要求。不同的模板品种和模板工艺，其施工进度相差较大。例如，高层剪力墙工程工期要求紧迫，可选择滑模，反之可选用大模板或其他模板。

（4）根据施工现场条件确定。在城市和环境比较复杂的山区，施工场地往往受到很多限制，当施工现场非常狭窄，不能采用大模板装拆吊运时，可以选择爬模施工。

（5）技术先进性。采用新型模板技术往往成本较高，但由于技术先进，安全可靠，在大中型工程施工中可加快施工进度，从而缩短了工期，降低了整个工程的成本，因此选择模板时要综合考虑整个工程需求。

（6）满足周转使用次数需要，力求摊销费用低。

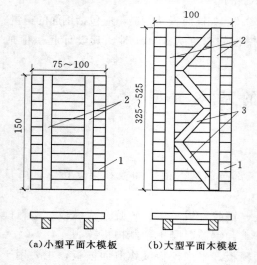

(a)小型平面木模板　(b)大型平面木模板

图 3-1　标准平面木模板
1—面板；2—加劲肋；3—斜撑

三、常用模板

（一）木（竹）模板

木（竹）材是最早被人们用来制作模板的工程材料，其主要优点是制作方便、拼装随意，尤其适用于外形复杂或异形的混凝土构件。此外，因木材导热系数小，对混凝土冬季施工也有一定的保温作用。

木模板的木材主要采用松木和杉木，其含水率不宜过高，以免干裂，材质不宜低于三等材。木模板的基本元件是拼板，它由板条和拼条（木档）组成，如图 3-1 所示。板条厚 25～50mm，宽度不宜超过 200mm，以保证在干缩时，缝隙均匀。浇水后缝隙要严密且板条不翘曲，但梁底板的板条宽度不受限制，以免漏浆。拼条截面尺寸为 25mm×35mm～50mm×50mm，拼条间距根据施工荷载大小及板条的厚度而定，一般取 400～500mm。

混凝土用胶合板模板（竹胶板），是以毛竹材料作为主要架构，加填充材料高压制成。由于竹胶板在有些地区取材方便，硬度高，抗折、抗压能力强，在很多地方已经替代了木材类板材的使用。常用厚度 12～18mm，表面是酚醛树脂覆膜，能有效地阻止混凝土中水分渗入而脱胶，又能使表面光滑，减少与混凝土的吸附力，在拆模时减少撬动造成的损坏，是一种较好的面板材料。竹胶板适用于水平模板、剪力墙、垂直墙板、高架桥、立交桥、大坝、隧道和梁柱模板等。

（二）定型组合钢模板

定型组合钢模板又称小钢模，主要由钢模板、连接件和支撑件三部分组成。其中，钢模板包括平面钢模板和拐角模板；连接件有 U 形卡、L 形插销、钩头螺栓、紧固螺栓、蝶形扣件等；支承件有圆钢管、薄壁矩形钢管、内卷边槽钢、单管伸缩支撑等。

（1）钢模板块。模板块采用 Q235 钢材制成，钢板厚度 2.5mm，当板面宽度不小于400mm 时，钢板厚度 2.75mm 或 3.0mm。模板块包括平面模板、阴角模板、阳角模板、连接角模等，见表 3 - 2。

表 3 - 2　　　　　　　　　　　　　钢模板的用途及规格

名称		图　示	用　途	宽度（mm）	长度（mm）	肋高（mm）
平面模板		1—端肋；2—有孔横肋；3—无孔纵肋；4—有孔纵肋；5—无孔横肋；6—主板；7—边肋；8—插销孔；9—U 形卡孔	用于基础、墙体、梁、柱和板等多种结构的平面部位	600、 550、 500、450、 100、350、 300、250、200、150、100		
阴角模板		450~1800	用于墙体和各种构件的内角及凹角的转角部位	150×150、100×150	1800 1500 1200 900 750 600 450	55
转角模板	阳角模板	450~1800	用于柱、梁及墙体等外角及凸角的转角部位	100×100 50×50		
	连接角模	450~1800	用于柱、梁及墙体等外角及凸角的转角部位	50×50		

（2）连接件。定型组合钢模板的连接件包括：U形卡、L形插销、钩头螺栓、对拉螺栓、紧固螺栓和扣件等，如图3-2、图3-3所示。

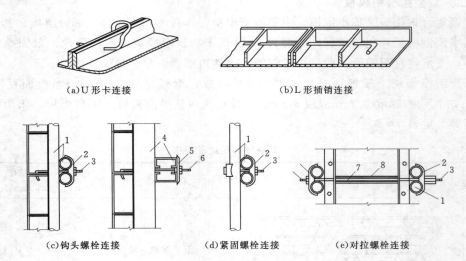

(a)U形卡连接　　　　　　　　　　　　　(b)L形插销连接

(c)钩头螺栓连接　　　(d)紧固螺栓连接　　　(e)对拉螺栓连接

图3-2　钢模板连接件

1—圆钢管钢楞；2—"3"形扣件；3—钩头螺栓；4—内卷边槽钢钢楞；5—蝶形扣件；
6—紧固螺栓；7—对拉螺栓；8—塑料套管；9—螺母

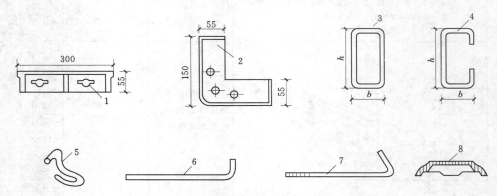

图3-3　定型组合钢模板系列（单位：mm）

1—平面模板；2—阴角模板；3—矩形钢管；4—内卷边槽钢；5—U形卡；
6—L形插销；7—钩头螺栓；8—"3"形扣件

1）U形卡。用于相邻模板的拼接，其安装距离不大于300mm，即每隔一孔卡插一个，安装方向一顺一倒相互错开，以抵消因打紧U形卡可能产生的位移。

2）L形插销。L形插销用于插入钢模板端部横肋的插销孔内，以加强两相邻模板接头处的刚度和保证接头处板面平整。

3）钩头螺栓。钩头螺栓用于钢模板与内外钢楞的加固，安装间距一般不大于600mm，长度应与采用的钢楞尺寸相适应。

4）对拉螺栓。对拉螺栓用于连接墙壁两侧模板，保持模板与模板之间的设计厚度，并承受混凝土侧压力及水平荷载，使模板不变形。

5）紧固螺栓。紧固螺栓用于紧固内外钢楞，长度应与采用的钢楞尺寸相适应。

6) 扣件。用于钢楞与钢楞或者钢楞与钢模板之间的扣紧，按钢楞的不同形状，分别采用蝶形扣件和"3"形扣件。

（3）支撑件。定型组合钢模板的支承件包括：柱箍、钢楞、支架、斜撑、钢桁架和梁卡具等。

1) 钢桁架。钢桁架其两端支承在钢筋托具，墙、梁侧模板的横档以及柱顶梁底横档上，用以支承梁或板的底模板，有整榀式和组合式两种。组合式桁架的使用由两片组合而成，其跨度可根据需要灵活调节。如图3-4所示。

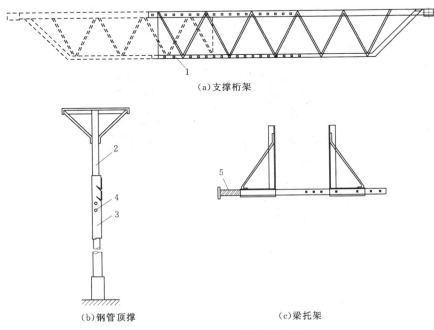

（a）支撑桁架

（b）钢管顶撑　　　　　　　　　（c）梁托架

图3-4　定型组合模板的支撑

1—桁架伸缩销孔；2—内套钢管；3—外套钢管；4—插销孔；5—调节螺栓

2) 钢管顶撑。又称立柱。用以承受模板、桁架传来的竖向荷载。常用的有管式、四柱式，还可用扣件式钢管脚手架、门型脚手架作支架。

3) 梁卡具。又称梁托架。用以支托梁底模和夹固梁侧模，也可用于侧模板上口的卡固定位。梁卡具可用角钢或钢管制作。

4) 钢楞。钢楞即模板的横档和竖档，分内钢楞和外钢楞，用于支承钢模板和加强其整体刚度。钢楞可用圆钢管、矩形钢管、槽钢或内卷边槽钢等做成，以钢管用得较多。内钢楞配置方向一般应与钢模板垂直，直接承受钢模板传来的荷载，其间距一般为700～900mm。外钢楞承受内钢楞传来的荷载，或用来加强模板结构的整体刚度和调整平直度。

5) 斜撑。用以承受单侧模板的侧向荷载和调整竖向支模时的垂直度。

6) 柱箍。用以承受新浇混凝土的侧压力等水平荷载。柱箍可用槽钢、角钢制作，也可用钢管及扣件组成。

（三）大模板

1. 大模板构造组成

大模板是一种单块面积较大的大型模板，其高度根据层高和内外墙位置选用，宽度根据开间、进深确定，一般为一面墙的净长（除角模外）选配一块，墙较长时可选择多块组合使用。大模板工业化、机械化程度高，模板工艺施工方法简单、方便，施工速度快，混凝土表面平整光滑，周转率高，是城市高层和多层建筑施工首选的新型模板。构造如图3-5所示。

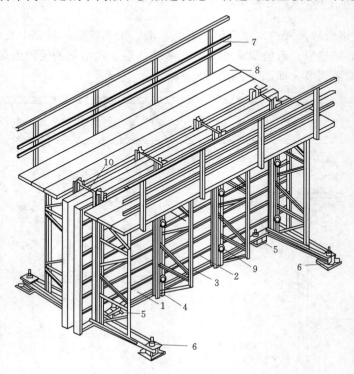

图3-5　大模板构造

1—面板；2—水平加劲肋；3—支撑桁架；4—竖楞；5—调整水平角度用螺旋千斤顶；6—调整垂直
度用螺旋千斤顶；7—护身栏杆；8—脚手板；9—穿墙螺栓；10—固定卡具

2. 常见大模板类型

（1）专用整体大模板。它是根据具体工程的层高、开间、进深尺寸专门设计、制作的。模板整体无拼缝，刚度大，工程质量、外观好，但通用性差，周转率较低。

（2）组拼式大模板。它是用水平背棱和连接螺栓将数块模板组拼成所需宽度的大模板。组拼灵活，通用性强，周转次数多，但拼缝多，模板平整度较整体大模板差。

（3）定型整体大模板。这种模板是定型的、模数化的，以300mm为模数确定模板的高度和宽度。定型整体大模板拼缝少、刚度大，板面平整，通用性和整体性均较好，但由于标准模板规格较多而制约着其发展。

3. 定型整体大模板的基本尺寸

（1）定型整体大模板的高度为标准层层高减100mm，可以根据具体工程上接或下包，也可将外墙模板直接做成与标准层等高或超高50mm，超高部分留做剔凿余地。

（2）定型整体大模板的标准宽度为：600～6000mm，常用规格有6000mm、5400mm、4800mm、4200mm、3600mm、3000mm、2700mm、2400mm、2100mm、1800mm、1500mm、1200mm、900mm、600mm，其中900mm、600mm宽模板主要用于丁字墙。每道墙面净尺寸减去相应的两个角模宽度后，优先排列标准大模板，余下部分即以调节模板补充或以角模边长调节。

（四）滑模

滑动式模板（简称滑模）是现浇混凝土工程中机械化程度较高的工艺，主要用于烟囱、水塔、筒仓、桥墩、电视塔机及高层等高耸建筑物。

滑模施工可以节约模板和支撑材料，不需要搭设脚手架，施工速度快，改善施工条件，保证结构的整体性，提高混凝土表面质量，降低工程造价。缺点是滑模系统一次性投资大，耗钢量大，且保温条件差，不宜于低温季节使用。

滑模装置剖面图如图3-6所示，由模板系统、操作平台系统和液压支撑系统、施工精度控制系统、水电系统等五部分组成。

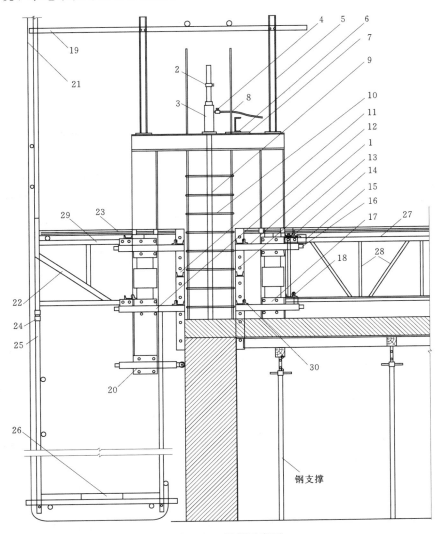

图3-6 滑模示意图

1—提升架；2—限位卡；3—千斤顶；4—针形阀；5—支架；6—环梁；7—环梁连接板；8—油管；9—工具式支撑杆；10—插板；11—外模板；12—支腿；13—内模板；14—围图桁架上弦；15—边框卡铁；16—伸缩调节丝杠；17—滑道槽钢；18—围图桁架下弦；19—支架连接管；20—纠偏装置；21—安全网；22—外挑架；23—外挑平台；24—吊杆连接管；25—吊杆；26—吊平台；27—活动平台边框；28—桁架斜杆、立杆、对拉螺栓；29—钢管水平桁架；30—围图卡铁

（1）模板系统。包括模板、围圈、提升架、模板截面及倾斜度调节装置等。模板多用钢模板、钢木混合模板及定型组合大钢模板，其高度取决于滑升速度和混凝土达到出模强度（0.05～0.25MPa）所需的时间，一般高为1.0～1.2m。为减少滑升时与混凝土间的摩擦力，应将模板自下向上稍向内倾斜，做成单面为0.2%～0.3%模板高度的正锥度。围圈用于支撑和固定模板，上下各布置一道。它承受由模板传来的水平侧压力和由滑升摩擦力、模板与圈梁自重、操作平台自重及其上的施工荷载产生的竖向力，多用角钢或槽钢制成。如果围圈所受的水平力和竖向力很大，也可做成平面桁架或空间桁架，使其具有大的承载力和刚度，防止模板和操作平台出现超标准的变形。提升架由立柱和横梁组成，其作用是固定围圈，把模板系统和操作平台系统连成整体，承受整个模板和操作平台系统的全部荷载，并将竖向荷载传递给液压千斤顶。提升架立柱和横梁一般用槽钢做成由双柱和双梁组成的"开"形架，立柱有时也采用方木制作。

（2）操作平台系统。包括固定平台、活动平台、挑平台、内外吊脚手架等，是承放液压控制台、临时堆存钢筋、混凝土及修饰刚刚出模的混凝土面的施工操作场所，一般为钢结构或钢木混合结构。

（3）液压支撑系统。包括支撑杆、穿心式液压千斤顶、输油管路和液压控制台等，是使模板向上滑升的动力和支撑装置。

1）支撑杆，又称爬杆，它既是液压千斤顶爬升的轨道，又是滑模装置的承重支柱，承受施工过程中的全部荷载。支撑杆的规格与直径要与选用的千斤顶相适应，目前使用的额定起重量为30 kN的滚珠式卡具千斤顶，其支撑杆一般采用直径25mm的Q235圆钢。支撑杆应调直除锈，当HPB235级光圆钢筋采用冷拉调直时，冷拉率控制在3%以内。支撑杆的加工长度一般为3～5m，其连接方法可使用丝扣连接、榫接和坡口焊接。如图5-7所示。

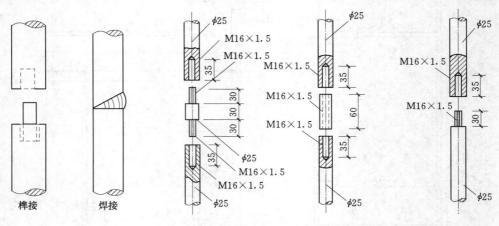

图3-7 支撑杆连接方式（单位：mm）

丝扣连接操作简单，使用安全可靠，但机械加工量大。榫接亦有操作简单和机械加工量大之特点，滑升过程中易被千斤顶的卡头带起。采用剖口焊接时，接口处倘若略有偏斜或凸疤，则要用手提砂轮机处理平整，使其能通过千斤顶孔道。当采用工具式支撑杆时，应用丝扣连接。

2）液压千斤顶。滑模工程中所用的千斤顶为穿心式液压千斤顶，支撑杆从其中心穿过。按千斤顶卡具形式的不同可分为滚珠卡具式和楔块卡具式。千斤顶的允许承载力，即工作起重量一般不应超过其额定起重量的 1/2。

3）液压控制台，是液压传动系统的控制中心，主要由电动机、齿轮油泵、溢流阀、换向阀、分油器和油箱等组成。液压控制台按操作方式的不同，分为手动和自动控制形式。

4）油路系统，是连接控制台到千斤顶的液压通路，主要由油管、管接头、分油器和截止阀等组成。油管一般采用高压无缝钢管或高压耐油橡胶管，与千斤顶连接的支油管最好使用高压胶管，油管耐压力应大于油泵压力的 1.5 倍。截止阀又称针形阀，用于调节管路及千斤顶的液体流量，以控制千斤顶的升差，一般设置于分油器上或千斤顶与油管连接处。

（4）施工精度控制系统。主要包括千斤顶同步、建筑物轴线和垂直度等的观测和控制设施，具体有激光经纬仪、铅直仪、滑轮、调节丝杠、激光靶等仪器。

（5）水电系统。主要给滑模施工提供动力、照明、指示信号及施工用水，包括电缆线、配电箱、照明灯具、信号按钮、摄像及监控仪器、水泵、水管、阀门等器具。

（五）爬模

爬升模板（简称爬模）是依附在建筑结构上，随着结构施工而逐层上升的一种模板，适用于高层建筑物或高耸构筑物现浇混凝土施工或倾斜结构施工的先进模板工艺。如图 3-8 所示。

液压爬升模板是滑模与支模相结合的一种新工艺，它吸收了支模工艺按常规方法浇筑混凝土的特点，劳动组织和施工管理简便，混凝土表面质量易于保证，又避免了滑模施工常见的缺陷，施工偏差可逐层消除。在爬升方法上同滑模工艺一样，提升架、模板、操作平台及调脚手架等以液压千斤顶为动力依次向上爬升。

爬模与滑模工艺的主要区别在于：滑模是在模板与混凝土保持接触、相互摩擦的情况下逐步整体上升的，刚脱模的混凝土强度仅为 0.2～0.4 MPa，爬模上升时，模板不与混凝土摩擦，此时混凝土强度已大于 1.2 MPa。

四、其他形式模板

1. 混凝土预制模板

混凝土预制模板可以工厂化生产，安装时多依靠自重维持稳定，因而可以节约大量的木材和钢材；因它既是模板又是建筑物的组成部分，可提高建筑物表面的抗渗、抗冻和稳定性；因简化了施工程序所以可加快工程进度。混凝土预制模板主要用于挡土墙、大坝垂直部位、坝内廊道等处。

素混凝土模板靠自重稳定，可做直壁模板，如图 3-9（a）所示，也可做倒悬模板，如图 3-9（b）所示。直壁模板除面板外，还靠两肢等厚的肋墙维持其稳定。若将此模板反向安装，让肋墙置于仓外，在面板上涂以隔离剂，待新浇混凝土达到一定强度后，可拆除重复使用，这时，相邻仓位高程大体一致。例如，可在浇筑廊道的侧壁或坝的下游面浇筑成阶梯时使用。倒悬式混凝土预制模板可取代传统的倒悬木模板，一次埋入现浇混凝土内不需要拆除。施工中应注意模板与新浇混凝土表面结合处的凿毛处理，以保证结合。

预制钢筋混凝土整体式廊道模板既可做建筑物表面的镶面板，也可做厂房、空腹坝和廊道顶拱的承重模板，如图 3-10 所示。这种模板避免了高架立模，既有利于施工安全，又有利于加快施工进度，节约材料，降低成本。

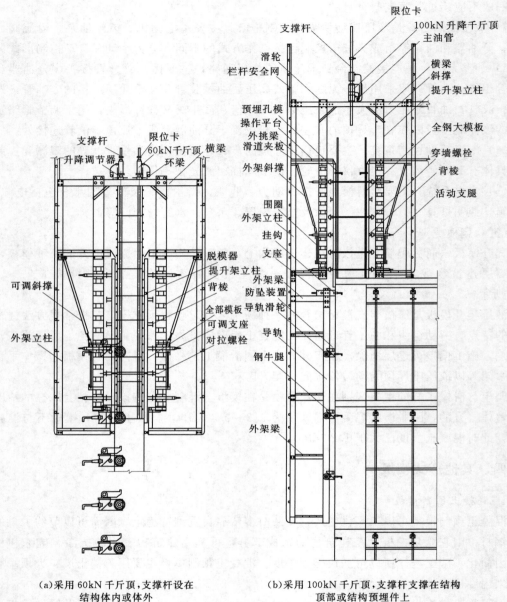

(a)采用 60kN 千斤顶,支撑杆设在
结构体内或体外

(b)采用 100kN 千斤顶,支撑杆支撑在结构
顶部或结构预埋件上

图 3-8 液压爬升模板示意图

2. 土模

在小型水利工程施工中,为了节省木材,常用土模代替木模。土模除具有施工简单、节约木材、技术容易为群众掌握等优点外,还具有温度稳定,有一定湿度和浇筑时不易跑浆等特点,因而便于自然养护。土模可分为地下式、半地下式和地上式三种。地下式土模适用于结构外形简单的预制构件,对土质有一定要求,如图 3-11 (a) 所示。半地下式土模,适用于构件较复杂、地下开挖较困难的情况。地面以上部分可用木模或砌砖,如图 3-11 (b) 所示。地上式土模的构件,全部在地坪以上,主要用于外形比较复杂的构件。地上式土模拆

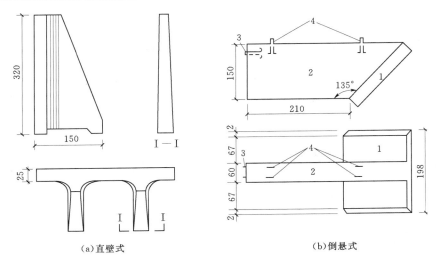

（a）直壁式　　　　　　　　　　（b）倒悬式

图 3-9　混凝土预制模板（单位：cm）

1—面板；2—肋墙；3—连接预埋环；4—预埋吊环

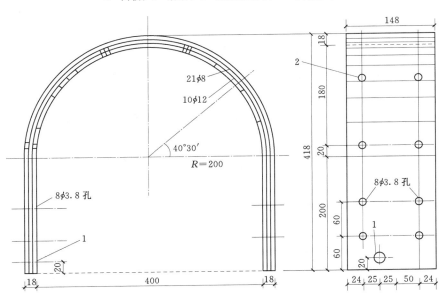

图 3-10　预制钢筋混凝土整体式廊道模板

除、吊装都比较方便，而且易于排水，如图 3-11（c）所示。

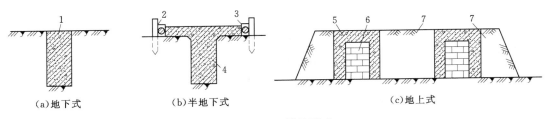

（a）地下式　　　　　　（b）半地下式　　　　　　（c）地上式

图 3-11　土模的形式

1—矩形梁；2—木桩；3—方木；4—T 形梁；5—Ⅱ形梁；6—砖心；7—培土夯实

土模施工中应注意：

（1）不宜设在透水性强的场地，黏土适宜含水量应控制在20%～24%。

（2）地上式土模的培土宜选用砂质黏土或黏质砂土，含水量控制在20%左右为宜。

（3）混凝土浇筑时，振捣棒一般应离开土模壁至少5cm，以防将土模壁碰坏。

（4）土模的拆除时间应较木模稍迟，一般需在养护两周以后才能拆模，或移动构件的位置。

工作任务三　模　板　施　工

一、模板安装

（一）一般拼装模板安装

1. 基础

基础模板主要由侧模、支撑组成。承台模板由"侧模（多级）+斜撑+轿木"组成。其

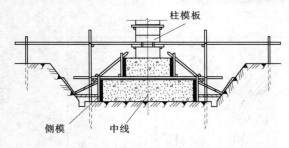

图3-12　基础模板

中，侧模采用18mm厚胶合板，斜撑和轿木采用50mm×100mm木方，图3-12为两级承台。

安装前，在侧板内划出中线，在基坑底弹出基础中线。把各台阶拼成方框。安装时，先把下台阶模板放在基坑底，两者中线互相对准，并用水平尺校正其标高，用斜撑和平撑进行支撑，然后把钢筋网放入模板内，再把上台阶模板放在下台阶模板上，两者中线互相对准，并用斜撑和平撑加以钉牢。

2. 柱

安装程序：弹线→安底部固定框→立侧模→安柱箍、对拉螺栓→调直、支斜撑。

柱子模板由4块侧模、竖向拼条、横向柱箍及斜撑和斜拉杆等组成，竖向拼条和横向柱箍采用50mm×100mm木方，斜撑采用ϕ50钢管支撑，斜拉杆采用花篮螺杆，如图3-13所示。4块侧模采用"二夹二"，与梁相接处开有缺口，梁模进入柱模缺口内。竖向拼条间距不超过300mm，柱箍每500mm设一道，离平台板面300mm开始设置，通过ϕ12对拉螺栓加以固定，相邻两道柱箍应相互垂直交错设置。柱的每个侧面均设一道斜撑和斜拉杆，斜撑和斜拉杆与地面成45°～60°角，分别与预埋于底板或平台板上的ϕ20钢筋棍和ϕ20的钢筋环顶牢和拉紧。

3. 梁

梁模板的安装程序如下：立支撑、抄平、调好架高→固定牵杠→铺格栅→固定预先拼装好的梁模→立短撑木→固定斜撑→安装对拉螺栓。

由2块侧模、1块底模、横档、短撑木、对拉螺栓、格栅、牵杠、钢管支撑等组成，其中格栅、牵杠采用50mm×100mm木方，支撑采用ϕ50可调钢管支撑如图3-14所示。

侧模下端夹着底模，上端支撑楼板模板，主梁上开有次梁的缺口，次梁模板进入主梁侧模的缺口内。梁侧竖向横档每500mm设一根，每侧不少于两根；短撑木、斜撑、牵杆每

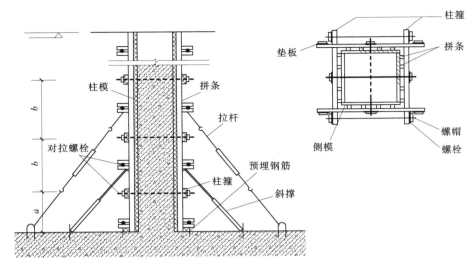

图 3-13 矩（方）形柱模板（注：$a=300mm$，$b=500mm$）

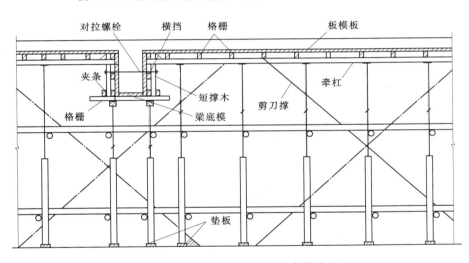

图 3-14 梁、板模板及其支撑图

700mm 设一根；夹条每侧各设一根；梁底纵向通长格栅每 200mm 设一根，且不少于两根；当梁高超过 700mm，须于短撑木处设 $\phi12$ 对拉螺栓将梁侧模拉紧，对拉螺栓沿梁竖向每 600mm 设一道，当须设置对拉螺栓时，每组短撑木应设 2 根；梁底支钢撑沿梁纵向每 700mm 设一根，沿梁横向每 500mm 设一根，支撑底部沿梁纵向设通长的 50mm×200mm 木方作垫板，在距平台板 1m 处将所有钢支撑用 $\phi48$ 钢管沿纵横方向互相连拉接成一整体。次梁的安装，应待主梁模板安装后进行。

4. 楼板模板

由底模、格栅、牵杠、支撑等组成，其中底模采用 18mm 厚七夹板，格栅、牵杠采用 50mm×100mm 木方，支撑采用 $\phi50$ 钢管支撑。楼板模板钉在梁的侧模上。

楼板模板安装工艺：弹线→托木→铺格栅→铺模板→加设支撑

格栅、牵杠的间距均为 300mm，格栅、牵杠搭接时，搭接长度要不小于 500mm，且接头位置应错开布设，钢支撑的间距为 1000mm×1000mm，在距楼面 500mm 处及以上每隔 2m 将所有的钢支撑用 φ48 钢管联成一整体，并采用剪刀撑加固，如图 3-15 所示。

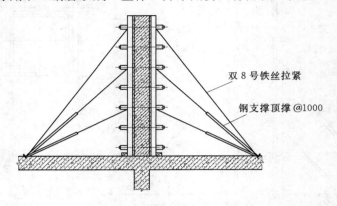

图 3-15　墙体模板拼支图

楼板模板的安装方法：先在次梁模板的两侧板外侧弹水平线（标高＝平板底标高－平板模板厚度－格栅高度）；然后按水平线钉上托木，托木上口与水平线相齐。再把靠梁模旁的格栅先摆上，等分格栅间距，摆中间部分的格栅。最后在格栅上铺钉楼板模板。

5. 墙体模板

由侧板、立档、横档、斜撑、水平撑、斜拉杆等组成，侧板采用 18mm 厚七夹板，立档和横档采用 50mm×100mm 木方，斜撑采用 φ50 钢管和钢支撑，斜拉杆采用 22 股 8 号铁线，如图 3-16 所示。

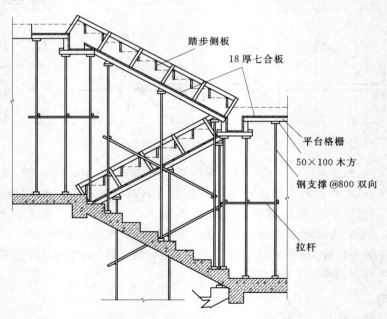

图 3-16　楼梯模板拼支图（单位：mm）

墙体模板的安装工艺：弹线→立侧模→加设支撑→校正→固定。

横档由两根 50mm×100mm 方木组成一组，每组间距为 500mm，立档间距为 500mm，用 φ12 对拉螺栓对拉固结，螺栓纵横间距为 500mm×500mm，呈梅花形布置（地下室外墙及水箱墙的对拉螺栓为止水螺栓，为一次消耗材料。）撑杆和拉杆一端撑拉在预埋于楼板内的钢筋环上，另一端撑、拉在横立档交点上，撑杆和拉杆沿墙纵向每 1000mm 设一组。

墙体模板的安装方法：施工时，先弹出墙体的中心线和两边线，选择一边先装竖档、横档及撑杆、拉杆、钉模板，在顶部用线锤吊直，拉线找平，撑牢钉实，然后将模板底部清理干净后，再按相同顺序立另一边模板。

6. 楼梯模板

由楼梯底模、外梆侧模、档木、踏步侧模、格栅、牵杠、反扶梯基、斜撑、吊木、托木、支撑等组成。楼梯底模、外梆侧模、踏步侧模采用 18mm 厚七夹板，格栅、牵杆、托木采用 50mm×100mm 木方，支撑采用 φ48 钢管支撑，档木、反扶梯基、吊木、斜撑则采用相应规格木方、木条或木板，如图 3-16 所示。

反扶梯基于楼梯模板中间设一道，格栅每 500mm 设一道，牵杆每 1000mm 设一道。

楼梯模板的安装方法：施工前应根据实际层高放样，先安装平台梁（或梯基）模板，再装楼梯底模板，然后安装楼梯外梆侧板，外梆侧板应先在其内侧弹出楼梯底板厚度线，用套板画出踏步侧板位置线，钉好固定跳步的档木，然后在现场装钉侧板。踏步高度要一致，特别要注意最下一步及最上一步的高度，必须考虑到楼地面层粉刷厚度，防止由于粉刷面层厚度不同而形成踏步高度不协调。

（二）组合钢模板安装

1. 准备工作

安装前，要做好模板的定位工作。按构件的断面尺寸切割一定长度的钢筋焊成定位梯子或支撑筋（梯子或支撑筋端头刷防锈漆），绑在墙体或柱子的竖筋上，间距 1m 左右，如图 3-17 所示。

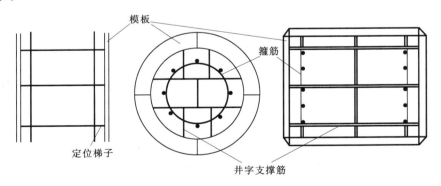

图 3-17 定位梯子或支撑筋示意图

2. 基础模板

单阶条形基础模板两边侧模，一般横向配置，外侧下端用通长横楞连固，并与预先埋设的锚固件楔紧。竖楞用 φ48 钢管以 U 形钩与模板固定，上楞上端对拉固定，如图 3-18（a）所示；双阶条形基础模板，可分两次支模；当基础大放脚不厚时，可采用斜撑，如图 3-18（b）所示；当基础大放脚较厚时，采用对拉螺栓，上部模板用工具式梁卡固定，也可用钢管吊架固定，如图 3-18（c）所示；独立基础多为台阶式，其模板布置与单阶基础模板基本相同，只是上阶模板应搁置在下阶模板上，各阶模板的相应位置要固定结实，以免位移，如图 3 - 18（d）所示。

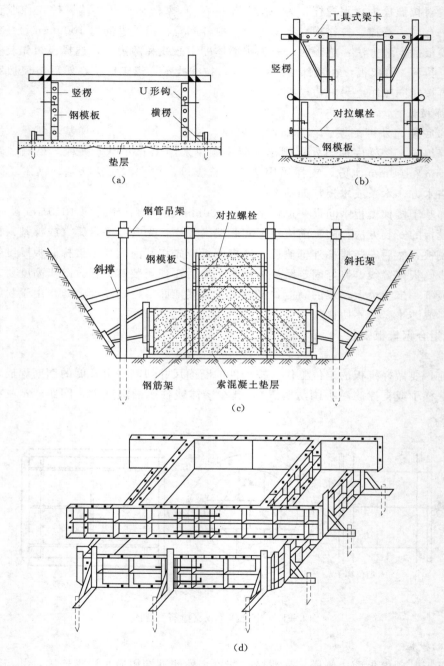

图 3 - 18 基础支模示意图

3. 柱子模板

柱模板可拼成单片、L 形和整体式三种。L 形即一个柱模由两个 L 形板块相对互拼组成；整体式即由 4 块拼板拼成柱的筒状模板。单片式拼接图如图 3 - 19 所示。各块拼板之间用连接角钢连接，在拼板外每隔一定距离设置柱箍一道，其间距由侧向荷载而定，如柱的截面较大（大于600mm×600mm），需增设对拉螺栓，柱内埋设的用于连接的锚固钢筋，不应在柱模板上开洞留设。应将锚固钢筋折成直角绑扎于柱的箍筋上，拆模后将锚固钢筋凿出扳直。

工艺流程：

（1）先清理已绑好柱钢筋的底部，弹出柱的中心线及四周边线，混凝土接触处凿毛并冲洗干净。

（2）沿四周边线立四面侧模，再用柱箍套住（柱箍可用角钢加螺栓或短钢管加扣件做成），柱箍竖向间距为400～800mm，柱子根部可密些，往上可稀些，如柱截面较大，按构造要求加设对拉螺栓。

（3）通排柱（或多根柱）模板安装时，应先将柱脚互相搭牢固定，再将两端柱模板找正吊直，固定后，拉通线校正中间各柱模板。柱模除各柱单独固定外还应加设剪刀撑彼此拉牢，以免浇灌混凝土时偏斜。

（4）柱模初步支好后，要挂线锤检查垂直度。达到竖向垂直，根部位置准确。

（5）用砂浆沿模板外侧四周将模板根部堵严，支完模后要在制度上保证冲洗模板外不会有任何东西进入模板内。

（6）混凝土浇筑后立即对柱模板进行二次校正。二次校正可用可调支撑进行，也可用中间加花篮螺栓的脚手钢管作调整杆进行调整。

柱模板支撑的关键是：一要垂直；二要柱箍足够；三要稳定。

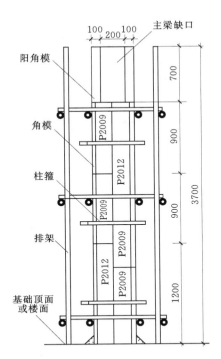

图 3-19　钢模和脚手钢管支柱模
（单位：mm）

4. 墙模板

墙模板的构造如图3-20所示，钢模板4可以竖向拼接，也可横向拼接。内外钢楞用以抵抗侧向荷载，套管5的长等于墙厚，再用对拉螺栓6拉紧，"3"形扣件可将对拉螺栓固定于双钢管的外钢楞上，对拉螺栓间距由计算确定。墙板模板安装一般应按照下列步骤进行：

（1）支模前，应在基层上放出墙的中心线和边线，并核对标高、找平。

（2）先将一侧模板立起，用线锤吊直，然后安装背楞和支撑，经校正后固定。

（3）待钢筋保护层垫块及钢筋间的内部撑铁安装完毕后，支另一侧模板。

（4）为了控制墙的厚度，内外模板之间用螺栓紧固，加外模支撑。

（5）调整模板的位置及垂直度，全面拧紧对拉螺栓，最后固定好支撑。

（6）全面检查安装质量并与相邻墙模板连接牢固。

5. 梁、楼板模板

梁模板分为侧模板和底模板两种。图3-21为梁模板与楼板模板的两种连接方法：一种是用阳角模板连接，另一种是用嵌补模板连接。

梁、柱接头模板的连接一般可按图3-22所示的两种方法处理。

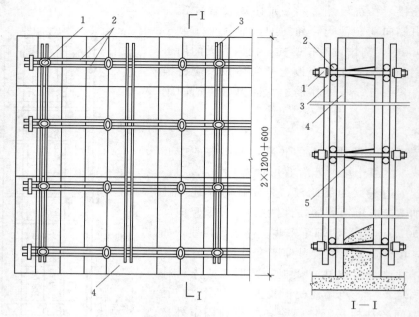

图 3-20　墙钢模板构造图（单位：mm）

1—"3"形扣件；2—内钢楞；3—外钢楞；4—组合钢模板；5—套管；6—对拉螺栓

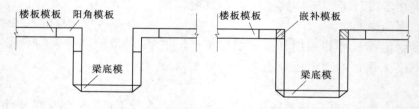

图 3-21　梁模板与楼板模板连接的两种方法

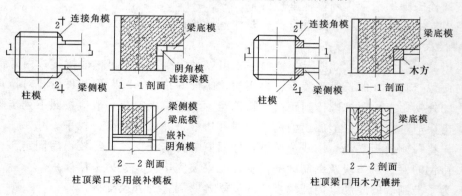

柱顶梁口采用嵌补模板　　　　　　柱顶梁口用木方镶拼

图 3-22　梁、柱接头模板的处理方法

梁、楼板模板施工程序如下：

（1）放线确定梁轴线位置、尺寸，梁、板底标高。

（2）根据梁轴线位置支设梁底模支撑体系，一般采用顶撑，顶撑间要设水平拉结，以增强整体刚度。当房屋层间高度大于5m时，宜采用钢管排架支模，也可用桁架支模。

（3）铺设梁底模板（也可以先支一侧模板），然后绑扎梁钢筋并支设梁侧模。

（4）用木板或钢模来组合底模和侧模，梁侧模可在底部处用木方或钢管卡住；上部可用斜撑或上口卡或螺栓拉住。梁高度较大时，中间要加对拉螺栓。

（5）支设板的模板。板的模板支撑比较简单，用木模的应先把板下格栅铺放平整，再在其上钉木板；用组合钢模的，应先将板支点的间距定好，然后在上放钢管并调隙，最后铺钢模；如用大张胶合板（夹板）铺面，则支模更方便。设计的楼板厚度大于120mm时，应在模板下加密木格栅或钢管，再用立杆支撑，保证刚度，避免拆模后出现板底下垂的现象。并注意接缝紧密，防止漏浆。

（6）通过检查轴线或中线校正梁模板，并根据标高调整支撑高度，可用木楔在立杆或立管底进行调整，也可通过可调支座来调整。

（7）检查板模标高及平整度并将板面清理干净。

梁、板模板支撑的关键是要保证刚度及支撑牢固。要避免出现拆模后梁成鱼腹式，板底下沉的情形。另外要保证预埋件、预留孔洞位置的正确。

（三）大中型模板

大中型工程模板通常由专门的加工厂制作，采用机械化流水作业，以利于提高模板的生产率和加工质量。

1. 钢材选择

模板加工的首要关键是材料，必须采用符合国家标准的合格钢材。面板宜选用6mm厚Q235热轧原平钢板，厚度公差控制在±0.2mm。边框宜采用80mm×80mm钢板或带凹线的特制边框料，同面板垂直焊接，误差控制在−0.3～−0.5mm。竖肋8号槽钢和10号水平槽钢应采用腹宽准确、两翼垂直的合格产品。

2. 面板下料拼接

面板下料拼接主要包括槽钢下料、模板组对和焊接、检查校对、面板钻孔、喷漆等作业内容，具体要求可参照相关质量要求及规范。

3. 模板安装程序

模板安装必须按设计图纸测量放样，对重要结构应多设控制点，以利检查校正。模板安装好后，要进行质量检查。检查合格后，才能进行下一道工序。应经常保持足够的固定设施，以防模板倾覆。

二、模板安装质量控制

1. 一般要求

安装模板之前，应事先熟悉设计图纸，掌握建筑物结构的形状尺寸，并根据现场条件，初步考虑好立模及支撑的程序，以及与钢筋绑扎、混凝土浇捣等工序的配合，尽量避免工种之间的相互干扰。

模板的安装包括放样、立模、支撑加固、吊正找平、尺寸校核、堵设缝隙及清仓去污等工序。在安装过程中，应注意下述事项：

（1）模板竖立后，须切实校正位置和尺寸，垂直方向用垂球校对，水平长度用钢尺丈量两次以上，务使模板的尺寸符合设计标准。

（2）模板各结合点与支撑必须坚固紧密，牢固可靠，尤其是采用振捣器捣固的结构部位，更应注意，以免在浇捣过程中发生裂缝、鼓肚等不良情况。但为了增加模板的周转次数，减少模板拆模损耗，模板结构的安装应力求简便，尽量少用圆钉，多用螺栓、木楔、拉条等进行加固连接。

（3）凡属承重的梁板结构，跨度大于 4m 以上时，由于地基的沉陷和支撑结构的压缩变形，跨中应预留起拱高度，当设计无具体要求时，起拱高度宜为跨度的 0.1％～0.3％（一般每米增高 3mm，两边逐渐减少，至两端同原设计高程等高）。

（4）为避免拆模时建筑物受到冲击或震动，安装模板时，撑柱下端应设置硬木楔形垫块，所用支撑不得直接支承于地面，应安装在坚实的桩基或垫板上，使撑木有足够的支承面积，以免沉陷变形。

（5）模板安装完毕，最好立即浇筑混凝土，以防日晒雨淋导致模板变形。为保证混凝土表面光滑和便于拆卸，宜在模板表面涂抹肥皂水或润滑油。夏季或在气候干燥情况下，为防止模板干缩裂缝漏浆，在浇筑混凝土之前，需洒水养护。如发现模板因干燥产生裂缝，应事先用木条或油灰填塞衬补。

（6）安装边墙、柱、闸墩等模板时，在浇筑混凝土以前，应将模板内的木屑、刨片、泥块等杂物清除干净，并仔细检查各联结点及接头处的螺栓、拉条、楔木等有无松动滑脱现象。在浇筑混凝土过程中，木工、钢筋、混凝土、架子等工种均应有专人"看仓"，以便发现问题随时加固修理。

（7）模板安装的偏差，应符合设计要求的规定，特别是对于通过高速水流，有金属结构及机电安装等部位，更不应超出规范的允许值。施工中安装模板的允许偏差，可参考表 5-3 中规定的数值。

2. 质量标准

（1）支模模板制作允许偏差见表 3-3。

表 3-3　　　　　　　　　　　　支模模板制作允许偏差

序　号	检 查 项 目	允 许 偏 差	检 验 方 法
1	外形尺寸	±2	尺量检查
2	对角线	3	尺量检查
3	相邻表面高低差	1	尺量检查
4	表面平整度	2	2m 靠尺和塞尺检查

（2）支模模板安装允许偏差见表 3-4。按 GB 50204—2002《混凝土结构工程施工质量验收规范》的要求，提高标准进行检查。

表 3-4　　　　　　　　　　　　支模模板安装允许偏差

检 查 项 目		允许偏差（mm）	检 验 方 法
轴线位置		5	钢尺检查
底模上表面标高		±5	水准仪或拉线、钢尺检查
截面内部尺寸	基础	±10	钢尺检查
	柱、墙、梁	+4，−5	
层高垂直度	≤5m	6	经纬仪或吊线、钢尺检查
	>5m	8	
相邻两板表面高低差		2	钢尺检查
表面平整度		5	2m 靠尺和塞尺检查

（3）按 GBJ 113—87《液压滑动模板施工技术规范》，滑模装置安装允许偏差见表 3-5。

表 3-5　　　　　　　　　　　　　滑模装置安装允许偏差

检 查 内 容		允许偏差
模板结构轴线与相应结构轴线位置		3
围圈位置偏差	水平方向	3
	垂直方向	3
提升架的垂直偏差	平面内	3
	平面外	2
安放千斤顶的提升架横梁相对标高偏差		5
考虑倾斜度后模板尺寸的偏差	上口	-1
	下口	+2
千斤顶安装位置偏差	提升架平面内	5
	提升架平面外	5
圆模直径、方模边长的偏差		5
相邻两块模板平面平整偏差		2

三、模板拆除

在模板的施工设计阶段，就应考虑模板的拆除时间和拆除顺序，以提高模板的周转率，减少模板用量。模板的拆除时间，根据构件混凝土强度及模板所处的位置而定。及时拆模，可提高模板的周转率。但过早拆模，混凝土会因强度不足以承担本身自重，或受到外力作用而变形，甚至断裂，造成重大的质量事故。

（一）侧模拆除

对于不受力的侧模，可提早拆除，以便及时尽快参加周转，但必须保证混凝土构件表面及棱角不因拆模而损坏。一般要求墙柱混凝土强度需达到 1.2MPa 以上。

（二）底模板的拆除

底模及其支架拆除时的混凝土强度应符合设计要求；当设计无具体要求时，应符合表 3-6 的规定。混凝土达到规定强度标准值的时间可参考表 3-6。

表 3-6　　　　　　　　　　底模拆模时混凝土强度要求

构 件 类 型	构件跨度（m）	达到设计的混凝土立方体抗压强度标准值的百分率（%）
板	≤2	≥50
	>2，≤8	≥75
	>8	≥100
梁、拱、壳	≤8	≥75
	>8	≥100
悬臂构件	—	≥100

表 3-7　　　　　　　　拆除底模的时间参考表　　　　　　　　单位：d

水泥的强度等级与品种	混凝土达到设计强度标准值的百分率（%）	硬化时昼夜平均气温（℃）					
		5	10	15	20	25	30
32.5MPa 普通水泥	50	12	8	6	4	3	2
	75	26	18	14	9	7	6
	100	55	45	35	28	21	18
42.5MPa 普通水泥	50	10	7	6	5	4	3
	75	20	14	11	8	7	6
	100	50	40	30	28	20	18
32.5MPa 矿渣水泥或火山灰水泥	50	18	12	10	8	7	6
	75	32	25	17	14	12	10
	100	60	50	40	28	24	20
42.5MPa 矿渣水泥或火山灰水泥	50	16	11	9	8	7	6
	75	30	20	14	13	12	10
	100	60	50	40	28	24	20

（三）模板隔离剂

模板安装前或安装后，为防止模板与混凝土黏结在一起，便于拆模，应及时在模板的表面涂刷隔离剂。为了模板施工正常有序地进行和保证模板的正常使用寿命，确保混凝土的表面质量，要求采用低腐蚀的油性隔离剂。

（四）拆模一般要求

1. 一般模板的拆除

（1）模板拆除应遵循先安后拆、后安先拆的原则。

（2）水平模板拆除时应按模板设计要求留设必要的养护支撑，不得随意拆除。

（3）水平模板拆除时先降低可调支撑头高度，再拆除主、次支撑及模板，最后拆除脚手架，严禁颠倒工序、损坏面板材料。

（4）拆除后的各类模板，应及时清除面板混凝土残留物，涂刷隔离剂。

（5）拆除后的模板及支撑材料应按照一定位置和顺序堆放，尽量保证上下对应使用。

（6）钢制大模板的堆放必须面对面，背对背，并按设计计算的自稳角要求调整堆放期间模板的倾斜角度。

（7）严格按 GB 50204—2002《混凝土结构工程施工质量验收规范》规定的要求拆模，严禁为抢工期、节约材料而提前拆模。

（8）重大复杂模板的拆除，事前应制定拆模方案。多层楼板模板支架的拆除，应按下列要求进行：上层楼板正在浇筑混凝土时，下一层楼板的模板支架不得拆除，再下一层楼板模板的支架，仅可拆除一部分；跨度在 4m 及 4m 以上的梁下均应保留支架，其间距不得大于 3m。

2. 滑模装置的拆除

（1）拆除前，应由技术负责人及有关工长对参加拆除的人员进行技术、安全交底，按顺序拆除。

（2）拆除内外纠偏用的钢丝绳、接长支腿及纠偏装置、测量系统装置。

（3）拆除固定平台及外平台、上操作平台的平台铺板，拆除的材料堆放在平台上吊运。

（4）拆除高压油管、针形阀、液压控制台。

（5）拆除电气系统配电箱、电线及照明灯具。

（6）拆除活动平台及边框。

（7）拆除连接模板的阴阳角模。

（8）拆除墙（梁）模板及墙（梁）提升架。

（9）墙模板和提升架采用分段整体拆除方法，以轴线之间一道墙为一段，将钢丝绳先拴在提升架上，再用气焊割断支撑杆，拆除模板段与段的连接螺栓要整体运吊到地面，不得在高空拆除。

（10）拆除后及时进行清理。

小常识 模板施工安全技术措施

模板施工中的不安全因素较多，从模板的加工制作，到模板的支模拆除，都必须认真加以防范。

（1）施工技术人员应向机械操作人员进行施工任务及安全技术措施交底。操作人员应熟悉作业环境和施工条件，听从指挥，遵守现场安全规则。

（2）机械作业时，操作人员不得擅自离开工作岗位或将机械交给非本机操作人员操作。严禁无关人员进入作业区和操作室内。工作时，思想要集中，严禁酒后操作。

（3）机械操作人员和配合作业人员，都必须按规定穿戴劳动保护用品，长发不得外露。高空作业必须戴安全带，不得穿硬底鞋和拖鞋。严禁从高处往下投掷物件。

（4）工作场所应备有齐全可靠的消防器材。严禁在工作场所吸烟和有其他明火，并不得存放油、棉纱等易燃品。

（5）加工前，应从木料中清除铁钉、铁丝等金属物。作业后，切断电源，锁好闸箱，进行擦拭、润滑、清除木屑、刨花。

（6）悬空安装大模板、吊装第一块预制构件、吊装单独的大中型预制构件时，必须站在操作平台上操作。吊装中的大模板和预制构件上，严禁站人和行走。

（7）模板支撑和拆卸时的悬空作业，必须遵守下列规定：

1）支模应按规定的作业程序进行，模板未固定前不得进行下一道工序。严禁在连接件和支撑件上攀登上下，并严禁在上下同一垂直面上装、拆模板。结构复杂的模板，装、拆应严格按照施工组织设计的措施进行。

2）支设高度在3m以上的柱模板，四周应设斜撑，并应设立操作平台。低于3m的可使用马凳操作。

3）支设悬挑形式的模板时，应有稳固的立足点。支设临空构筑物模板时，应搭设支架或脚手架。模板上有预留洞时，应在安装后将洞盖牢。混凝土板上拆模后形成的临边或洞口，应按有关要求进行防护。

4）拆模高处作业，应配置登高用具或搭设支架。

（8）滑模施工中应经常与当地气象部门取得联系，遇到雷雨、六级和六级以上大风时，必须停止施工。

学习情境四 钢 筋 工 程 施 工

【引例】

某工程使用的主要钢筋种类如下：基础底板主要采用直径为 14mm、16mm、22mm、25mm、28mm、32mm 的钢筋，柱纵筋主要采用 16mm、18mm、20mm、22mm 的钢筋，梁纵筋主要采用 14mm、16mm、20mm、22mm、25mm 的钢筋，墙采用 8mm、10mm、12mm、14mm 的钢筋，楼板主要采用 8mm、10mm 的钢筋，箍筋采用 6mm、8mm、10mm 的钢筋。其中：直径 6～10mm 的钢筋为 HPB235 钢筋，进场为圆盘条；直径 12～16mm 的钢筋为 HRB335 钢筋，直径 18mm 以上的钢筋为 HRB400 钢筋，进场为 9m 长捆扎直钢筋。

问题：1. 钢筋进场验收有何要求？钢筋进场后怎样储存？

2. 钢筋应如何下料？

3. 钢筋加工及安装工艺如何进行？有何技术、质量及安全要求？

【知识目标】

了解钢筋进场验收与储存的工作内容；掌握钢筋下料长度的计算方法，掌握钢筋代换方法及要求；掌握钢筋加工工艺及质量要求，熟悉钢筋加工机械及工作原理；了解相关机具、设备工作原理；熟悉有关工艺设备；掌握钢筋绑扎与安装方法、质量要求，了解钢筋绑扎与安装施工安全技术。

【能力目标】

钢筋下料长度计算方法；钢筋加工方法、工艺及质量要求；钢筋安装质量要求。

在水利水电工程中，钢筋混凝土结构广为使用，而钢筋工程的施工是钢筋混凝土结构施工中极为重要的环节，其原材料质量及加工、制作、安装质量的好坏直接影响到结构的承载能力和耐久性，也直接关系到建筑物的安全。所以，从事钢筋施工的人员应全面掌握钢筋施工的基本知识。

工作任务一 钢 筋 验 收 与 配 料

一、钢筋进场验收

（1）钢筋是否符合质量标准，直接影响建筑物的质量和使用安全，施工中必须加强对钢筋的进场验收工作。进场钢筋应首先检验三证（出厂合格证明书、试验报告单及经营许可证），每捆（盘）钢筋均应有标牌。

（2）钢筋运至施工现场时，应根据原厂质量证明书或试验报告单按不同等级、牌号、规格及生产厂家分批验收每批钢筋的外观质量。

钢筋应全部进行外观检查。钢筋的外观质量，主要查看钢筋外形尺寸是否符合国家标准的规定，以及有无裂纹、结疤、麻坑、气泡、伤痕和锈蚀程度。外观检查合格后，方可按规定抽取试样做机械性能试验。外观检查要求见表 4 - 1。

表 4 - 1　　　　　　　　　　　　　钢筋外观检查要求

钢筋种类	外观要求
热轧钢筋	钢筋表面不得有裂纹、结疤和折叠，如有凸块不得超过横肋的高度，其他缺陷的高度和深度不得大于所在部位尺寸的允许偏差，钢筋外形尺寸等应符合国家标准
热处理钢筋	钢筋表面不得有裂纹、结疤和折叠，如局部凸块不得超过横肋的高度。钢筋外形尺寸应符合国家标准
冷拉钢筋	钢筋表面不得有裂纹和局部缩颈
冷拔低碳钢丝	钢丝表面不得有裂纹和机械损伤
碳素钢丝	钢丝表面不得有裂纹、小刺、机械损伤、锈皮和油漆
刻痕钢丝	钢丝表面不得有裂纹、分层、锈皮、结疤
钢绞线	不得有折断、横裂和相互交叉的钢丝，表面不得有润滑剂、油渍

（3）热轧钢筋机械性能检验。在每批钢筋（以 60t 同一炉号、同一规格尺寸的钢筋为一批，质量不足 60t 时仍按一批计）中任意抽出两根钢筋，截取试件做力学试验（测定屈服点、抗拉强度、伸长率）和冷弯试验。4 个指标中如有一个试验项目结果不符合该钢筋的机械性能规定的数值，则另取双倍数量的试件做复试，如仍有不合格项目，则该批钢筋判定为不合格产品。热轧钢筋机械性能检测项目及取样方法见表 4 - 2。

表 4 - 2　　　　　　　　热轧钢筋机械性能检测项目及取样方法

检测项目	取样数量	取样方法
拉伸	2	任选 2 根钢筋切取，长度 450mm
冷弯	2	任选 2 根钢筋切取，长度 350mm
尺寸偏差	逐支	一般就用力学性能试件做
重量偏差	不少于 5	从不同钢筋上截取，长度不小于 500mm

（4）热处理钢筋、冷拉钢筋及钢丝、钢绞线机械性能检验，见表 4 - 3。试验结果如有一项不合格，该不合格盘报废。在从未试验过的钢筋中取双倍数量的试件进行复验，如仍有一项不合格，则该批钢筋不合格。

表 4 - 3　　　热处理钢筋、冷拉钢筋及钢丝、钢绞线机械性能检测项目及取样方法

钢筋种类	验收批钢筋组成	每批数量	取样方法
热处理钢筋	1. 同一处截面尺寸，同一热处理制度和炉罐号； 2. 同钢号的混合批，不超过 10 个炉罐号	≤60t	取 10% 盘数（不少于 25 盘），每盘 1 个拉力试样
冷拉钢筋	同级别、同直径	≤20t	任取 2 根钢筋，每根钢筋取 1 个拉力试样和 1 个冷弯试样

钢筋种类		验收批钢筋组成	每批数量	取样方法
冷拔低碳钢丝	甲级	—	逐盘检查	每盘取1个拉力试样和1个弯曲试样
	乙级	用相同材料的钢筋冷拔成同直径的钢丝	5t	任取3盘，每盘取1个拉力试样和1个弯曲试样
碳素钢丝刻痕钢丝		同一钢号、同一形状尺寸、同一交货状态	—	取5%盘数（不少于3盘），优质钢丝取10%盘数（不少于3盘），每盘取1个拉力试样和1个冷弯试样
钢绞线		同一钢号、同一形状尺寸、同一生产工艺	≤60t	任取3盘，每盘取1个拉力试样

注 拉力试验包括屈服点、抗拉强度和伸长率三个指标。

（5）对有抗震设防要求的框架结构，其纵向受力钢筋的强度应满足设计要求；当设计无具体要求时，对一、二级抗震等级，检验所得的强度实测值应符合下列规定：

1）抗拉强度实测值与标准值的比值不应小于1.25。

2）钢筋的屈服强度实测值与强度标准值的比值不应大于1.3。

钢筋在加工使用过程中，如发生脆断、焊接性能不良或机械性能异常，应进行化学成分检验或其他专项检验。

（6）对国外进口钢筋，应特别注意机械性能和化学成分的分析。

二、钢筋的储存

钢筋运到施工现场后，必须妥善保管，否则会影响施工或工程质量，造成不必要的浪费。因此，在钢筋储存工作中，一般应做好以下工作：

（1）应有专人认真验收入库钢筋，不但要注意数量的验收，而且对入库钢筋的规格、等级、牌号也要认真地进行验收。

（2）入库钢筋应尽量堆放在料棚或仓库内，并应按库内指定的堆放区分品种、牌号、规格、等级、生产厂家，分批、分别堆放。库存期限不得过长，原则上先进库的先使用，尽量缩短堆放时间。

（3）每垛钢筋应立标签，每捆（盘）钢筋上应有标牌。标签和标牌应写有钢筋的品种、等级、直径、技术证书编号及数量等。钢筋保管要做到账、物牌（单）相符，凡库存钢筋均应附有出厂证明书或试验报告单。

（4）如条件不具备，可选择地势较高、土质坚实、较为平坦的露天场地堆放，并应在钢筋堆场下面用木方垫起（离地高度不少于200mm）或将钢筋堆放在堆放架上。

（5）堆放场地应注意防水和通风，钢筋不得与酸、盐、油等类物品一起存放，以防腐蚀或污染钢筋。

（6）钢筋的库存量应和钢筋加工能力相适应，周转期应尽量缩短，避免存放期过长，使钢筋发生锈蚀。

三、钢筋配料与代换

（一）钢筋的配料

钢筋加工前应根据图纸按不同构件编制配料单，然后进行备料加工。为了使工作方便和不漏配钢筋，配料应该有序地进行。

1. 钢筋下料长度计算规则

下料长度计算是钢筋配料计算中的关键。钢筋弯曲时，其外壁伸长，内壁缩短，而中心线长度并不改变。但是设计图中注明的尺寸是根据外包尺寸计算的，且不包括端头弯钩长度。显然外包尺寸大于中心线长度，它们之间存在一个差值，称为"量度差值"。钢筋的下料长度计算规则应为：

直钢筋下料长度＝构件长度－保护层厚度＋弯钩增加长度

弯起钢筋下料长度＝直段长度＋斜段长度－弯曲调整值＋弯钩增加长度

箍筋下料长度＝直段长度＋弯钩增加长度－弯曲调整值＝箍筋周长＋箍筋调整值

（1）弯钩增加长度。钢筋的弯钩形式有三种：半圆弯钩、直弯钩及斜弯钩。半圆弯钩是最常用的一种弯钩。直弯钩只用在柱钢筋的下部、箍筋和附加钢筋中。斜弯钩只用在直径较小的钢筋中。

光圆钢筋的弯钩增加长度，按图 4-1 所示的简图（弯心直径 $D=2.5d$，平直段部分为 $3d$）计算。首先计算半圆弯钩的增加长度。

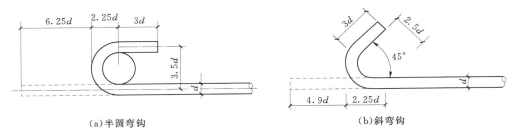

(a)半圆弯钩   (b)斜弯钩

图 4-1 钢筋弯钩计算简图

弯钩全长：$3d+\dfrac{3.5\pi}{2}d=8.5d$

弯钩增加长度（包括量度差值）：$8.5d-2.25d=6.25d$

同理可得弯钩增加长度对直弯钩为 $3.5d$，对斜弯钩为 $4.9d$。

实际施工中，由于实际弯心直径与理论弯心直径有时不一致，钢筋粗细和机具条件不同等影响因素，钢筋平直部分的长短会有差异（手工弯钩时平直部分可适当加长，机械弯钩时可适当缩短），因此在实际配料计算时，对弯钩增加长度常根据具体条件，可以采用经验数据，见表 4-4。

表 4-4   半圆弯钩增加长度经验参考值（机械加工）

钢筋直径（mm）	≤6	8～10	12～18	20～28	30～36
一个弯钩长度	40mm	$6d$	$5.5d$	$5d$	$4.5d$

注 d——钢筋直径。

（2）弯曲调整值。钢筋弯起 90°时，按 DL/T 5169—2002《水工混凝土钢筋施工规范》规定有两种情况：HPB235 级钢筋弯心直径 $D=2.5d$，HRB335 级钢筋弯心直径 $D=5d\sim7d$。以 HPB235 级钢筋弯起 90°为例，钢筋弯曲调整值计算如图 4-2（a）所示。

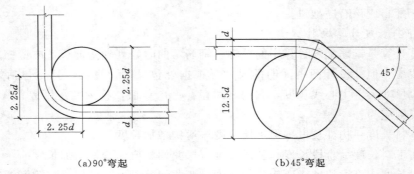

(a)90°弯起   (b)45°弯起

图 4-2 钢筋弯起示意图

外包尺寸 $\qquad 2.25d+2.25d=4.5d$

中心线长度 $\qquad \dfrac{3.5\pi}{2}d=2.75d$

量度差值 $\qquad 4.5d-2.75d=1.75d$

HRB335 级钢筋筋计算时，量度差值为 $2.07d$，实际施工中为计算简便，通常取为 $2d$。同理可得其他常用的弯曲调整值，见表 4-5。

表 4-5 钢 筋 弯 曲 调 整 值

钢筋弯起角度（°）	30	45	60	90	135
量度差值	$0.35d$	$0.5d$	$0.85d$	$2d$	$2.5d$

（3）箍筋调整值。为了箍筋计算方便，一般将箍筋的弯钩增加长度与弯曲度量差值两项之和称为箍筋调整值，见表 4-6。计算时将箍筋外包尺寸或内包尺寸加上相应箍筋调整值即为箍筋下料长度。

表 4-6 箍 筋 调 整 值

箍筋量度方法	箍筋直径（mm）			
	4~5	6	8	10~12
量外包尺寸	40	50	60	70
量内包尺寸	80	100	120	150~170

2. 钢筋配料计算

合理地配料能使钢筋得到最大限度的利用，并使钢筋的安装和绑扎工作简单化。根据钢筋下料长度计算结果汇总编制钢筋配料单。钢筋配料单中必须反映出工程部位、构件名称、钢筋编号、钢筋简图及尺寸、钢筋直径、钢号、数量、下料长度、钢筋质量等。

【例 4-1】 某建筑物第一层楼共有 5 根 L_1 梁，梁的钢筋如图 4-3 所示，要求按图计算各号钢筋下料长度并编制钢筋配料单。

【解】

L_1 梁各种钢筋下料长度计算如下（梁的保护层取 25mm）：

①号钢筋的下料长度 $=(4240-2\times25)+2\times6.25\times10=4315(\text{mm})$

②号钢筋的下料长度分段计算

$\qquad$ 端部平直长 $=240+50-25=265(\text{mm})$

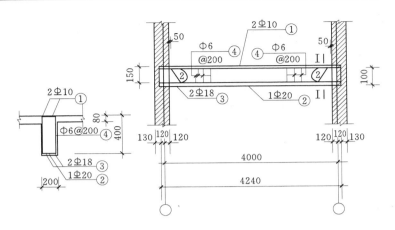

图 4-3 梁钢筋图

$$斜段长＝(梁高－2 倍保护层厚度)×1.41＝(400－2×25)×1.41＝494(mm)$$

$$中间直线段长度＝4240－2×25－2×265－2×\frac{494}{1.41}＝2960(mm)$$

HRB335 钢筋末端无弯钩。钢筋下料长度为：

$$2×(150+265+494)+2960－4×0.5d－2×2d＝4658(mm)$$

③号钢筋的下料长度＝$4240－2×25+2×100+2×6.25d－2×2d＝4543(mm)$

④号箍筋的下料长度：按内包尺寸计算

宽度＝$200－2×25＝150(mm)$

高度＝$400－2×25＝350(mm)$

箍筋下料长度＝$2×(150+350)+100＝1100$

箍筋数量＝(构件长度－两端保护层厚度)/箍筋间距+1

$$＝\frac{(4240－2×25)}{200}+1＝21.95，取 22 根。$$

计算结果汇总于表 4-7。

表 4-7   钢 筋 配 料 单

项次	构件名称	钢筋编号	简 图	直径(mm)	符号	下料长度(mm)	单位根数	合计根数	总重(kg)
1	L₁ 梁计 5 根	(1)	4190	10	Φ	4315	2	10	26.62
2		(2)	150 265 494 2960 494 265 150	20	Φ	4658	1	5	57.43
3		(3)	100 4190 100	18	Φ	4543	2	10	90.77
4		(4)	350 150	6	Φ	1100	22	110	27.05

合计 φ6：27.05kg；φ10：26.62kg；φ18：90.77kg；φ20：57.43kg

（二）钢筋的代换

在施工过程中，当施工单位因某种原因缺乏设计所要求的钢筋品种、级别或规格时，可按规则进行钢筋代换。

1. 钢筋代换原则和方法

（1）钢筋等强度代换。当结构构件受强度控制时（正常使用条件下大多数结构构件均按强度控制），可按强度相等的原则进行代换，称为"等强度代换"。即代换后钢筋的钢筋抗力不小于原设计配筋的钢筋抗力。即

$$A_{s1}f_{y1} \leqslant A_{s2}f_{y2} \qquad (4-1)$$

或

$$n_1 d_1^2 f_{y1} \leqslant n_2 d_2^2 f_{y2} \qquad (4-2)$$

当原设计钢筋与拟代换钢筋的直径相同时：

$$n_1 f_{y1} \leqslant n_2 f_{y2} \qquad (4-3)$$

当原设计钢筋与拟代换钢筋的级别相同时：

$$n_1 d_1^2 \leqslant n_2 d_2^2 \qquad (4-4)$$

式中　　f_{y1}、f_{y2}——原设计钢筋和拟代换钢筋的强度设计值，N/mm²；

　　　　A_{s1}、A_{s2}——原设计钢筋和拟代换钢筋的计算截面面积，mm²；

　　　　n_1、n_2——原设计钢筋和拟代换钢筋的根数，根；

　　　　d_1、d_2——原设计钢筋和拟代换钢筋的直径，mm；

$A_{s1}f_{y1}$、$A_{s2}f_{y2}d_2$——原设计钢筋和拟代换钢筋的钢筋抗力，N。

【例 4-2】 某楼层梁原设计为 HRB335 级钢筋 4 Φ18，因无货供应，拟用现场存有的 HPB235 级钢筋Φ20 代换，试求代换后钢筋根数。

【解】 由式（2-2）得：

$$n_2 \geqslant \frac{n_1 d_1^2 f_{y1}}{f_{y2}} = \frac{4 \times 18^2 \times 300}{20^2 \times 210} = 4.62 \text{（根）}，取整数 5 根。$$

【例 4-3】 某工程钢筋混凝土底板配筋设计为 HRB335 级钢筋Φ 10@150，因工程所在地不生产 HRB335 级钢筋Φ 10 钢筋，拟进行钢筋代换，试设计代换方案。

【解】 方案（一）不同级钢筋代换

1）采用 HPB235 级钢筋Φ 10 钢筋代换（取 1m 宽板带计算）。

由式（4-2）得：

$$n_2 \geqslant \frac{n_1 d_1^2 f_{y1}}{f_{y2}} = \frac{\frac{1000}{150} \times 10^2 \times 300}{10^2 \times 210} = 9.52 \text{（根）}，取整数 10 根。$$

代换后钢筋间距为：$\dfrac{1000}{10} = 100 \text{（mm）}$

即代换后的钢筋采用 HPB235 级钢筋Φ 10@100。

2）如用 HPB235 级钢筋Φ 12 钢筋代换（取 1m 宽板带计算）。

由式（4-2）得：

$$n_2 \geqslant \frac{n_1 d_1^2 f_{y1}}{f_{y2}} = \frac{\frac{1000}{150} \times 10^2 \times 300}{12^2 \times 210} = 6.61 \text{（根）}，取整数 7 根。$$

代换后钢筋间距为：$\dfrac{1000}{7}=142.9(\text{mm})$，取 140mm。

即代换后的钢筋采用 HPB235 级钢筋φ12@140。

方案（二）同级钢筋代换

1）如采用 HRB335 级钢筋φ12 级钢筋代换（取 1m 宽板带计算）。

由式（4-4）得：

$$n_2 \geqslant \frac{n_1 d_1^2}{d_2^2} = \frac{\frac{1000}{150} \times 10^2}{12^2} = 4.63（根），取整数 5 根。$$

代换后钢筋间距为：$\dfrac{1000}{5}=200(\text{mm})$，取 200mm。

即代换后的钢筋采用 HRB335 级钢筋φ12@200。

2）如采用 HRB335 级钢筋φ14 级钢筋代换（取 1m 宽板带计算）。

由式（4-4）得：

$$n_2 \geqslant \frac{n_1 d_1^2}{d_2^2} = \frac{\frac{1000}{150} \times 10^2}{14^2} = 3.4（根），取整数 4 根。$$

代换后钢筋间距为：$\dfrac{1000}{4}=250(\text{mm})$

该间距要求大于构造要求中现浇板内受力筋间距不大于 200mm 的规定，不符合构造要求，因此不宜采用 HRB335 级钢筋φ14 级钢筋代换。

从本例题可以看出，钢筋代换方案不是唯一的，关键在于确保拟代换钢筋供货充足，避免因供货不足而出现再次代换的情况。

（2）钢筋等面积代换。当构件按最小配筋率配筋时，可按代换前后面积相等的原则进行代换，称为"等面积代换"。代换时满足下式要求：

$$A_{s1} \leqslant A_{s2} \tag{4-5}$$

或

$$n_1 d_1^2 \leqslant n_2 d_2^2 \tag{4-6}$$

【例 4-4】 某大型设备基础底板按构造最小配筋率配筋φ12@180，现φ12 无货供应，拟用φ14 钢筋代换，试求代换后的钢筋数量。

【解】 因为底板按构造最小配筋率配筋，故可按等面积代换，取 1m 宽板带计算。

由式（2-6）得：

$$n_2 \geqslant \frac{n_1 d_1^2}{d_2^2} = \frac{\frac{1000}{180} \times 12^2}{14^2} = 4.08（根），取整数 4 根。$$

代换后的钢筋间距：$\dfrac{1000}{4}=250(\text{mm})$

故代换后钢筋为φ14@250。

注：理论上应取 5 根，但考虑到取 4 根的误差小于 2%，满足实际工程所需的精度要求，故代换后钢筋根数取 4，如取 5 根，代换后钢筋面积超出 20% 多，不经济。

2. 钢筋代换注意事项

钢筋代换时，必须充分了解设计意图和代换材料性能，并严格遵守现行混凝土结构设计规范的各项规定，且钢筋代换应经设计及监理单位同意，并办理变更手续后方能进行下一步的施工。

(1) 在施工中，已确认工地不可能供应设计图要求的钢筋品种和规格时，才允许根据库存条件进行钢筋代换。

(2) 钢筋代换后，应仍能满足各类极限状态的有关计算要求，同时要满足配筋构造规定（如钢筋的最小直径、间距、根数、锚固长度、最小配筋率等）。

(3) 钢筋代换方案要按设计规范和各项规定经计算后提出。

(4) 对某些抗震性要求高的重要物件，如吊车梁、薄腹梁、桁架下弦等，不宜用HPB235级、HRB400级变形钢筋，以免裂缝开展过大。

(5) 梁内纵向受力钢筋与弯起钢筋应分别进行代换，以保证梁的正截面与斜截面的强度。

(6) 钢筋代换应避免出现大材小用，优材劣用，或不符合专料专用的现象。钢筋代换后，其用量不宜大于原用量的5%以免浪费，在特殊情况下（如多放一根则用量偏大或要分多排放置）也可以略微降低，但不宜低于原设计用量的98%。

(7) 偏心受压物件或偏心受拉物件（如框架柱、承受吊车荷载的厂房柱、屋架上弦等）钢筋代换时，应按受力方向（受拉或受压）分别代换。

(8) 用高强度钢筋代换低强度钢筋时，应注意满足构件的最小配筋率要求。

(9) 同一截面内，可同时配有不同种类和直径的代换钢筋，但每根钢筋的拉力差不应过大（如同品种钢筋的直径差值一般不大于5mm）以免构件受力不均匀。

(10) 当结构物件按裂缝宽度控制时（如水池、水塔、储液罐、烟囱、重型吊车梁等），其钢筋代换如用同品种粗钢筋等强度代换细钢筋，或用光源钢筋代换变形钢筋，应按代换后的配筋重新验算裂缝宽度是否满足要求。如代换钢筋的总截面面积减少或代换后裂缝宽度有一定增大（但不超过允许的最大裂缝宽度，被认为代换有效）还应对构件挠度进行验算。

(11) 当构件受裂缝宽度控制时，如以小直径钢筋代换大直径钢筋，强度等级低的钢筋代换强度等级高的钢筋，则可不作裂缝宽度验算。

(12) 预制构件的吊环必须采用未经冷拉的HPB235级钢筋制作，严禁以其他钢筋代换。

工作任务二 钢 筋 加 工

钢筋的加工包括调直、除锈、切断、弯曲和连接等工序。

一、钢筋调直

钢筋在使用前必须经过调直，否则会影响钢筋受力，甚至会使混凝土提前产生裂缝，如未调直直接下料，会影响钢筋的下料长度，并影响后续工序的质量。

(一) 人工调直

1. 钢丝调直

在工程量小、缺乏设备的情况下，冷拔低碳钢丝可以采用蛇形管调直或通过夹轮牵引调直，如图4-4、图4-5所示。将需要调直的钢丝穿过蛇形管，用人力向前牵引，即可将钢丝基本调直，局部慢弯处可用小锤敲直。

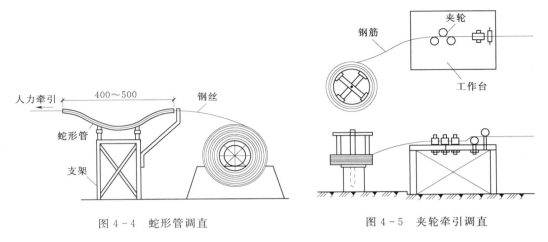

图 4-4 蛇形管调直   图 4-5 夹轮牵引调直

2. 盘圆钢筋的调直

直径在 12mm 以下的盘圆钢筋，可用绞磨进行拉直。用绞磨拉直钢筋的基本操作方法是：首先将盘圆钢筋搁在放圈架上，用人工将钢筋拉到一定长度切断，分别将钢筋两端夹在地锚和绞磨端的夹具上，转动绞磨，即可将钢筋基本拉直，如图 4-6 所示。

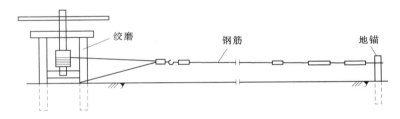

图 4-6 绞磨拉直钢筋

3. 粗钢筋的调直

直径在 12mm 以上的直条状粗钢筋，当数量较少时可采用锤子敲直或钢筋扳子扳直。如扳直其调直方法是：根据具体弯曲情况将钢筋弯曲部位置于工作台的扳柱间，就势利用手工扳子将钢筋弯曲基本矫直，如图 4-7 所示。锤直时，要先将钢筋的大弯用手工方法回直后，再用锤将钢筋慢弯处打平，如图 4-8 所示。

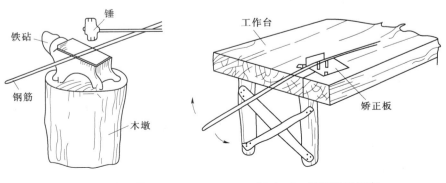

图 4-7 人工锤直钢筋   图 4-8 钢筋扳子扳直

（二）机械调直

当钢筋数量较多或为加快调直速度，可采用钢筋调直机、卷扬机等机械调直。

1. 卷扬机冷拉调直

冷拉调直，是将钢筋的两端夹住，用卷扬机将其强力拉长。采用冷拉法调直，HPB235级钢筋的冷拉率不宜大于 4%；HRB335 级、HRB400 级和 RRB400 级钢筋的冷拉率不宜大于 1%。

2. 钢筋调直机

钢筋调直机用于圆钢筋的调直和切断，可调范围为直径 4～14mm，但一般多用于调直直径 3～5mm 的冷拔低碳钢丝，调直机具有使钢筋调直、除锈和切断三项功能。钢筋经导向筒进入调直筒，调直模高速旋转，穿过调直筒的慢弯钢筋经反复弯曲变形而被调直，同时也清除了钢筋表面的铁锈。当钢筋调直到预定长度时，便将钢筋切断，切断的钢筋落入承料架内。钢筋调直机的工作原理如图 4-9 所示。

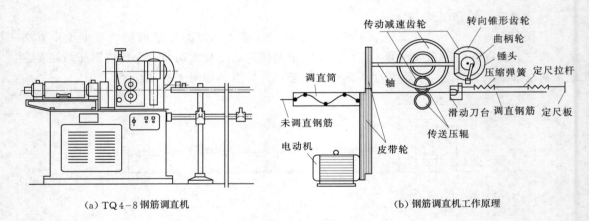

(a) TQ4-8 钢筋调直机　　　　　　　　　　(b) 钢筋调直机工作原理

图 4-9　钢筋调直机及其工作原理

（三）钢筋调直的质量要求

钢筋调直应符合下列要求：

（1）钢筋的表面应洁净，使用前应无表面油渍、漆皮、锈皮等。

（2）钢筋应平直，无局部弯曲，钢筋中心线同直线的偏差不超过其全长的 1%。成盘的钢筋或弯曲的钢筋均应调直后才允许使用。

（3）钢筋调直后其表面伤痕不得使钢筋截面积减少 5% 以上。

（4）钢筋的调直宜采用机械调直和冷拉方法调直。

二、钢筋的除锈

钢筋由于保管不善或存放时间过久，就会受潮生锈。在生锈初期，钢筋表面呈黄褐色，称水锈或色锈，这种水锈除在焊点附近必须清除外，一般可不处理；但是当钢筋锈蚀进一步发展，钢筋表面已形成一层锈皮，受锤击或碰撞可见其剥落，这种铁锈不能很好地和混凝土黏结，影响钢筋和混凝土的握裹力，并且在混凝土中继续发展，需要清除。

钢筋除锈方式有如下三种。

1. 手工除锈

（1）钢丝刷擦锈。将锈钢筋并排放在工作台或木垫板上，分面轮换用钢丝刷擦锈。

（2）砂堆擦锈。将带锈钢筋放在砂堆上往返推拉，直至擦净为止。

（3）麻袋砂包擦锈。用麻袋包砂，将钢筋包裹在砂袋中，来回推拉擦锈。

（4）砂盘擦锈。在砂盘里装入掺有 20％碎石的干粗砂，把锈蚀的钢筋穿进砂盘两端的半圆形槽里来回冲擦，可除去铁锈。

2. 机械除锈

除锈机由小功率电动机作为动力，带动圆盘钢丝刷转动来清除钢筋上的铁锈。钢丝刷可单向或双向旋转。除锈机有固定式和电动式。如图 4-10、图 4-11 所示。

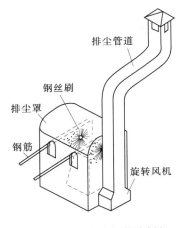

图 4-10　固定式钢筋除锈机

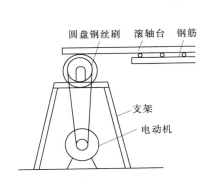

图 4-11　电动除锈机

操作除锈机时应注意：

（1）操作人员起动除锈机，将钢筋放平握紧，侧身送料，禁止在除锈机的正前方站人。钢筋与钢丝刷的松紧度要适当，过紧会损坏钢丝刷，过松则影响除锈效果。

（2）钢丝刷转动时不可在附近清扫锈屑。

（3）严禁将已弯曲成型的钢筋在除锈机上除锈，弯度大的钢筋宜在基本调直后再进行除锈。整根长的钢筋除锈时，一般要由两人进行操作。两人要紧密配合，互相呼应。

（4）对于有起层锈片的钢筋，应先用小锤敲击，使锈片剥落干净再除锈。如钢筋表面的麻坑、斑点以及锈皮已损伤钢筋的截面，则在使用前应鉴定是否降级使用或另作其他处理。

（5）使用前应特别注意检查电气设备的绝缘及接地是否良好，确保操作安全。

（6）应经常检查钢丝刷的固定螺丝有无松动，转动部分的润滑情况是否良好。

（7）检查封闭式防尘罩装置及排尘设备是否处于良好和有效状态，并按规定清扫防护罩中的锈尘。

3. 酸洗除锈

酸洗除锈的方法是：先将经过机械除锈的钢筋浸入浓度为 3％～10％的稀盐酸池中。浸入时间视钢筋锈蚀程度而定，一般为 10～20min，以除去表面的锈斑为止。然后取出用清水冲洗，再浸入石灰肥皂水中，使残留在钢筋表面的酸液得到中和，最后经自然干燥或用炉火烘干，再进行冷拔。酸洗后的钢筋一般不得用做受拉钢筋。

必须注意的是，除锈后的钢筋不宜长期存放，应尽快使用。

三、钢筋的切断

钢筋切断可采用切断机切断，也可采用手工切断或氧气切割。

（一）准备工作

（1）汇集当班所要切断的钢筋料牌，将同规格的钢筋分别统计，按不同长度进行长短搭配，一般情况下考虑先断长料，后断短料，以尽量减少短头，减少损耗。

（2）检查测量长度所用工具或标志（在切断机一端工作辊道台上有长度标尺）的准确性，根据配料单上要求的式样和尺寸，用石笔将钢筋的各段长度尺寸划在钢筋上。如果是利用工作辊道台上的长度标尺，应事先检查定尺挡板的牢固和可靠性。

（3）对根数较多的批量切断任务，在正式操作前应试切两三根，以检验长度准确度。

（二）钢筋切断

1. 切断机切断

常用的钢筋切断机可切断钢筋的最大公称直径为 40mm。有电动和液压传动两种类型，工地上常用的是电动钢筋切断机，如图 4－12 所示。

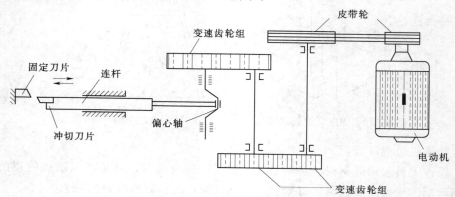

图 4－12　电动钢筋切断机构造示意图

钢筋切断机操作应注意：

（1）被切钢筋应调直后才能切断。

（2）在断短料时，不用手扶的一端应用 1m 以上长度的钢管套压。

（3）切断钢筋时，操作者的手只准握在靠边一端的钢筋上，禁止使用两手分别握在钢筋的两端剪切。

（4）向切断机送料时，要注意：①钢筋要摆直，不要将钢筋弯成弧形；②操作者要将钢筋握紧；③应在冲切刀片向后退时送进钢筋，如来不及送料，宁可等下一次退刀时再送料。否则，可能发生人身安全或设备事故；④切断 30cm 以下的短钢筋时，不能用手直接送料，可用钳子将钢筋夹住送料；⑤机器运转时，不得进行任何修理、校正或取下防护罩，不得触及运转部位，严禁将手放在刀片切断位置，铁屑、铁末不得用手抹或嘴吹，一切清洁扫除应停机后进行；⑥禁止切断规定范围外的材料、烧红的钢筋及超过刀刃硬度的材料；⑦操作过程中如发现机械运转不正常，或有异常响声，或刀片离合不好等情况，要立即停机，并进行检查、修理。

（5）电动液压式钢筋切断机需注意：①检查油位及电动机旋转方向是否正确；②先松开放油阀，空载运转 2min，排掉缸体内空气，然后拧紧。手握钢筋稍微用力将活塞刀片拨动一下，给活塞以压力，即可进行剪切工作。

　　（6）手动液压式钢筋切断机还需注意：①使用前应将放油阀按顺时针方向旋紧，切断完毕后，立即按逆时针方向旋开；②在准备工作完毕后，拔出柱销，拉开滑轨，将钢筋放在滑轨圆槽中，合上滑轨，即可剪切。

　　2. 手工切断

　　手工切断钢筋是一种劳动强度大、工效低的方法，只在切断量小或缺少动力设备的情况下采用。但如在长线台座上放松预应力钢丝，仍采用手工切断法。

　　（1）断线钳：其用于切断 5mm 以下的钢丝，如图 4-13 所示。

　　（2）手压切断器：可切断直径 16mm 以下的 HPB235 级钢筋，如图 4-14 所示。

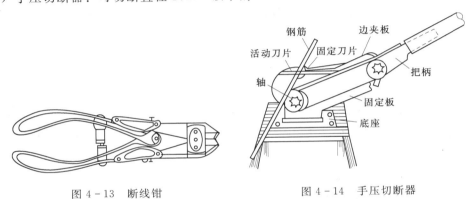

图 4-13　断线钳　　　　　　　　　图 4-14　手压切断器

　　（3）GJ5Y-16 型手动液压切断机，可切断直径 16mm 以下的钢筋和直径 25mm 以下的钢绞线，如图 4-15 所示。

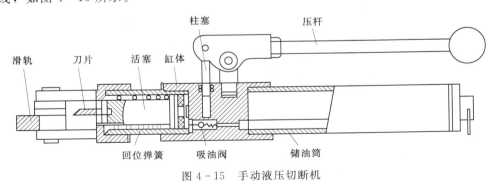

图 4-15　手动液压切断机

　　3. 氧气切割

　　直径大于 40mm 的钢筋一般用氧气切割。氧气切割就是利用氧炔焰加热时，用过量的氧气吹掉熔化的金属种氧化物，在工作物上形成一条割缝，从而把金属割断。过量的氧气是从附加的另外一根氧气导管里吹出，如图 4-16 所示。氧气切割钢筋工效高、操作简便，但成本较高。

　　采用帮条焊、搭接焊的接头宜选用机械切断机切割；采用电渣压力焊的接头，不宜选用切断机切割，应采用砂轮锯或气焊切割；采用熔槽焊、窄间隙焊、气压焊连接的钢筋端头宜

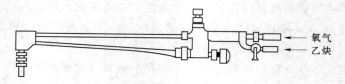

图 4-16 切割用的氧炔吹管

选用砂轮锯切割；采用冷挤压连接和螺纹连接的机械连接钢筋端头宜采用砂轮锯或钢锯片切割，不得采用气焊切割。

四、钢筋弯曲成型

钢筋弯曲成型是技术性较强的工作。它要求将钢筋加工成规定的形状和尺寸，且平面上无翘曲不平的现象，以便绑扎安装。弯曲成型的方法有手工弯曲成型和机械弯曲成型两种。

（一）准备工作

1. 熟悉钢筋规格、形状和各部分尺寸

这是最基本的操作依据，它由配料人员提供，包括配料单和料牌。配料单内容包括钢筋规格、式样、根数和下料长度等。料牌是从钢筋下料切断之后传过来的钢筋加工式样牌，上面注明工程名称、图号、钢筋编号、根数、规格、式样以及下料长度等，分别写于料牌的两面，加工过程中用于随时对照，直至成型结束，最后系在加工好的钢筋上作为标志。料牌格式如图 4-17 所示。

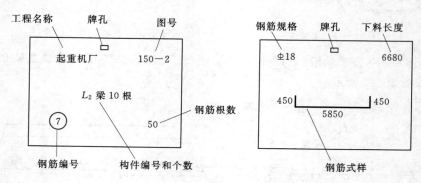

图 4-17 钢筋料牌样式

2. 划线

钢筋弯曲前，根据钢筋料牌上标明的尺寸用石笔将各弯曲点位置划出。划线时应注意：

（1）根据不同的弯曲角度扣除弯曲调整值，从相邻两段长度中各扣一半。

（2）钢筋端部带半圆弯钩时，该段长度划线时增加 $0.5d$。

（3）划线工作宜从钢筋中线开始向两边进行，两边不对称的钢筋，也可从钢筋一端开始划线，如划到另一端有出入，则应重新调整。

（二）弯曲成型

钢筋弯曲成型有手工弯曲成型和机械弯曲成型两种方法。

1. 手工弯曲成型

（1）手工弯曲设施。手工弯曲成型在工作台上进行，利用手摇扳、卡盘和扳子作业。钢筋必须放平，扳手要托平，不能上下摆动，避免成型钢筋发生翘曲现象。注意观察，掌握好扳距、弯曲点和扳柱之间的关系，如图 4-18 所示。

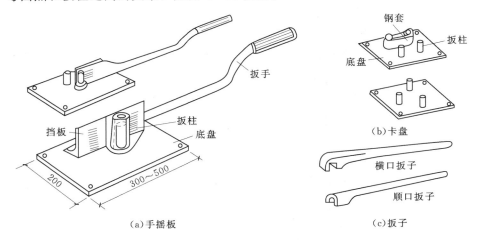

图 4-18　手工弯曲钢筋的工具（单位：mm）

1）工作台。钢筋弯曲的工作台面尺寸约为长×宽＝600cm×80cm，高度约为 80～90cm，工作台要求稳固牢靠，避免在工作时发生晃动。

2）手摇板。手摇板是弯曲盘圆钢筋的主要工具，如图 4-18（a）所示。手摇板一般在现场自制，它由一块钢板底盘和扳柱、扳手组成。扳手长度 30～50cm，可根据弯制钢筋直径适当调节，扳手用 14～18mm 钢筋制成；扳柱直径为 16～18mm；钢板底盘厚 4～6mm。手摇板 A 用来弯制 12mm 以下的单根钢筋；手摇板 B 可弯制 8mm 以下的多根钢筋（一次可弯制 4～8 根箍筋）。操作时将底盘固定在工作台上，底盘面与台面相平，如果使用钢制工作台，挡板、扳柱可直接固定在台面上。

3）卡盘。卡盘是弯粗钢筋的主要工具之一，它由一块钢板底盘和扳柱组成。底盘厚约12mm，固定在工作台上；扳柱直径应根据所弯制钢筋来选择，一般为 20～25mm。

卡盘有两种形式：一种是在一块钢板上焊 4 个扳柱 [图 4-18（c）]，水平方向净距为100mm，垂直方向净距为 34mm，可弯制 32mm 以下的钢筋，但在弯制 28mm 以下的钢筋时，在后面两个扳柱上要加不同厚度的钢套；另一种是在一块钢板上焊 3 个扳柱 [图 4-18（d）]，扳柱的两条斜边净距为 100mm，底边净距为 80mm，这种卡盘不需配备不同厚度的钢套。

4）钢筋扳子。钢筋扳子有横口扳子和顺口扳子两种，它主要和卡盘配合使用。横口扳子又有平头和弯头两种，弯头横口扳子仅在绑扎钢筋时纠正某些钢筋形状或位置时使用，常用的是平头横口扳子。当弯制直径较粗钢筋时，可在扳子柄上接上钢管，加长力臂省力。钢筋扳子的扳口尺寸比弯制钢筋大 2mm 较为合适，过大则会影响弯制形状的准确性。

（2）手工弯制作业。

1）准备工作。熟悉钢筋的规格、形状和各部分尺寸，确定弯曲操作的步骤和工具，确定弯曲顺序，避免在弯曲时将钢筋反复调转，影响工效。

2）划线。一般划线方法是在划弯曲钢筋分段尺寸时，将不同角度的长度调整值在弯曲操作方向相反的一侧长度内扣除，划上分段尺寸线，这条线称为弯曲点线，根据这条线并按规定方法弯曲后，钢筋的形状和尺寸与图纸要求的基本相符。当形状比较简单或同一形状根数较多的钢筋进行弯曲时，可以不划线，而在工作台上按各段尺寸要求固定若干标志，按标志操作。

3）试弯。在成批钢筋弯曲操作之前，各种类型的弯曲钢筋都要试弯一根，然后检查其弯曲形状、尺寸是否和设计要求相符；并校对钢筋的弯曲顺序、划线、所定的弯曲标志、扳距等是否合适。经过调整后，再进行批量生产。

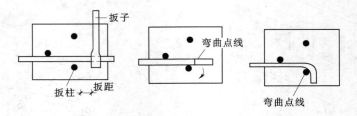

图 4-19　扳距和弯曲点线、扳柱之间的关系

4）弯曲成型。在钢筋开始弯曲前，应注意扳距和弯曲点线、扳柱之间的关系。如图 4-19 所示。为了保证钢筋弯曲形状正确，使钢筋弯曲圆弧有一定曲率，且在操作时扳子端部不碰到扳柱，扳子和扳柱间必须有一定的距离，这段距离称扳距，扳距的大小根据钢筋弯曲角度及钢筋直径相关，见表 4-8。进行弯曲钢筋操作时，钢筋弯曲点线在扳柱钢板上的位置，要配合划线的操作方向，使弯曲点线与扳柱外边缘相平。

表 4-8　　　　　　　　　　　　　　弯曲角度与扳距关系

弯曲角度（°）	45	90	135	180
扳距	$(1.5\sim2)d$	$(2.5\sim3)d$	$(3\sim3.5)d$	$(3.5\sim4)d$

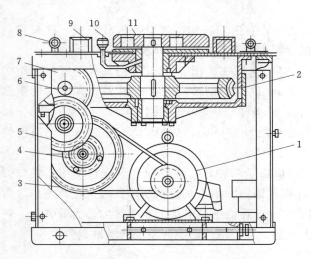

图 4-20　蜗轮蜗杆式钢筋弯曲机
1—电动机；2—蜗轮；3—皮带轮；4、5、7—齿轮；
6—蜗杆；8—滚轴；9—插入座；
10—油杯；11—工作盘

2. 机械弯曲成型

使用钢筋弯曲机成型，具有劳动强度低、工效高、质量好等优点。弯曲机可弯直径 40mm 以下的钢筋，弯曲角度可在 180°范围内任意调节，蜗轮蜗杆式钢筋弯曲机如图 4-20 所示。它主要依靠工作盘进行操作，工作盘上有 9 个轴孔，中心孔用来插芯轴或轴套，周围的 8 个孔用来插成型轴或轴套。操作时，先将钢筋放在芯轴与成型轴之间；然后开动弯曲机使工作盘转动，此时芯轴的位置不变，而成型轴围绕芯轴作圆弧转动，并通过调整成型轴的位置将钢筋弯曲成需要的角度。用倒顺开关使工作盘反转，成型轴回到起始位置，将钢筋取出，弯制工作完成。

钢筋弯曲机操作应注意：

（1）钢筋弯曲机要安装在坚实的地面上，放置要平稳，铁轮前后要用三角对称楔紧，设备周围要有足够的场地。非操作者不要进入工作区域，以免扳动钢筋时被碰伤。

（2）操作前要对机械各部件进行全面检查以及试运转，并检查齿轮、轴套等备件是否齐全。

（3）要熟悉倒顺开关的使用方法以及所控制的工作盘的旋转方向，钢筋放置要和成型轴、工作盘旋转方向相配合，不要放反。

（4）钢筋弯曲时，其圆弧直径是由中心轴直径决定的，因此要根据钢筋粗细和所要求的圆弧弯曲直径大小随时更换中心轴或轴套。

（5）严禁在机械运转过程中更换中心轴、成型轴、挡铁轴，或进行清扫、加油。如果需要更换，必须切断电源，当机器停止转动后才能更换。

（6）弯曲钢筋时，应使钢筋挡架上的挡板贴紧钢筋，以保证弯曲质量。

（7）弯曲较长的钢筋时，要有专人扶持钢筋。扶持人员应按操作人员的指挥进行工作，不能任意推拉。

（8）在运转过程中如发现卡盘、颤动、电动机温升超过规定值，均应停机检修。

（三）钢筋弯曲成型的质量要求

钢筋弯曲成型的质量应符合如下规定：

（1）钢筋形状正确，平面上没有翘曲不平现象。

（2）钢筋弯曲处不得有裂缝。

（3）HPB235级钢筋末端需作180°弯钩，其弯转内直径 D 不应小于钢筋直径 d 的2.5倍，平曲段长度不宜小于3倍钢筋直径。用于轻骨料混凝土结构时，其弯转内直径 D 不应小于3.5倍钢筋直径。

（4）当HRB335级钢筋按设计要求弯转90°时，其最小弯转内直径 D 应符合下列要求：当 $d \leqslant 16mm$ 时，$D=5d$；当 $d > 16mm$ 时，$D=7d$。

（5）当温度低于 $-20℃$ 时，严禁对低合金钢钢筋进行冷弯加工，以避免在钢筋弯起点发生脆断。

（6）弯曲钢筋弯折处圆弧内半径 $R > 12.5d$。

（7）用圆钢筋制成的箍筋，其末端应有弯钩，弯钩长度应符合有关规定。采用小直径HRB335级钢筋制作箍筋时，其末端应有90°弯钩，箍筋弯后平直段长度不宜小于 $3d$。

（8）弯曲加工后，钢筋的允许偏差不得超过 DL/T 5169—2002《水工混凝土钢筋施工规范》的规定。

五、钢筋的连接

钢筋连接常用的连接方法有焊接、机械连接和绑扎连接三种。绑扎连接由于需要较长的搭接长度，浪费钢筋，且连接不可靠，故限制使用。焊接连接的方法成本较低，质量可靠，宜优先选用。机械连接无明火作业，设备简单，节约能源，不受气候条件影响，连接可靠，技术易于掌握，适用范围广，应用越来越多。

（一）绑扎连接

钢筋接头宜采用焊接接头或机械连接接头，当采用绑扎接头时，应满足以下要求：受拉钢筋直径不大于 22mm，或受压钢筋直径不大于 32mm，其他钢筋直径不大于 25mm；当钢筋直径大于 25mm，在现场施工中采用焊接和机械连接确实有困难时，也可采用绑扎连接，但要从严控制。钢筋绑扎连接的方法是在搭接处中心及两端用 20～22 号铁丝扎牢。如图 4-21 所示。

图 4-21　钢筋绑扎连接

（二）焊接连接

以焊接代替绑扎，可节约钢材，改善结构受力性能，提高工效，降低成本。钢筋焊接分为压焊和熔焊两种形式。压焊包括闪光对焊、电阻点焊和气压焊；熔焊包括电弧焊和电渣压力焊。此外，钢筋与预埋件 T 形接头的焊接应采用埋弧压力焊，也可用电弧焊或穿孔塞焊，但焊接电流不宜大，以防烧伤钢筋。

钢筋的焊接质量与钢材的可焊性、焊接工艺有关。钢筋含碳、锰量增加，则可焊性降低，含适量的钛，则可改善焊接性能。焊接工艺（焊接参数与操作水平）适宜时，即使可焊性较差的钢材，亦可获得良好的焊接质量。当环境温度低于 $-5℃$，即为钢筋低温焊接，此时应调整焊接工艺参数，使焊缝和热影响区缓慢冷却。风力超过 4 级时，应有挡风措施。环境温度低于 $-20℃$ 时不得进行焊接。

1. 闪光对焊

闪光对焊焊接工艺可分为：连续闪光焊、预热闪光焊、闪光—预热—闪光焊。

（1）连续闪光焊。先将钢筋夹入对焊机的两极中，闭合电源，然后使钢筋端面轻微接触，此时钢筋间隙中产生闪光，接着继续将钢筋端面逐渐移近，新的触点不断生成，即形成连续闪光过程。当钢筋烧化完规定留量后，以适当压力进行顶锻挤压即形成焊接接头，至此完成整个连续闪光焊接过程。连续闪光对焊一般适用于焊接直径在 22mm 以下的钢筋。

（2）预热闪光焊。预热闪光焊是在连续闪光焊前，增加一个钢筋预热过程，即使两根钢筋端面交替地轻微接触和断开，发出断续闪光使钢筋预热，然后再进行闪光和顶锻。预热闪光焊一般用于直径在 25mm 以上且端部较平的钢筋。

（3）闪光—预热—闪光焊。闪光—预热—闪光焊是在预热闪光焊之前再增加一次闪光过程，使不平整的钢筋端面先闪成较平整的端面，然后进行预热闪光焊完成焊接过程。这个过程可以概括为：“一次闪光，闪去压伤；频率中低，预热适当；二次闪光，稳定强烈；快速顶锻，压力要强”。闪光—预热—闪光焊适宜焊接直径较大并且端面不够平整的钢筋。RRB500 级钢筋焊接必须采用预热闪光焊或闪光—预热—闪光焊。

采用不同直径的钢筋进行闪光对焊时，直径相差以一级为宜，且不得大于 4mm。采用闪光对焊时，钢筋端头如有弯曲，应予矫直或切除。

钢筋闪光对焊后，要进行外观检查和力学性能检查。

外观检查以同一焊工一周内 200 个为一批，每批抽查 10%；检查方法为目测，检查内容和标准是：无裂纹和烧伤；接头弯折不大于 4°；接头轴线偏移不大于 1/10 的钢筋直径，也不大于 2mm。

力学性能检查要从每批（300个）随机切取6个试件，再按同规格钢筋接头6％的比例，做三根拉伸试验和三根冷弯试验，其抗拉强度实测值不应小于母材的抗拉强度，且断于接头的以外部位。

2. 电渣压力焊

电渣压力焊是将两钢筋安放成竖向对接形式，利用电渣压力焊机焊接电流通过两钢筋端面间隙，在焊剂层下形成电弧过程和电渣过程，产生电弧热和电阻热，熔化钢筋，加压完成连接的一种焊接方法。这种方法操作方便、效率高，适用于现浇混凝土结构施工中直径为14～40mm的HPB235级、HRB335级竖向或斜向（倾斜度在4∶1范围内）钢筋的连接。

电渣压力焊机分为自动电渣压力焊机及手工电渣压力焊机两种。主要由焊接电源（BX2-1000型焊接变压器）、焊接夹具、操作控制系统、辅件（焊剂盒、回收工具）等组成。图4-22为手工电渣压力焊示意图。

电渣压力焊操作方法是将上、下两钢筋端部埋于焊剂之中，两端面之间留有一定间隙。电源接通后，采用接触引燃电燃，焊接电弧在两钢筋之间燃烧，电弧热将两钢筋端部熔化，熔化的金属形成熔池，熔化的焊剂形成熔渣（渣池），覆盖于熔池之上。随着电弧的燃烧，两根钢筋端部熔化量增加，熔池和渣池加深，此时应不断将上钢筋下送。至其端部直接与渣池接触时，电弧熄灭。焊接电流通过液体渣池产生的电阻热，继续对两钢筋端部加热，渣池温度可达1600～2000℃。待上下钢筋端部达到全断面均匀加热的时候，迅速将上钢筋向下顶压，液态金属和熔渣全部挤出；随即切断焊接电源。冷却后，打掉渣壳，露出带金属光泽的焊包。

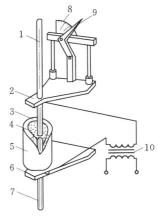

图4-22 手工电渣压力焊示意图
1—钢筋；2—活动电极；3—焊剂；
4—导电焊剂；5—焊剂盒；6—固
定电极；7—钢筋；8—标尺；
9—操纵杆；10—变压器

电渣压力焊接作业应注意以下事项：

（1）必须清除被焊钢筋端部120mm范围内的铁锈污泥等杂质。

（2）根据钢筋直径大小选择焊接参数（渣池电压、焊接电流、焊接通电时间等）；异径钢筋焊接时，按小直径钢筋选用。

（3）焊接夹具的上下钳口应夹紧上、下钢筋的适当位置，钢筋一经夹紧，严防晃动，以免上、下钢筋错位和夹具变形。

（4）引弧宜采用铁丝圈或焊条头引弧法，亦可采用直接引弧法。

（5）引燃电弧后，先进行电弧过程，然后转变为电渣过程的延时，最后在断电的同时，迅速压上钢筋，挤出熔化金属和熔渣。略等数秒钟，待钢筋接头初步冷却再松开操纵杆，以保证焊接质量。

（6）将烘烤合格的焊剂装满焊盒，且保持焊剂不漏，再关闭焊剂盒。落地的焊剂可以回收使用。使用前先筛去熔渣，经2h烘烤再用铜箩筛过筛，与新焊剂按1∶1比例拌和使用。

电渣压力焊接头质量要求：不得有裂纹和明显的烧伤缺陷，轴线偏移不得大于0.1倍钢筋直径，同时不得超过2mm；接头弯折不得超过4°。每300个接头为一批（不足300个也为一批），切取三个试件做拉伸试验，如有一根不合格，则再双倍取样，重作试验，如仍有一根不合格，则该批接头为不合格。

3. 气压焊

气压焊是利用氧气、乙炔火焰加热钢筋接头，使其达到塑性状态时施加适当压力，使钢筋接头压接在一起的工艺。钢筋气压焊设备轻便，可进行水平、垂直、倾斜等全方位焊接，具有节省钢材、施工费用低廉等优点。气压焊适用于现场焊接直径 16～40mm 的 HPB235、HRB335、HRB400 级热轧钢筋。

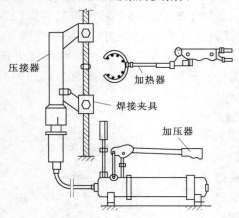

图 4-23 气压焊机示意图

钢筋气压焊接机由供气装置（氧气瓶、溶解乙炔瓶等）、多嘴环管加热器、加压器（油泵、顶压油缸等）、焊接夹具及压接器等组成，如图 4-23 所示。利用氧、乙炔火焰加热钢筋接头处，使之达到塑性状态，在初压作用下，端头金属原子互相扩散，表面熔融后（1250～1350℃，橘黄色有白亮闪光出现），加压形成结点。结点直径为钢筋直径的 1.4～1.6 倍，变形长度为钢筋直径的 1.2～1.5 倍。

气压焊接作业应注意如下事项：

（1）焊接钢筋的端部 $2d$ 范围内要清洁无污垢，端面应切平并垂直于钢筋轴线，钢筋端部若有弯折或扭曲，应矫直或切除。

（2）把焊接夹具卡紧在待焊接钢筋端头，注意不要夹伤钢筋、无偏心、无弯折。

（3）当对接的钢筋直径不同时，其径差不得大于 7mm。否则，容易造成小直径钢筋过烧，而大直径钢筋温度不足未焊透的情况。

（4）使用强功率多嘴环管加热器时，乙炔从瓶内输出的速率不得超过 15m³/h。若不够使用时，可将两瓶乙炔并联使用。乙炔钢瓶必须安放在垂直的位置。当瓶内压力减低到 0.2MPa 时，应停止使用。

（5）加压器的加压能力应达到现场焊接最大直径钢筋时所需要的轴向压力；顶压油缸的有效行程应不小于最大直径钢筋焊接时所需要的压缩长度。

（6）加热器的加热能力应与所焊钢筋直径的粗细相适应。加热器各连接处，应保持高度的气密性。

4. 电弧焊

电弧焊是利用弧焊机使焊条与焊件之间产生高温电弧，使焊条和电弧燃烧范围内的焊件金属熔化，熔化的金属凝固后，便形成焊缝或焊接接头。电弧焊的工作原理如图 4-24 所示。

电弧焊应用范围广，如钢筋的接长、钢筋骨架的焊接、钢筋与钢板的焊接、装配式结构接头的焊接及其他各种钢结构的焊接等。

钢筋电弧焊可分为搭接焊、帮条焊、坡口焊三种接头形式。

（1）搭接焊接头。搭接焊接头如图 4-25 所示，适用于焊接直径 10～40mm 的 HPB235级、HRB335 级、HRB400 级钢筋及直径 10～25mm 的 RRB400 级钢筋。钢筋搭接焊宜采用双面焊，当无法采用双面焊时也可采用单面焊。焊接前钢筋宜预弯，以保证两钢筋的轴线在

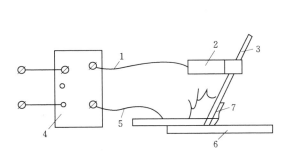
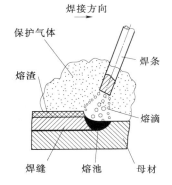

图 4-24　电弧焊的工作原理图

1—电缆；2—焊钳；3—焊条；4—焊机；5—地线；6—钢筋；7—电弧

同一直线上，使接头受力性能良好。

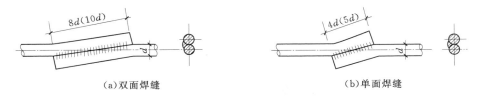

（a）双面焊缝　　　　　　　　　　　（b）单面焊缝

图 4-25　搭接焊接头示意图

（2）帮条焊接头。帮条焊接头如图 4-26 所示，适用于焊接直径 10～40mm 的 HPB235 级、HRB335 级、HRB400 级钢筋。钢筋帮条焊宜采用双面焊，不能进行双面焊时也可采用单面焊。帮条宜采用与主筋同级别、同直径的钢筋制作。当帮条牌号与主筋相同时，帮条直径可与主筋相同或小一个规格；当帮条直径与主筋相同时，帮条牌号可与主筋相同或低一个规格。

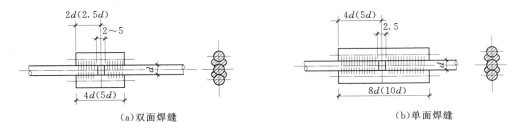

（a）双面焊缝　　　　　　　　　　　（b）单面焊缝

图 4-26　帮条焊接头（单位：mm）

　　钢筋搭接焊接头或帮条焊接头的焊缝厚度 h 应不小于 0.3 倍主筋直径；焊缝宽度 b 应不小于 0.8 倍主筋直径，如图 4-27 所示。

　　对于 HPB235 级钢筋的搭接焊或帮条焊的焊缝总长度应不小于 8d；对于 HRB335 级、HRB400 级钢筋，其搭接焊或帮条焊的烽缝总长度应不小于 10d，帮条焊时接头两边的焊缝长度应相等。

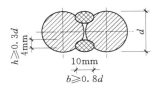

图 4-27　焊缝尺寸示意图

h—焊缝厚度；b—焊缝宽度

（3）坡口焊接头。坡口焊接头比上两种接头节约钢材，多用于装配式框架结构安装中的柱间节点或梁与柱的节点焊接。适用于直径 18～40mm 的 HPB235 级、HRB335 级、HRB400 级钢筋。按焊接位置不同可分为平焊与立焊两种方式，如图 4-28 所示。

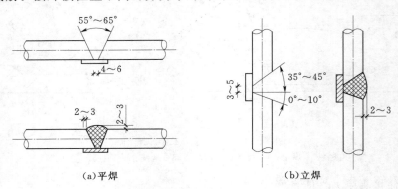

（a）平焊　　　　　　　　　　（b）立焊

图 4-28　坡口焊接头（单位：mm）

电弧焊接头质量要求：

1）焊缝表面应平整，不得有凹陷或焊瘤。

2）焊缝接头不得有裂纹。

3）咬边深度、气孔、夹渣等缺陷允许值及接头尺寸的允许偏差应符合有关要求。

5. 电阻点焊

电阻点焊，是将已除锈污的钢筋交叉放入点焊机的两电极间，利用电流通过焊件时产生的电阻热作为热源，并施加一定的压力，使钢筋交叉处形成一个牢固的焊点，将钢筋焊合起来的方法。电阻点焊的工艺过程包括预压、通电、锻压三个阶段。钢筋骨架和钢筋网中交叉钢筋的焊接宜采用电阻点焊，其所适用的钢筋直径和级别为：直径 6～14mm 的热轧HPB235 级、HRB335 级钢筋，直径 3～5mm 的冷拔低碳钢丝和直径 4～12mm 的冷轧带肋钢筋。采用点焊代替绑扎，可提高工效，节约劳动力，成品刚性好且便于运输。

（三）钢筋机械连接

钢筋机械连接的种类很多，如钢筋套筒挤压连接、锥螺纹套筒连接、精轧大螺旋钢筋套筒连接、热熔剂充填套筒连接、平面承压对接等。这类连接方式是利用钢筋表面轧制或特制的螺纹（或横肋）和套筒之间的机械咬合作用来传递钢筋所受拉力或压力。

1. 套筒挤压连接

套筒挤压连接是把两根待接钢筋的端头先插入一个优质钢套管，然后用挤压机在侧向加压数道，套筒塑性变形后即与带肋钢筋紧密咬合达到连接的目的。由于套筒挤压连接接头强度高、速度快、准确、安全、不受环境限制，连接质量优良，目前被广泛应用于工程中。如图 4-29 所示。

套筒挤压连接质量要求：

1）套管材料、规格合格，屈服强度、极限抗拉强度比钢筋母材大 10% 以上。

2）钢筋无污，肋纹无损。

3）压痕道数符合要求［（3～8）×2 道］，压痕外径为 0.85～0.9 套管原外径。

4）接头无裂纹，弯折不大于 4°。

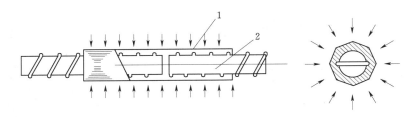

图 4-29 钢筋挤压连接
1—钢套筒；2—被连接的钢筋

强度检验：500 个取 3 个，1 个不合格，加倍抽样复验；满足 A 级（母材极限、高延性、反复拉压）或 B 级（1.35 倍屈服）抗拉强度要求。

2. 锥螺纹套管连接

钢筋锥螺纹连接是把钢筋的连接端加工成锥形螺纹（简称丝头），通过锥螺纹连接套把两根带丝头的钢筋，按规定的力矩值连接成一体的钢筋接头。适用于直径为 16～40mm 的 HRB335 级、HRB400 级钢筋的连接。如图 4-30 所示。

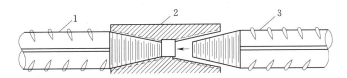

图 4-30 钢筋锥螺纹套管连接
1—已连接钢筋；2—锥螺纹套管；3—未连接钢筋

锥螺纹套管连接能实现异径和异向连接，但由于加工的锥螺纹缩径削弱了母材的横截面积，从而降低了接头强度，一般只能达到母材实际抗拉强度的 85％～95％。因此逐渐被直螺纹连接接头所代替。

3. 直螺纹套管连接

直螺纹连接接头按加工方式不同分为镦粗切削直螺纹连接、挤压肋滚压、等强度剥肋、滚压直螺纹连接。

（1）镦粗切削直螺纹连接。将钢筋的马蹄形端头切掉，再用钢筋镦头机将钢筋端头镦粗，用直螺纹套丝机将其切削成直螺纹，通过直螺纹套筒将待对接的钢筋连接在一起。这种连接工序较多，镦粗后的钢筋头部会产生应力集中，延性降低，对改善接头受力是不利的。

（2）挤压肋滚压直螺纹连接。用直螺纹滚压机把钢筋端部滚压成直螺纹，然后用直螺纹套筒将两根待对接的钢筋连在一起。由于钢筋端部经滚压成形，钢筋材质经冷作处理，螺纹及钢筋强度都有所提高，弥补了螺纹底径小于钢筋母材基圆直径对强度削弱带来的影响，实现了钢筋等强度连接。

（3）等强度剥肋滚压直螺纹连接。在一台专用设备上将钢筋丝头通过剥肋、滚压螺纹自动一次成形，由于螺纹底部钢筋原材没有被切削掉，而是被滚压挤密，钢筋产生加工硬化，提高了原材强度，从而实现了钢筋等强度连接的目的。等强度直螺纹连接接头质量稳定可靠，连接强度高，可与套筒挤压连接接头相媲美，而且又具有锥螺纹接头施工方便、速度快的特点。

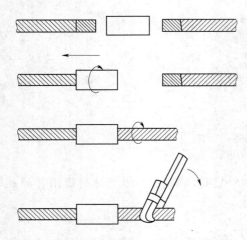

图 4-31 直螺纹的连接施工示意图

（4）滚压直螺纹，采用专门的滚压机床加工。直螺纹接头的现场连接方法如图 4-31 所示，在连接水平钢筋时，必须从一头往另一头依次连接，不许从两边往中间连接。连接前，要根据所连接钢筋直径，将力矩扳手上的游动标尺直径调定在手柄上的刻线位置（即规定的力矩值）。使力矩扳手钳头垂直钢筋轴线均匀加力，当听到力矩扳手发出"咔嗒"声响时即停止加力。随即在钢筋接头处做油漆标记以便检查。

直螺纹连接的质量检查：包括外观检查和试验检验。

1）外观检查：每一台班接头完成后，抽检 10％进行外观检查，钢筋与套筒规格要一致，接头丝扣无完整丝扣外露。梁柱构件按接头数的 15％进行抽检，且每个构件的接头抽检数不少于 1 个接头。基础、墙、板以 100 个接头为一个批次（不足 100 个接头时也作为一个验收批）进行抽检，每批抽检 3 个接头。如果有一个不合格，则该验收批接头应逐个检查，对查出的不合格接头应进行补强，如无法补强则应弃置不用。

2）试验检验：接头的现场检验应按验收批进行，同一施工条件下的同一批材料的同等级、同规格接头，以 500 个为一个验收批进行检验与验收，不足 500 个也应作为一验收批。对接头的每一验收批应在工程结构中随机截取 3 个试件，按设计要求的接头性能等级做单向拉伸试验，按设计要求的接头性能等级进行检验与评定，并填写接头拉伸试验报告。在现场连接检验 10 个验收批，全部单向拉伸试件一次抽样合格时，验收批接头数量可扩大一倍。

六、钢筋冷加工

常用的冷加工方法主要有冷拉和冷拔。

（一）钢筋冷拉

钢筋冷拉是指在常温下，以超过钢筋屈服强度的拉应力拉伸钢筋，使其产生塑性变形，以达到调直钢筋、提高强度、节约钢材的目的，对焊接接长的钢筋亦检验了焊接接头的质量。

钢筋经过冷拉后，长度一般增加 4％～6％，屈服强度可提高 20％～25％，可节约钢材 10％～20％。但冷拉后的钢筋塑性降低，材质变脆。冷拉钢筋一般不做受压钢筋；在承受冲击荷载的动力设备基础及负温条件下不应采用冷拉钢筋；根据 DL/T 5169—2002 的规定，在水工结构的非预应力钢筋混凝土中，不宜采用冷拉 HRB335 级及以上的钢筋。

1. 冷拉工艺主要设备

钢筋冷拉设备主要包括卷扬机、千斤顶、测力装置、标尺、夹具、回程设施等，如图 4-32 所示。冷拉设备主要由拉力装置、承力结构、钢筋夹具及测量装置等组成。拉力装置一般由卷扬机、张拉小车及滑轮组等组成。承力结构可采用钢筋混凝土压杆，在拉力较小或临时工程可采用地锚。冷拉长度测量可用标尺，测力计可用电子秤、液压千斤顶（附有油表）或弹簧测力计。

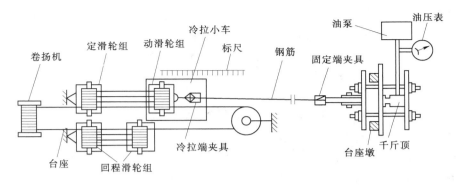

图 4 - 32 钢筋冷拉设备示意图

2. 冷拉控制方法

(1) 单控法。控制钢筋的冷拉率，即将钢筋拉伸到一定长度后，将拉力保持 2～3min，然后再放松夹具，取出钢筋，避免钢筋弹性回缩过大。

(2) 双控法。就是以控制钢筋冷拉应力为主，同时还控制钢筋的冷拉率。

冷拉控制的目的是为使了钢筋经冷拉后仍有一定的塑性和强度储备。

3. 冷拉钢筋的质量要求

冷拉钢筋的质量及验收应符合下列规定：

(1) 应分批验收，每批由不大于 20t 的同级别、同直径冷拉钢筋组成。

(2) 冷拉后钢筋表面不得有裂纹及局部颈缩，作预应力钢筋的应逐根检查。

(3) 冷拉钢筋的力学性能指标应符合规范屈服强度、抗拉强度及伸长率的相关规定。

(4) 冷拉钢筋进行冷弯试验后，不得有裂纹、剥落或断裂现象。

(5) 预应力钢筋应先对焊后冷拉，以免因焊接高温的影响而降低钢筋冷拉获得的强度。同时冷拉也可检验对焊接头的质量。

(6) 钢筋经过冷拉后，表面容易发生锈蚀，因此要注意冷拉后钢筋的防锈工作。

（二）钢筋冷拔

钢筋冷拔是将直径 6～8mm 的 HPB235 级光面盘圆钢筋在常温下通过钨合金钢制成的拔丝模，强力冷拔而成强度高、直径比原来钢筋小的钢丝，如图 4 - 33 所示。如果将钢筋进行多次冷拔，则可加工成直径更小的钢丝。经冷拔后的钢筋称为冷拔低碳钢丝，冷拔低碳钢丝没有明显的屈服阶段，它分甲、乙两级，甲级钢丝适用于做预应力筋，乙级钢丝适用于做焊接网，焊接骨架、箍筋和构造钢筋。

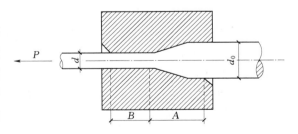

图 4 - 33 拔丝模示意图
A—工作区段；B—定径区段

钢筋经冷拔后强度有大幅度提高（一般可提高 40%～90%），但其塑性明显降低，伸长率变小。

1. 冷拔钢丝的加工方法

钢筋冷拔的工序是：除锈→轧头→拔丝。

(1) 除锈。钢筋表面常有一层氧化铁锈，其硬度很高，易磨损拔丝模孔，因而会使拔丝表面产生沟纹或其他缺陷，甚至造成断丝。另外，铁锈会增大摩阻，消耗更多的能量，造成拉拔困难。因此，盘圆钢筋在冷拔前应进行除锈处理。

（2）轧头。由于拔丝模孔内径小于钢筋直径，为方便钢筋能顺利穿过拔丝模，钢筋前面一段要用轧头机轧细。轧压长度约 200mm，轧压后的直径要比拔丝模孔小 0.5～0.8mm。

（3）拔丝。钢筋冷拔用的拔丝机按构造分立式和卧式两种，每一种又有单卷筒和多卷筒之分。立式单卷筒拔丝机多用于拔细丝，它占地小，机械卸丝，宜用于专业拔丝厂拔丝，如图 4-34 所示。卧式双卷筒拔丝机适用于拔粗丝或长度较大的盘条，其构造简单，人工卸丝方便，适宜在建筑工地上使用，如图 4-35 所示。

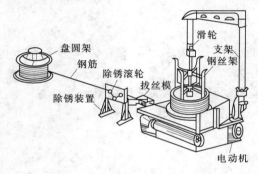

图 4-34　立式单卷筒拔丝机

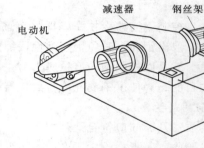

图 4-35　卧式双卷筒拔丝机台

拔丝时先将拔丝模装在润滑材料盒内，安装在拔丝机机架上，将已轧头的钢丝一端穿过拔丝模孔，嵌入链条夹具中，并用楔块夹紧。链条另一头的挂销塞在拔丝机卷筒的缺口里，然后开动机器进行拔丝。冷拔次数过少，每次压缩比大，易产生断丝和安全事故；冷拔次数过多，易使钢丝变脆，且降低冷拔机的生产率。因此，冷拔次数应适宜。根据实践经验，每次拉拔的前后直径比以 1.15 左右为宜。

2. 冷拔钢筋的质量检验

（1）外观检验。外观检验是从每批冷拔丝中抽取 5％的盘数（但不少于 5 盘）作检验，其要求是：钢丝表面光滑，无砂孔、伤痕和裂纹，无油污等。再用卡尺检查钢丝的直径偏差是否满足要求（允许偏差为直径的 2％）。

（2）机械性能试验。外观检验合格后，采用逐盘或分批抽样的方法作抗拉强度及伸长率试验。力学性能指标应符合表 4-9 的规定。

表 4-9　　　　　　　　　　　　　　冷拔低碳钢丝的力学性能

钢筋级别	直径（mm）	抗拉强度（MPa）		伸长率（标距100mm）（％）	反复弯曲180°次数
		Ⅰ组	Ⅱ组		
甲级	5	≥640	≥590	≥3	≥4
	4	≥685	≥640	≥2.5	≥4
乙级	3～5	≥540		≥2	≥4

工作任务三 钢 筋 绑 扎 安 装

钢筋的绑扎安装是将制作好的单根钢筋按设计要求组成钢筋网或钢筋骨架的过程,是钢筋施工的最后一道工序。现场钢筋绑扎有三种情况:一是全部散筋在现场绑扎;二是在钢筋加工厂内将钢筋先焊成网片,运到工地后在现场绑扎钢筋网片的接头;三是在钢筋加工厂内先将钢筋绑扎成骨架运到工地后,在现场绑扎骨架的接头。在运输、起重等条件允许时,钢筋网片和钢筋骨架的安装应尽量采用先预制绑扎、后安装的方法。

一、安装前准备工作

(一)熟悉施工图纸

看施工图时,首先看图纸右下角的标题栏,从中可看到图纸所示的名称、部位、图号、材料、日期、设计单位,以及设计、校核、审批、制图者等基本情况。其次再看建筑物结构的轮廓尺寸,对建筑物的长、宽、高及其所在部位,做到心中有数。再次是分析视图,仔细阅读,弄清结构中钢筋施工与有关的模板、结构安装、管道配置等多方面的联系。尤其要注意安装顺序的可能性和长钢筋接头分段配置是否合乎规范要求和施工方便等。

(二)施工场地的准备

施工场地准备工作包括两个方面:一是安装场地的准备;二是现场钢筋堆放地点的准备。准备钢筋安装场地时,要查看绑扎钢筋区域内有无影响钢筋定位的建筑物或其他附属物,如沥青井、键槽、止水片、预埋件或钢筋穿过模板等。对于混凝土浇筑仓位要弄清扎筋部位中心线、高程、轮廓点的位置。

堆放场地应靠近安装地点,尽量选在比较平坦的地点,使钢筋进仓方便。堆放地点狭窄时,应仔细规划支装顺序和材料堆放顺序,重叠堆放时,先用的钢筋放在上面,后用的放在下面,中间以木料隔开。为了防止锈蚀,堆放场周围应注意排水,钢筋料堆要下垫木料防水、上盖芦席或塑料布防雨。

(三)材料准备和机具准备

首先按加工配料单和料牌清点场内加工好的钢筋成品,看钢号、直径、形状、尺寸及数量是否相符,清查无误后将加工好的钢筋成品运至现场堆放。钢筋绑扎用的铁丝,采用20～22号铁丝(火烧丝)或镀锌铁丝(铅丝),其中22号铁丝只用于绑扎直径12mm以下的钢筋。钢筋绑扎的目的,是为了施工时(包括支模、运输、安装网片或骨架及浇注混凝土时)不使钢筋跑位,而不是靠绑丝来传递钢筋的应力。

绑扎钢筋的主要机具包括扳子、绑扎钩、撬棍和临时加固的支撑(支架)、拉筋、挂钩等。如图4-36所示。

为了控制钢筋保护层厚度,要做预制砂浆垫块。砂浆垫块中埋有V形铁丝,在安装时将铁丝绑在钢筋上,防止垫块滑动、脱落。按照保护层厚度的要求,垫块可做成各种尺寸的长方体。钢筋保护层厚度一般要求:

(1)一般:梁、柱为25mm(箍筋15mm),板、墙为15mm(分布筋为10mm)。

(2)露天或室内高温情况,见表4-10。

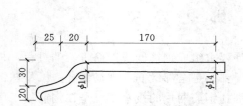

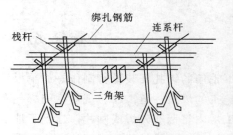

图 4-36　钢筋钩和绑扎架（单位：mm）

表 4-10　　　　　　　露天或室内高温环境钢筋保护层厚度　　　　　　单位：mm

构　件	<C25	C25、C30	>C30
板、墙、壳	35	25	15
梁、柱	45	35	25

（3）基础：有垫层 40mm；无垫层 70mm。地下室外墙迎水面 50mm。

（四）确定安装顺序

钢筋绑扎与安装的主要工作内容包括：放样划线、排筋绑扎、垫撑铁和保护层垫块、检查校正及固定预埋件等。为了保证工作顺利进行，施工前要考虑钢筋绑扎安装顺序。板类构件排筋顺序一般先排受力钢筋，后排分布钢筋；梁类构件一般先排纵筋，再排箍筋，最后固定。绑扎形式复杂的结构部位时，应先研究逐根钢筋穿插就位的顺序，并与模板工联系讨论支模和绑扎钢筋的先后次序，以减少绑扎难度。

（五）放线

放线要从中心点开始向两边量距放点、定出纵向钢筋的位置。水平筋的放线可放在纵向钢筋或模板上。

二、钢筋绑扎安装

（一）钢筋绑扎接头要求

直径在 25mm 以下的钢筋接头，可采用绑扎接头。但对轴心受拉、小偏心受拉构件和承受震动荷载的构件，钢筋接头不得采用绑扎接头。绑扎钢筋的手工工具绑扎钩如图 4-37 所示。

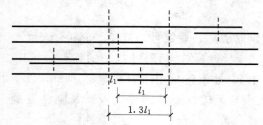

图 4-37　钢筋绑扎搭接接头连接区段
及接头面积百分率

注：图中所示连接区段内有接头的钢筋为两根，各钢筋直径相同时，接头面积百分率为 50%。

1. 接头位置要求

构件中相邻纵向受力钢筋的绑扎搭接接头宜相互错开。绑扎搭接接头中钢筋的横向净距不应小于钢筋直径，且不应小于 25mm。

钢筋绑扎搭接接头连接区段的长度为 $1.3l_1$（l_1 为搭接长度），凡搭接接头中点位于该连接区段长度内的搭接接头均属于同一连接区段。同一连接区段内，纵向钢筋搭接接头面积百分率为该区段内有搭接接头的纵向受力钢筋截面面积与全部纵向受力钢筋截面面积的比值，如图 4-37 所示。

同一连接区段内，纵向受拉钢筋搭接接头面积百分率应符合设计要求；当设计无具体要求时，应符合下列规定：

（1）对梁类、板类及墙类构件，不宜大于 25％。

（2）对柱类构件，不宜大于 50％。

（3）当工程中确有必要增大接头面积百分率时，对梁类构件，不应大于 50％；对其他构件，可根据实际情况放宽。

2. 搭接长度确定

纵向受拉钢筋的搭接长度受钢筋接头面积百分率影响，可根据钢筋的锚固长度经计算而得。当纵向受拉钢筋接头面积百分率不大于 25％ 时，其最小搭接长度应符合表 4－11 的规定。

表 4－11　　　　　　　　　纵向受拉钢筋的最小搭接长度

项次	钢筋类型		混凝土强度等级									
			C15		C20		C25		C30、C35		≥C40	
			受拉	受压	受拉	受压	受拉	受压	受拉	受压	受拉	受压
1	HPB235 级钢筋		50d	35d	40d	25d	30d	20d	25d	20d	25d	20d
2	月牙纹	HRB335 级钢筋	60d	45d	50d	35d	40d	30d	40d	25d	30d	20d
		HRB400 级钢筋	—	—	55d	40d	50d	35d	40d	30d	35d	25d
3	冷轧带肋钢筋				50d	35d	40d	30d	35d	25d	30d	20d

注　1. 月牙纹钢筋直径 $d＞25$mm 时，最小搭接长度应按表中数值增加 5d。

　　2. 表中 HPB235 级光圆钢筋的最小锚固长度值不包括端部弯钩长度，当受压钢筋为 HPB235 级钢筋，末端又无弯钩时，其搭接长度不应小于 30d。

　　3. 如在施工中分不清受压区或受拉区，搭接长度按受拉区处理。

3. 钢筋绑扎的基本操作方法

（1）一面顺扣法。它的主要特点是操作简单方便，绑扎效率高，通用性强。可适用于钢筋网、架各个部位的绑扎，并且绑扎点也比较牢靠。其余绑扎法与一面顺扣法相比较，绑扎速度慢、效率低，但绑扎点更牢固，在一定间隔处可以使用。此方法施工中使用最多，如图 4－38 所示。

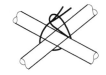

图 4－38　钢筋绑扎一面顺扣法

（2）十字花扣法。主要用于要求比较牢固处，如平面钢筋网和箍筋处的绑扎。

（3）反十字花扣法。用于梁骨架的箍筋和主筋的绑扎。

（4）兜扣法。适用于梁的箍筋转角处与纵向钢筋的连接及平板钢筋网的绑扎。

（5）缠扣法。可防止钢筋下滑，主要用于墙钢筋网和柱箍，一般绑扎墙钢筋网片每隔 1m 左右应加一个缠扣，缠绕方向可根据钢筋可能移动情况来确定。

（6）套扣法。用于梁的架立筋与箍筋的绑扎处，绑扎时往钢筋交叉点插套即可。

（二）钢筋绑扎

1. 钢筋绑扎应符合下列规定

（1）受拉区域内的光圆钢筋绑扎接头的末端，应做弯钩。螺纹钢筋可不做弯钩。

（2）板和墙的钢筋网片，除靠外围两行钢筋的相交点全部绑扎外，中间部分交叉点可间隔交错绑扎，但必须保证受力钢筋不位移。双向受力的钢筋网片，相交点须全部扎牢。

（3）梁、柱钢筋的接头，如采用绑扎接头，则在绑扎接头的搭接长度范围内应加密箍筋。梁和柱的箍筋，除设计有特殊要求外，应与受力钢筋垂直设置；箍筋弯钩叠合处，应沿受力钢筋方向错开布置；当搭接钢筋为受拉钢筋时，箍筋间距不应大于 $5d$（d 为两搭接钢筋中较小的直径）；当搭接钢筋为受压钢筋时，其箍筋间距不应大于 $10d$。

（4）在柱中竖向钢筋搭接时，角部钢筋的弯钩应与模板成 $45°$ 角（多边形柱为模板内角的平分角；圆形柱应与柱模板切线垂直）；中间钢筋的弯钩应与模板成 $90°$ 角；采用插入式振捣器浇注小型截面柱时，弯钩与模板的角度最小不得小于 $15°$。

（5）板、次梁与主梁相交处，板的钢筋在上，次梁的钢筋居中，主梁的钢筋在下。

（6）钢筋接头应分散布置。接头的截面面积占受力钢筋总截面面积的百分率应符合相应规范或设计规定。

2. 主要构件绑扎操作

（1）柱内钢筋的绑扎。柱内钢筋绑扎的顺序是，先清理插筋上的水泥浆，调整插筋的位置，在插筋上画好箍筋线并将所有箍筋套上，套箍筋时，为保证弯钩叠合处沿纵向钢筋方向错开的要求，应一个一个套；接着立主筋，先立四角后立中间，插筋连接，接长纵向钢筋，最后，将钢筋骨架绑扎成型，箍筋转角与主筋的接点应全部绑扎，最后，箍筋与模板间应安装垫块，以保证保护层的厚度。

（2）墙体钢筋的绑扎。墙体内钢筋绑扎的要领如下：

1）在底板上放线，以确定钢筋在墙体内的位置。

2）矫正底板插筋。

3）在插筋上画好定位横筋线。

4）绑扎下部定位横筋。

5）绑扎立筋，其搭接长度符合要求。

6）绑扎上部定位横筋。

7）绑扎水平筋，搭接的位置、长度要符合要求。

8）绑扎墙体拉筋或"S"钩、定位梯筋，以保证双层网片的间距。

9）安装保护层垫块。

（3）框架梁钢筋的绑扎。框架梁钢筋模内绑扎方法的施工顺序如下：

1）分别架立梁的下部主筋和上部主筋。

2）在主筋上画好箍筋位置线，逐个穿入箍筋，依次放好箍筋。

3）将上部主筋和箍筋绑在一起，箍筋的弯钩在上部筋的两边交错摆放，梁筋的位置要落正，并与柱子立筋绑扎牢固。

4）将架立上部钢筋的架子移走，开始绑扎下部钢筋，先绑下部一排筋，再绑二排筋；每根主筋都要和每个箍筋绑扎牢固。

5）将架立下部钢筋的架子移走，这样，梁的钢筋笼就落在底模上，最后，在底面和两侧安装好保护层垫块。

（4）楼板钢筋的绑扎。楼板钢筋绑扎工艺程序是：划线→摆筋→预埋件、管线的安装→钢筋绑扎→安放垫块等。

用粉笔按照施工图上标明的板筋间距在楼板模板上划线。摆筋先摆下部钢筋后摆上部钢筋，下部钢筋短跨的在下，长跨的在上。上部钢筋的绑扎要每点都绑扎。最后要在下部钢筋网的下面摆放保护层垫块。

构件钢筋绑扎结束后要对构件钢筋的绑扎做全面检查，看看钢筋的数量、规格、间距等是否符合要求，在浇筑混凝土之前，应对构件钢筋及预埋件作隐蔽验收，在浇筑混凝土的过程中，需要钢筋工在现场值班，及时修整移动的钢筋和松动的绑扎点。

三、钢筋绑扎与安装质量控制

水工钢筋混凝土工程中的钢筋安装，其质量应符合以下规定：

（1）钢筋的安装位置、间距、保护层厚度及各部分钢筋的大小尺寸，均应符合设计要求，其偏差不得超过表 4-12 的规定。检查时先进行宏观检查，没发现有明显不合格处，即可进行抽样检查，对梁、板、柱等小型构件，总检测点数不得少于 30 个，其余总检测点数一般不少于 50 个。

表 4-12　　钢筋安装的允许偏差表

项次	项目			允许偏差
1	点焊及电弧焊		帮条对焊接头中心的纵向偏移	$0.5d$
2			接头处钢筋轴线的曲折	$4°$
3		焊缝	长度	$-0.5d$
			高度	$-0.05d$
			宽度	$-0.1d$
			咬边深度	$0.05d$，并不大于 1mm
			表面气孔和夹渣 （1）在 $2d$ 长度上 （2）气孔、夹渣直径	不多于 2 个 不大于 3mm
4	对焊		焊接接头根部未焊透深度 （1）25～40mm 钢筋 （2）40～70mm 钢筋	0.15d 0.10d
5			接头处钢筋中心线的位移	$0.1d$，不大于 2mm
6			焊缝表面（长为 $2d$）和焊缝截面上蜂窝、气孔、金属杂质	不大于 1.5mm，直径 3 个
7	钢筋长度方向的偏差			$±1/2$ 净保护层厚度
8	同一排受力钢筋间距的局部偏差 （1）柱及梁中 （2）板、墙中			$±0.5d$ ±0.1 倍间距
9	同一排中分布钢筋间距的偏差			±0.1 倍间距
10	双排钢筋，其排与排间距的局部偏差			±0.1 倍排距
11	梁与柱中钢箍间距的偏差			0.1 倍箍筋间距
12	保护层厚度的局部偏差			$±1/4$ 净保护层厚度

（2）现场焊接或绑扎的钢筋网，其钢筋交叉的连接应按设计规定进行。如设计未作规定，且直径在 25mm 以下，则除楼板和墙内靠近外围两行钢筋之交点应逐根扎牢外，其余按 50%的交叉点进行间隔绑扎。

（3）钢筋安装中交叉点的绑扎，对于 HPB235 级、HRB335 级钢筋，直径在 16mm 以上且不损伤钢筋截面时，可用手工电弧焊进行点焊来代替，但必须采用细焊条、小电流进行焊接，并严加外观检查，钢筋不应有明显的咬边和裂纹出现。

（4）板内双向受力钢筋网，应将钢筋全部交叉点全部扎牢。柱与梁的钢筋中，主筋与箍筋的交叉点在拐角处应全部扎牢，其中间部分可每隔一个交叉点扎一点。

（5）安装后的钢筋应有足够的刚度和稳定性。整装的钢筋网和钢筋骨架，在运输和安装过程中应采取措施，以免变形、开焊及松脱。安装后的钢筋应避免错动和变形。

（6）在混凝土浇筑施工中，严禁为方便浇筑擅自移动或割除钢筋。

小常识　钢筋施工安全技术措施

钢筋绑扎安装，尤其是在高空进行钢筋绑扎作业时，应特别注意安全，除遵守高空作业的安全规程外，还要注意以下几点：

（1）应配戴好安全护具，注意力集中，站稳后再操作，上下、左右应随时关照，减少相互之间的干扰。

（2）在高空作业，传递钢筋时应防止钢筋掉下伤人。

（3）在绑扎安装梁、柱等部位钢筋时，应待绑扎或焊接牢固后，方可上人操作。

（4）在高空绑扎和安装钢筋时，不要把钢筋集中堆放在模板或脚手架的某一部位，以保安全，特别是在悬臂结构上，更应随时检查支撑是否稳固可靠，安全设施是否牢靠，并要防止工具、短钢筋坠落伤人。

（5）不要在脚手架上随便放置工具、箍筋或短钢筋，避免放置不稳坠落伤人。

（6）应尽量避免在高空修整、弯曲粗钢筋，在必须操作时，要系好安全带，选好位置，人要站稳，防止脱手伤人。

（7）安装钢筋时不要碰撞电线，避免发生触电事故。

（8）在雷雨时，必须停止露天作业，预防雷击钢筋伤人。

学习情境五　混凝土工程施工

【引例】

某混凝土重力坝工程包括左岸非溢流坝段、溢流坝段、右岸非溢流坝段、右岸坝肩混凝土刺墙段。最大坝高 43m，坝顶全长 322m，共 17 个坝段。该工程采用明渠导流施工。坝址以上流域面积 610.5km²，属于亚热带暖湿气候区，雨量充沛，湿润温和。平均气温比较高，需要采取温控措施。施工需考虑的主要问题内容包括：

（1）大坝混凝土施工方案的选择。

（2）坝体的分缝分块。根据混凝土坝型、地质情况、结构布置、施工方法、浇筑能力、温控水平等因素进行综合考虑。

（3）坝体混凝土浇筑强度的确定。应满足该坝体在施工期的历年度汛高程与工程面貌。在安排坝体混凝土浇筑工程进度时，应估算施工有效工作日，分析气象因素造成的停工或影响天数，扣除法定节假日，然后再根据阶段混凝土浇筑方量拟定混凝土的月浇筑强度和日平均浇筑强度。

（4）混凝土拌和系统的位置与容量选择。

（5）混凝土运输方式与运输机械选择。

（6）运输线路与起重机轨道布置。门、塔机栈桥高程必须在导流规划确定的洪水位以上，宜稍高于坝体重心，并与供料线布置高程相协调，栈桥一般平行于坝轴线布置，栈桥桥墩应部分埋入坝内。

（7）混凝土温控要求及主要温控措施。

（8）混凝土养护要求。

【知识目标】

掌握混凝土骨料制备、混凝土制备的主要工序及常用施工机械；掌握混凝土运输的要求、运输机械的种类、使用特点及其适用条件；掌握混凝土浇筑的施工工序及技术要求，了解常用养护措施；掌握混凝土低温季节、高温季节施工措施，了解混凝土雨季施工措施；了解混凝土常见缺陷的种类、成因及修补方法。

【能力目标】

骨料的制备及混凝土的制备，混凝土的运输，混凝土的浇筑，泵送混凝土以及预应力混凝土的施工工艺。

目前，我国已建成的大中型水坝中，混凝土坝占一半以上。混凝土坝在我国占有主导地位，混凝土工程施工是我国水利水电工程建设中的一个最重要的组成部分。

工作任务一　混凝土制备与运输

一、骨料制备

水工混凝土工程施工单位从经济方面考虑，大多自行制备砂石骨料，对骨料需要量及质量的要求都比较高。而对于中小型水利工程，当条件允许时，也可就近购买砂石骨料。根据骨料的来源不同，可将骨料分为天然骨料、人工骨料、组合骨料三种；按粒径不同，可将骨料分为细骨料、粗骨料。对于细骨料应使用质地坚硬、清洁、级配良好、含水率稳定的中砂；对于粗骨料应满足质地坚硬、清洁、级配良好，最大粒径不应超过钢筋净间距的 2/3、构件断面最小边长的 1/4、素混凝土板厚的 1/2，少筋或无筋混凝土结构应选用较大的粗骨料粒径等要求。总之，使用骨料应根据优质、经济、就地取材的原则进行选择。

（一）骨料现场加工

从料场开采的砂石料不能直接用于制备混凝土，需要通过破碎、筛分、冲洗等加工过程，制成符合级配要求，质量合格的各级粗、细骨料。

1. 破碎

为了将开采的石料破碎到规定的粒径，往往需要经过几次破碎才能完成。因此，通常将骨料破碎过程分为粗碎（将原石料破碎到 70～300mm）、中碎（将原石料破碎到 20～70mm）和细碎（将原石料破碎到 20mm 以下）三种。骨料破碎用碎石机进行，常用的有颚式破碎机、旋回破碎机、反击式破碎机、圆锥式破碎机，此外还有辊式破碎机和锤式破碎机、棒磨制砂机、旋盘破碎机、立轴冲击式破碎机等制砂设备。

2. 筛分

筛分是将天然或人工的混合砂石料，按粒径大小进行分级。筛分作业分人工筛分和机械筛分两种。

（1）人工筛分。一般采用倾斜设置的平筛，也可采用重叠放置的几层筛网，利用摇杆机构使筛网摆动。图 5-1 所示为一种人工筛分装置。筛孔尺寸不同的三层筛网用悬杆和悬链挂在筛架上，筛网的倾角可用悬链调整。混合骨料由架顶带有筛条的装料斗倒入，超径石即

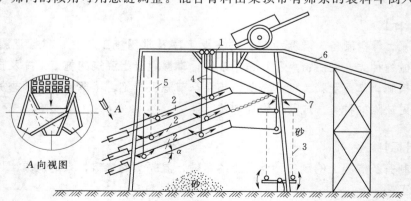

图 5-1　人工筛分装置

1—带筛条的装料斗；2—筛网；3—脚踏摇杆机构；4—悬杆；
5—调节筛网的悬链；6—车道；7—超径石；α—筛网倾角

剔出，其余骨料跌落在筛网上。用脚踏摇杆机构，可使筛网往返摆动，将骨料筛分。

（2）机械筛分。偏心轴振动筛如图 5-2 所示，筛架装在偏心主轴上，当偏心轴旋转时，偏心轴带动筛架作环形运动而产生振动，对筛网上的石料进行筛分。偏心轴振动筛又称为偏心筛。偏心筛的特点是刚性振动，振幅固定（3～6mm），不因来料多少而变化，也不易因来料过多而堵塞筛孔。但当平衡块不能完全平衡偏心轴的惯性力时，可能引起固定机架的强烈振动。偏心筛适于筛分粗、中颗粒，常担任第一道筛分任务。

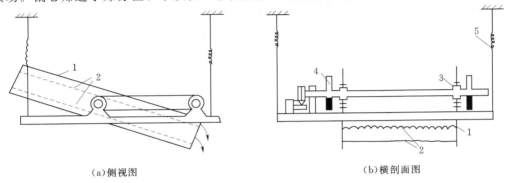

（a）侧视图　　　　　　　　　　（b）横剖面图

图 5-2　偏心轴振动筛
1—筛架；2—筛网；3—偏心部位；4—消振平衡重；5—消振弹簧

惯性轴振动筛如图 5-3 所示，是利用旋转主轴上的偏心重产生惯性离心力而引起筛网振动的。惯性筛属弹性振动，其振幅随来料的多少而变化。进料过多容易堵塞筛孔，使用中应喂料均匀。惯性筛适于筛分中、细颗粒。惯性筛的皮带轮中心和偏心轴轴承中心一致，皮带轮随偏心轴一起振动，皮带时紧时松，容易打滑和损坏。

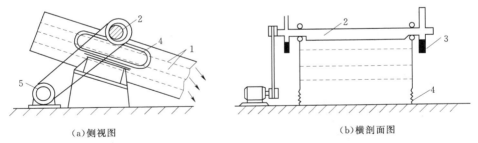

（a）侧视图　　　　　　　　　　（b）横剖面图

图 5-3　惯性轴振动筛
1—筛网；2—单轴起振器；3—配重盘；4—消振板簧；5—马达

超、逊径含量是筛分作业质量的控制标准。超径是指骨料筛分中，筛下某一级骨料中夹带的大于该级骨料规定粒径范围上限的粒径。逊径是指骨料筛分中，筛下某一级骨料中夹带的小于该级骨料规定粒径范围下限的粒径。产生超径的原因有筛网孔径偏大，筛网磨损、破裂。产生逊径的原因有喂料过多，筛孔堵塞，筛网孔径偏小，筛网倾角过大等。一般规定，以原孔筛检验时，超径小于 5%，逊径小于 10%；以超、逊径筛检验时，超径为零，逊径小于 2%。

3．冲洗

冲洗是为了清除骨料中的泥质杂质。机械筛分的同时，常在筛网上安装几排带喷水孔的压力水管，不断对骨料进行冲洗，冲洗水压应大于 0.2MPa。若经筛分冲洗仍达不到质量要求，应增设专用韵洗石设备。骨料加工厂常用的洗石设备有槽式洗石机和圆筒洗石机。

常用的洗砂设备有螺旋洗砂机和沉砂箱。其中，螺旋洗砂机兼有洗砂、分级、脱水的作用，其构造简单，工作可靠，应用较广。

螺旋洗砂机在半圆形的洗砂槽内装一个或一对相对旋转的螺旋。洗砂槽以 $18°\sim20°$ 的倾斜角安放，低端进砂，高端进水。由于螺旋叶片的旋转，被洗的砂受到搅拌，并移向高端出料口，卸到皮带机上。污水则从低端的溢水口排出。如图 5-4 所示。

沉砂箱的工作原理是：由于不同粒径的砂粒在水中的沉降速度不同，控制沉砂箱中水的上溢速度，使 0.15mm 以下的废砂和泥土等随水悬浮溢出，而 0.15mm 以上的合格的砂在箱中沉降下来。如图 5-5 所示。

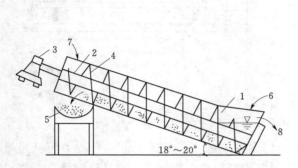

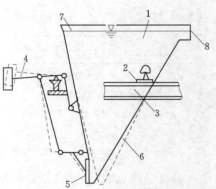

图 5-4　螺旋洗砂机

1—洗砂槽；2—螺旋轴；3—电动机；4—叶片；
5—皮带机；6—进料；7—清水；8—混水

图 5-5　沉砂箱

1—料箱；2—刀形支撑；3—支架；4—平衡杆；
5—出料门；6—出料位置；7—进料；8—溢水

（二）骨料加工筛分楼

大中型工程常设置筛分楼，某筛分楼布置示意图如图 5-6 所示。

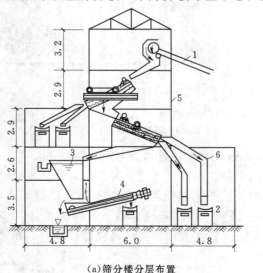

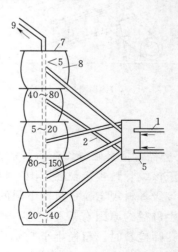

（a）筛分楼分层布置　　　　　　　　　　（b）进出料平面布置

图 5-6　筛分楼布置示意图（单位：m；粒径尺寸单位：mm）

1—进料皮带机；2—出料皮带机；3—沉砂箱；4—洗砂机；5—筛分楼；
6—溜槽；7—隔墙；8—成品料堆；9—成品运出

进入筛分楼的砂石混合料，应先经过预筛分，剔出粒径大于150mm的超径石。经过预筛分的砂石混合料，由皮带机运送上筛分楼，经过两台筛分机筛分和冲洗，筛分出5种粒径不同的骨料：特大石（80～150mm）、大石（40～80mm）、中石（20～40mm）、小石（5～20mm）、砂子（小于5mm）。其中，特大石在最上一层筛网上不能过筛，所以先被筛分。砂料经沉砂箱和洗砂机清洗得到洁净的砂。经过筛分的各级骨料，分别由皮带机运送到净料堆储存，以供混凝土制备的需要。

成品骨料在堆存和运输时应注意以下要求：

（1）堆存场地应有良好的排水设施，必要时应设遮阳防雨棚。

（2）各级骨料仓应设置隔墙等有效措施，严禁混料，并应避免泥土和其他杂物混入骨料中。

（3）应尽量减少转运次数。卸料时，若粒径大于40mm骨料的自由落差大于3m，应设置缓降设施。

（4）储料仓除有足够的容积外，还应维持不小于6m的堆料厚度。细骨料仓的数量和容积应满足细骨料脱水的要求。

（5）在粗骨料成品堆场取料时，同一级料在料堆不同部位同时取料。

二、混凝土制备

混凝土制备是按照混凝土配合比设计要求，将其各组成材料搅拌成均匀的混凝土料，以满足浇筑的需要。混凝土的制备主要包括配料和搅拌两个生产环节。混凝土的制备除满足混凝土浇筑强度要求外，还应确保混凝土标号无误、配料准确、搅拌充分、出机温度适当。

（一）配料

配料是按设计要求，称量每次搅拌混凝土的材料用量。配料有体积配料法和重量配料法两种。因体积配料法难以满足配料精度的要求，所以水利工程广泛采用重量配料法，即混凝土组成材料的配料量均以重量计。称量的允许偏差（按重量百分比）为：水泥、掺合料、水、外加剂溶液为±1%，骨料为±2%。

1. 混凝土的施工配合比换算

设计配合比中的加水量根据水灰比计算确定，并以饱和面干燥状态的砂子为标准。在配料时采用的加水量，应扣除砂子表面含水量及外加剂溶液中的水量。所以，施工时应及时测定现场砂、石骨料的含水量，并将混凝土的实验室配合比换算成在实际含水量情况下的施工配合比。对于施工配合比的换算方法，见［例5-1］。

【例5-1】 某工地所用混凝土的实验室配合比（骨料以饱和面干状态为基准）为：水泥280kg，水150kg，砂704kg，碎石1512kg。已知工地砂的表面含水率为4%，碎石的表面含水率为1.5%。试求该混凝土的施工配合比。若施工现场采用的搅拌机型号为JZ250，其出料体积为0.25m³，试求每搅拌一次的搅拌用量。

解：

（1）计算施工配合比。每1m³混凝土中，各材料的用量为：

水泥280kg

砂子704×（1+4%）=732.2（kg）

碎石1512（1+1.5%）=1534.7（kg）

水 $150-704\times4\%-1512\times1.5\%=99.2(kg)$

（2）计算每搅拌一次的搅拌用量。

水泥 $280\times0.25=70(kg)$（取用一袋半水泥，即75kg）

砂子 $732.2\times(75/280)=196.1(kg)$

碎石 $1534.7\times(75/280)=411.1(kg)$

水 $99.2\times(75/280)=26.6(kg)$

2. 给料设备

给料是将混凝土各组分从料仓按要求供到称料料斗。给料设备的工作机构常与称量设备相连，当需要给料时，控制电路开通，进行给料。当计量达到要求时，即断电停止给料。常用的给料设备见表5-1。

表 5-1　　　　　　　　　　　　常 用 给 料 设 备

序号	名　称	特　点	适宜材料
1	皮带给料机	运行稳定、无噪声、磨损小、使用寿命长、精度较高	砂
2	给料闸门	结构简单、操作方便、误差较大，可手控、气控、电磁控制	砂、石
3	电磁振动给料机	给料均匀，可调整给料量，误差较大、噪声较大	砂、石
4	叶轮给料机	运行稳定、无噪声、称料准确，可调给料量，满足粗、精称量要求	水泥、混合材料
5	螺旋给料机	运行稳定、给料距离灵活、工艺布置方便，但精度不高	水泥、混合材料

当混凝土拌制量不大，可采用简易称量方式，如图5-1所示。地磅称量是将地磅安装在地槽内，用手推车装运材料推到地磅上进行称量。这种方法最简便，但称量速度较慢。台秤称量需配置称料斗、储料斗等辅助设备。称料斗安装在台秤上，骨料能由储料斗迅速落入，故称量时间较快，但储料斗承受骨料的重量大，结构较复杂。储料斗的进料可采用皮带机、卷扬机等提升设备，如图5-7所示。

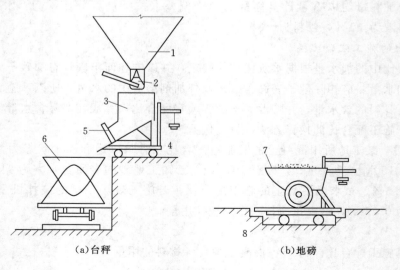

（a）台秤　　　　　　　　　　（b）地磅

图5-7　简易称量设备

1—储料斗；2—弧形门；3—称料斗；4—台秤；5—卸料门；6—斗车；7—手推车；8—地槽

3. 称量设备

混凝土配料称量的设备，有台秤、地磅、专门的配料器。

（1）台秤和地磅。当混凝土制备量不大时，多采用台秤或地磅进行称量。其中，地磅称量法最简便，但称量速度较慢。台秤称量，需配置称料斗、储料斗等辅助设备。称料斗安装在台秤上，骨料能由储料斗迅速落入，故称量时间较快，但储料斗承受骨料的重量大，结构较复杂。储料斗的进料可采用皮带机、卷扬机等提升设备。如图 5-7 所示。

（2）配料器。配料器是用于称量混凝土原材料的专门设备，其基本原理是悬挂式的重量秤。按所称物料的不同，可分为骨料配料器、水泥配料器和量水器等。按配料称量的操作方式不同，可分为手动、半自动化和自动化配料器。

在自动化配料器中，装料、称量和卸料的全部过程都是自动控制的。配料时仅需定出所需材料的重量和分量，然后启动自动控制系统，配料器便开始自动配料，并将每次配好的材料分批卸到搅拌机中。自动化配料器动作迅速，称量精度高，在混凝土搅拌楼中应用很广泛。如图 5-8 所示。

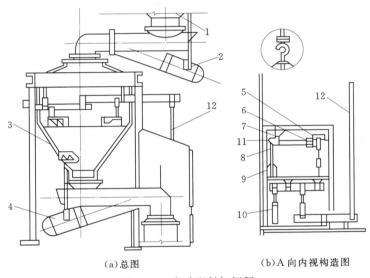

(a)总图　　　　　　(b)A 向内视构造图

图 5-8　自动配料杠杆秤

1—储料斗；2、4—电磁振动给料器；3—称量斗；5—调整游锤；6—游锤；
7—接触棒；8—重锤托盘；9—附加重锤（构造如小圆图）；10—配重；
11—标尺；12—传重拉杆

（二）搅拌

1. 人工拌制

人工拌制一般在一块钢板上进行，先倒入砂子，然后倒入水泥，用铁锹反复干拌至少三遍，直到颜色均匀为止。然后在中间挖一个坑，倒入石子和 2/3 的定量水，翻拌三遍，其余 1/3 的定量水随拌随洒，拌至颜色一致，石子全部被砂浆包裹，石子与砂浆没有分离、泌水与不均匀现象为止。人工拌制劳动强度大，混凝土质量不容易保证，搅拌时不得任意加水。故人工拌制只适宜于施工条件困难、工作量小、强度不高的混凝土。

2. 机械搅拌

混凝土搅拌机的选用直接影响工程造价、进度和质量，采用机械搅拌混凝土可提高搅拌质量和生产率。因此，需根据施工强度要求、施工方式、施工布置及所拌制混凝土的品种、流动性、骨料的最大粒径等因素合理选用。按照搅拌机械的工作原理，可分为强制式和自落式两种。

（1）自落式搅拌机。自落式搅拌机的叶片固定在搅拌筒内壁上，叶片和筒一起旋转，从而将物料带至筒顶，再靠自重跌落而与筒底的物料掺混，如此反复直至搅拌均匀。自落式搅拌机按其外形分为鼓形和双锥形两种，如图5-9所示。双锥形搅拌机又有反转出料和倾翻出料两种型式。鼓形搅拌机构造简单，装拆方便，使用灵活，但容量较小，生产率不高，多用于中小型工程或大型工程施工初期。双锥形搅拌机容量较大，搅拌效果好，生产率高，多用于大中型工程。

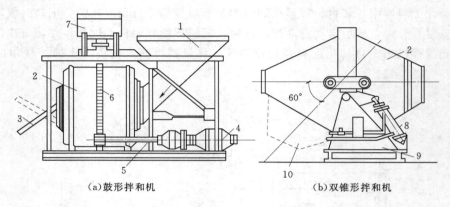

图5-9 自落式混凝土搅拌机

1—装料斗；2—拌和筒；3—卸料槽；4—电动机；5—传动轴；6—齿圈；
7—量水器；8—气顶；9—机座；10—卸料位置

（2）强制式搅拌机。强制式搅拌机搅拌时，一般筒身固定，叶片旋转，从而带动混凝土材料进行强制搅拌。强制式搅拌机的搅拌作用比自落式强烈，搅拌时间短，搅拌效果好，但能耗大，衬板及叶片易磨损。适用于搅拌干硬性混凝土和轻骨料混凝土。如图5-10所示。

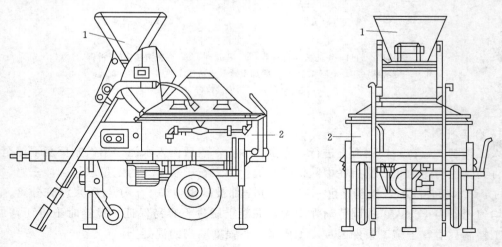

图5-10 强制式混凝土搅拌机

1—进料斗；2—搅拌筒

强制式搅拌机按构造不同可分立轴式和卧轴式。立轴式可分为涡桨式和行星式，卧轴式可分为单卧轴式和双卧轴式。

（3）混凝土搅拌时间。混凝土搅拌时间与混凝土的品种类别、搅拌温度、搅拌机的机型、骨料的品种和粒径及搅拌料的流动性有关。轻骨料混凝土的搅拌时间比普通混凝土要长，低温季节时混凝土的搅拌时间比常温季节要长，流动性小的混凝土比流动性大的混凝土搅拌时间要长。

混凝土的搅拌时间应通过试验确定，混凝土的最少搅拌时间可参考表 5-2 确定。

表 5-2　　　　　　　　　　　混凝土最少搅拌时间

搅拌机容量（m³）	最大骨料粒径（mm）	最少搅拌时间（s）	
		自落式搅拌机	强制式搅拌机
0.8～1	80	90	60
1～3	150	120	75
>3	150	150	90

注　1. 入机搅拌量应在搅拌机额定容量的 110% 以内。
　　2. 加冰混凝土的搅拌时间应延长 30s（强制式 15s），出机的混凝土搅拌物中不应有冰块。

（4）搅拌机的工作容量。

1）进料体积，是将搅拌前各种材料的体积累积起来的容量，又称干料容量。

2）出料体积，搅拌机每一个工作循环拌制出的混凝土实方体积，又称搅拌机的工作容量。

进料容量与搅拌机搅拌筒的几何容量有一定比例关系。进料容量约为出料容量的 1.4～1.8 倍（通常取 1.5 倍），如任意超载（超载 10%），就会使材料在搅拌筒内无充分的空间进行拌和，影响混凝土的和易性。反之，装料过少，又不能充分发挥搅拌机的效能。

3. 投料顺序

投料顺序应从提高搅拌质量，减少叶片、衬板的磨损，减少拌和物与搅拌筒的黏结，减少水泥飞扬，改善工作环境，提高混凝土强度及节约水泥等方面综合考虑确定。常用一次投料法和二次投料法。

（1）一次投料法。是在上料斗中先装石子，再加水泥和砂，然后一次投入搅拌筒中进行搅拌。对于自落式搅拌机要在搅拌筒内先加部分水，投料时砂压住水泥，然后陆续加水，这样水泥不致飞扬，并且水泥和砂先进入搅拌筒形成水泥砂浆，可缩短水泥包裹石子的时间。对于强制式搅拌机，因出料口在下部，不能先加水，应在投放干料的同时，缓慢均匀分散地加水。

（2）二次投料法。是先向搅拌机内投入水和水泥，待其搅拌 1min 后再投入石子和砂继续搅拌到规定时间。这种投料方法，能改善混凝土性能、提高混凝土的强度，并在保证规定的混凝土强度的前提下节约了水泥。目前常用的方法有两种，预拌水泥砂浆法和预拌水泥净浆法。

预拌水泥砂浆法是指先将水泥、砂和水加入搅拌筒内进行充分搅拌，成为均匀的水泥砂浆后，再加入石子搅拌成均匀的混凝土。预拌水泥净浆法是先将水泥和水充分搅拌成均匀的水泥净浆后，再加入砂和石子搅拌成混凝土。

与一次投料法相比，二次投料法可使混凝土强度提高 10％～15％，节约水泥 15％～20％。

　　（3）水泥裹砂法。用这种方法拌制的混凝土称为造壳混凝土（简称 SEC 混凝土），分为两次加水，两次搅拌。先将全部砂、石子和部分水倒入搅拌机拌和，使骨料湿润，称之为造壳搅拌。搅拌时间以 45～75s 为宜，再倒入全部水泥搅拌 20s，加入拌和水和外加剂进行第二次搅拌，60s 左右完成，这种搅拌工艺称为水泥裹砂法。

　　4. 搅拌要求

　　（1）严格执行混凝土施工配合比，及时进行混凝土施工配合比的调整。

　　（2）严格进行各原材料的计量。

　　（3）搅拌前应充分润湿搅拌筒，搅拌第一盘混凝土时应按配合比对粗骨料减量。

　　（4）控制好混凝土搅拌时间。

　　（5）按要求检查混凝土坍落度并反馈信息。严禁随意加减用水量。

　　（6）搅拌好的混凝土要卸净，不得边出料边进料。

　　（7）搅拌完毕或间歇时间较长，应清洗搅拌筒。搅拌筒内不应有积水。

　　（8）保持搅拌机清洁完好，做好其维修保养。

（三）混凝土搅拌站

　　大中型水利工程中，常把骨料堆场、水泥仓库、配料装置、搅拌机及运输设备等比较集中地布置，组成混凝土搅拌站，或采用成套的混凝土工厂（搅拌楼）来制备混凝土。这样既有利于生产管理，又能充分利用设备的生产能力。

　　混凝土搅拌站的布置，应与砂石来料、混凝土的运输和浇筑地点相互协调。混凝土搅拌站应尽量减少运输距离，并尽量减轻、避免对周围环境产生污染。

　　混凝土搅拌站的容量应满足混凝土浇筑强度的需要。混凝土搅拌站按照物料提升次数和制备机械垂直布置的方式，可分为单阶式和双阶式两种，如图 5-11 所示。

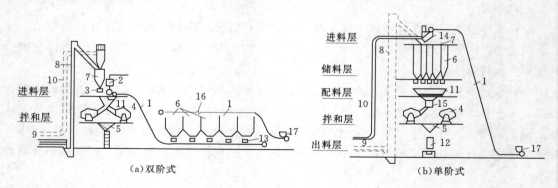

图 5-11　混凝土搅拌站布置方式

1—皮带机；2—水箱及量水器；3—水泥料斗及磅秤；4—搅拌机；5—出料斗；6—骨料仓；
7—水泥仓；8—斗式提升机输送水泥；9—螺旋输送机输送水泥；10—风送水泥管道；
11—集料斗；12—混凝土吊罐；13—配器料；14—回转漏斗；15—回转喂料器；
16—卸料小车；17—进料斗

　　单阶式搅拌站生产效率高，布置紧凑，占地少，自动化程度高。但单阶式结构复杂，投产慢，投资大，因此不宜用于零星的混凝土工程。

双阶式搅拌站建筑高度小，运输设备简单，易于装拆，投产快，投资少，但效率和自动化程度较低，占地面积大，多用于中小型工程。

三、混凝土运输

混凝土运输包括两个运输过程：一是从搅拌机前到浇筑仓前，主要是水平运输；二是从浇筑仓前到仓内，主要是垂直运输。混凝土的水平运输又称为供料运输，常用的运输方式有人工、机动翻斗车、混凝土搅拌运输车、自卸汽车、混凝土泵、皮带机、机车等几种，应根据工程规模、施工场地宽窄和设备供应情况选用。混凝土的垂直运输又称为入仓运输，主要由起重机械来完成，常见的起重机有履带、门式起重机、塔机等几种。

（一）混凝土运输要求

混凝土运输是整个混凝土施工中的一个重要环节，对工程质量和施工进度影响较大。由于混凝土料搅拌后不能久存，而且在运输过程中对外界的影响敏感，运输方法不当或时间过长，会降低混凝土质量甚至报废。如供料不及时或混凝土品种错误，正在浇筑的施工部位将不能顺利进行。因此要采取适当的措施，保证运输混凝土的质量。

混凝土在运输过程中应满足下列基本要求：

（1）运输设备应不吸水、不漏浆，运输过程中不发生混凝土拌和物分离、严重泌水及过多降低坍落度。

（2）同时运输两种以上强度等级的混凝土时，应在运输设备上设置标志，以免混淆。

（3）尽量缩短运输时间、减少转运次数。运输时间不得超过表5-3的规定。因故停歇过久，混凝土产生初凝时，应作废料处理。在任何情况下，严禁中途加水后运入仓内。

表5-3 　　　　　　　　　　　　　混凝土运输允许时间

气温（℃）	混凝土允许运输时间（min）
20～30	45
10～20	60
5～10	90

注　本表数值未考虑外加剂、混合料及其他特殊施工措施的影响。

（4）运输道路基本平坦，避免拌和物振动、离析、分层。

（5）混凝土运输工具及浇筑地点，必要时应有遮盖或保温设施，以避免因日晒、雨淋、受冻而影响混凝土的质量。

（6）混凝土拌和物自由下落高度以不大于2m为宜，超过此界限时应采用缓降措施。

（二）混凝土水平运输

1. 人工运输

人工运输混凝土常用手推车、架子车和斗车等。用手推车和架子车时，要求运输道路平整，随时清扫干净，防止混凝土在运输过程中受到强烈振动。道路的纵坡，一般要求水平，局部不宜大于15%，一次爬高不宜超过2～3m，运输距离不宜超过200m。

2. 机动翻斗车

机动翻斗车是混凝土工程中使用较多的水平运输机械。它轻便灵活、转弯半径小、速度快且能自动卸料。车前装有容量为476L的翻斗，载重量约1t，最高时速20km/h。适用于

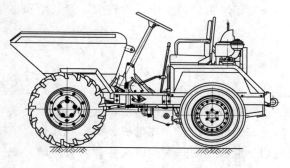

图 5-12　机动翻斗车

短途运输混凝土或砂石料。如图 5-12所示。

3. 混凝土搅拌运输车

混凝土搅拌运输车（图 5-13）是运送混凝土的专用设备。它的特点是在运量大、运距远的情况下，能保证混凝土的质量均匀，一般用于混凝土制备点（商品混凝土站）与浇筑点距离较远时使用。它的运送方式有两种：一是在 10km 范围内作短距

离运送时，只做运输工具使用，即将拌制好的混凝土直接送至浇筑点，在运输途中为防止混凝土分离，让搅拌筒只做低速搅动，使混凝土拌和物不致分离、凝结；二是在运距较长时，也可将混凝土干料装入筒内，在运输途中加水搅拌。水利工程施工中，常将混凝土搅拌车与混凝土搅拌楼、混凝土泵或混凝土泵车等配合使用，多用于隧洞、厂房衬砌及大坝厂房坝段的通风井等部位的混凝土浇筑。

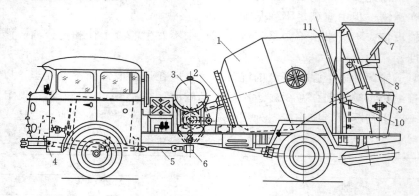

图 5-13　混凝土搅拌运输车

1—搅拌筒；2—轴承座；3—水箱；4—分动箱；5—传动轴；6—下部伞齿轮箱；7—进料斗；8—卸料槽；9—引料槽；10—托轮；11—滚道

4. 铁路运输

采用铁路平台列车配立罐运输混凝土，轨距常用 1000mm 窄轨及 1435mm 标准轨两种，平板车 3～5 节，每节放一个立罐，常用立罐容积有 3m³、6m³、9m³ 三种，其中一节空位，便于空罐回放。铁路运输运行速度快，运输强度高，但对运输线路要求高，运输线路建设周期长，适用于混凝土工程量较大的工程。

5. 皮带机运输

皮带机是一种混凝土连续运输机械，其地形适应性好，构造简单，操作方便，成本低，生产率高，尤其适于运输干硬性混凝土。目前，皮带机现已发展成为一种新型的混凝土输送、入仓和布料机械，具有重量轻、装拆方便、移位容易等优点，特别适用于混凝土的长距离、高强度、大规模连续输送及入仓。针对于不同的施工布置，常用的有深槽高速混凝土皮带输送机、仓面布料机、胎带机、塔带机等。但运输流态混凝土时易产生分层离析，砂浆损失严重，混凝土料的温度和含水量易发生变化。为了保证混凝土的质量，一般可采取下列措

施：皮带机布料应均匀，布料堆料高度应小于 1m；张紧胶带或加密托辊；卸料口设置刮浆板、挡板及溜筒；应避免砂浆损失，必要时适当增加配合比的砂率；为保证混凝土质量，当输送混凝土的最大骨料粒径大于 80mm 时，应进行适应性试验；皮带机应加设遮盖，采用保暖、防雨、防晒设施。

（三）混凝土垂直运输

混凝土的垂直运输又称为入仓运输，主要由起重机械来完成。

1. 履带式（轮胎式）起重机

履带式起重机起重量为 10～50t，工作半径为 10～30m。轮胎式起重机型号品种齐全，起重量为 8～300t，工作半径一般为 10～15m。履带式起重机和轮胎式起重机提升高度不大，控制范围小，但转移灵活，适应狭窄地形，在开工初期能及早使用，适用于浇筑高程较低的部位和零星分散小型建筑物的混凝土运输。

2. 门式起重机

门式起重机是一种大型移动式起重设备，运行灵活、起重量大、控制范围大，在大中型水利工程中应用广泛。它的下部为钢结构门架，门架下有足够的净空（7～10m），能并列通行 2 列运输混凝土的平台列车。门架底部装有车轮，可沿轨道移动。门架上面是机身，包括起重臂、回转工作台、钢索滑轮组（或臂架连杆）、支架及平衡重等。整个机身通过转盘的齿轮作用，可水平回转 360°。水利工程施工常用的门机有：10t 丰满门机（图 5-14）、10/20t 四连杆臂架门机、10/30t 高架门机（图 5-15）和 20/60t 高架门机，其中高架门机起重高度可达 70m，常配合栈桥用于浇筑高坝和大型厂房。

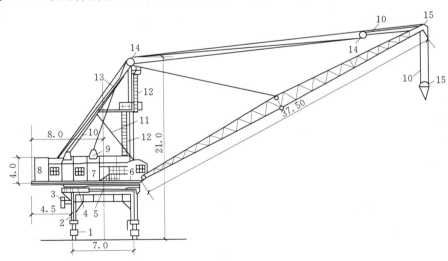

图 5-14　丰满门机（单位：m）

1—车轮；2—门架；3—电缆卷筒；4—回转机构；5—转盘；6—操纵室；7—机器间；
8—平衡重；9、14、15—滑轮；10—起重索；11—支架；12—梯；13—臂架升降索

3. 塔式起重机

塔式起重机是在门架上装置高达数十米的钢塔，用于增加起重高度。起重臂一般水平布设，起重小车（带有吊钩）可沿起重臂水平移动，用以改变起重幅度，如图 5-16 所示。塔机可靠近建筑物布置，沿着轨道移动，利用起重小车变幅，其控制范围是一个长方形的空

间。但塔机的起重臂较长，相邻塔机运行时的安全距离要求大，相邻中心距不小于 34～85m。塔式起重机适用于浇筑高坝，并可将多台塔机安装在不同的高程上。

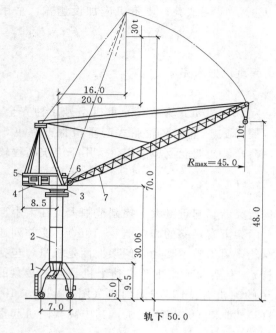

图 5-15　10/30t 高架门机（单位：m）
1—门架；2—圆筒形高架塔身；3—回转盘；4—机房；
5—平衡重；6—操纵台；7—起重臂

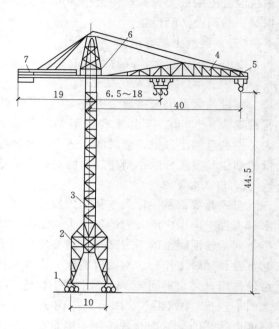

图 5-16　10/25t 塔式起重机（单位：m）
1—车轮；2—门架；3—塔身；4—起重臂；
5—起重小车；6—回转塔架；7—平衡重

4. 缆式起重机

缆式起重机主要由缆索系统、起重小车、主塔架、副塔架等组成，如图 5-17 所示。主塔内设有机房和操纵室。缆索系统是缆机的主要组成部分，包括承重索、起重索、牵引索等。缆机的类型，一般按主、副塔架的移动情况划分，有固定式、平移式、辐射式和摆塔式四种。缆机适用于狭窄河床的混凝土坝浇筑。它不仅具有控制范围大、起重量大、生产率高的特点，而且能提前安装和使用，使用期长，不受河流水文条件和坝体升高的影响，对加快

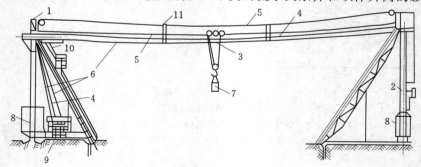

图 5-17　缆式起重机结构图
1—主塔；2—副塔；3—起重小车；4—承重索；5—牵引索；6—起重索；7—重物；
8—平衡重；9—机房；10—操纵室；11—索夹

主体工程施工具有明显的作用。

混凝土的垂直运输，除上述几种大型机械设备外，还有升高塔（金属井架）、桅杆式起重机及起重量较小的塔机等。小型垂直运输机械在大中型水利工程施工中，通常仅作为辅助运输手段。

（四）混凝土综合运输

1. 泵送混凝土运输

混凝土泵是一种连续运输机械，可同时完成混凝土的水平运输和垂直运输任务。混凝土泵有多种形式，常用的是活塞式混凝土泵。活塞式混凝土泵按照驱动方式的不同，可分为机械驱动和液压驱动两种，按缸体数目分为单缸、双缸两种，常用双缸液压式活塞泵。按移动方式，常用活塞泵有拖移式混凝土泵机（图 5-18）和自行式混凝土泵车图（图 5-19）两种。

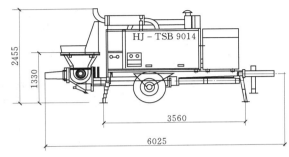

图 5-18　拖移式混凝土泵机图

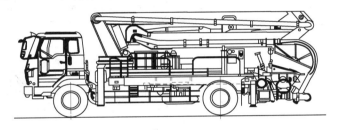

图 5-19　自行式混凝土汽车泵

混凝土泵适用于断面小、配筋密的混凝土结构以及施工场地狭窄、浇筑仓面小、其他设备不易达到的部位的混凝土浇筑。水利工程施工中，常用于隧洞或地下厂房混凝土衬砌施工。

使用混凝土泵运输混凝土时对泵送混凝土的原材料及配合比的要求有：细骨料宜用中砂且应尽可能采用河砂；粗骨料的最大粒径一般不得超过管径的 1/3；泵送混凝土宜掺适量粉煤灰；所用的外加剂应有利于提高混凝土的可泵性，而不至影响混凝土的强度；泵送混凝土的配合比除应满足设计要求的强度、耐久性外，还应具有可泵性；泵送混凝土坍落度以 10～20cm 为宜，砂率宜为 38%～45%，水灰比宜为 0.40～0.60，最小水泥用量宜为 300kg/m³。

泵送混凝土系统主要由混凝土泵、输送管道和布料装置组成。泵送混凝土施工过程中，要注意防止导管堵塞，泵送应连续进行。泵送完毕，应将混凝土泵和输送管清洗干净。泵送混凝土施工因水泥用量较多，故成本相对较高；泵送混凝土坍落度大，混凝土硬化时收缩量大；在输送距离、浇筑面积上，也受到一定限制。混凝土水平移动式布料杆如图 5-20 所示，混凝土泵三折叠式布料杆浇筑示意如图 5-21 所示。

2. 塔带机运输

塔带机由塔式起重机和带式浇筑机系统组成，是可以连续进行混凝土输送的大型专用设备，实现了水平运输与垂直运输的有机结合，如图 5-22 所示。

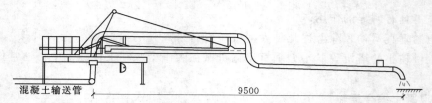

图 5-20　混凝土水平移动式布料杆

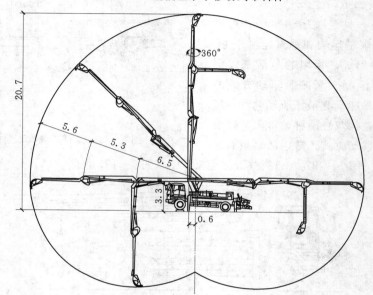

图 5-21　混凝土泵三折叠式布料杆浇筑示意图（单位：m）

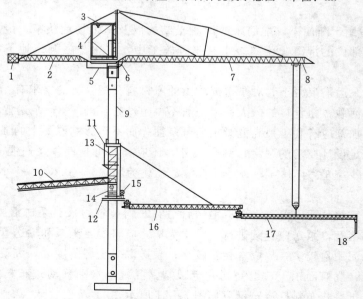

图 5-22　塔带机总体结构示意图

1—配重；2—平衡臂；3—辅助吊钩；4—A形架；5—动力房；6—操作室；7—工作臂；8—牵引小车；
9—塔身；10—给料皮带机；11—爬升平台；12—转料平台；13—平台连接桁架；14—转料皮带机；
15—卷扬机；16—内布料皮带机；17—外布料皮带机；18—象鼻管

塔式起重机一般包括起升机构、回转机构、变幅机构、自顶升机构、行走机构和结构部分。安装时先装成低架状态，再根据需要通过液压自顶升装置顶至不同的高架状态，拆除时，先通过液压自顶升装置将塔机降为低架状态。塔身有钢制圆筒结构和桁架结构两种型式。塔带机兼有塔式起重机工况和带式输送机工况，生产效率高，控制范围大，主要用于混凝土工程量大、浇筑强度高、施工周期长、施工地点集中的大型水利工程。塔带机通常为非定型产品，根据施工需要加工制作。

（五）混凝土辅助运输设备

混凝土的辅助运输设备有吊罐、集料斗、溜槽、溜管等，主要用于混凝土装料、卸料和转运入仓，以保证混凝土质量和运输工作的顺利进行。为了防止骨料分离，混凝土的自由下落高度不宜大于 1.5m，超过时应采取缓降或其他措施。

1. 溜槽与振动溜槽

溜槽为一铁皮槽子，用于高度不大的情况下滑送混凝土，从而将皮带机、自卸汽车、吊罐等运输来的料转运入仓。振动溜槽是在溜槽上附有振动器，每节长 4~6m，拼装总长可达 30m，坡度可放缓至 15°~20°。采用溜槽时，应在溜槽末端加设 1~2 节溜管或挡板防止混凝土料在下滑过程中分离，如图 5-23 所示。利用溜槽转运入仓，是大型机械设备难以控制部位的有效入仓手段。

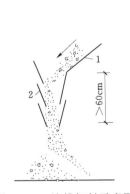

图 5-23　溜槽卸料示意图
1—溜槽；2—1 节或 2 节溜管

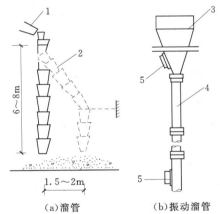

（a）溜管　　　　（b）振动溜管

图 5-24　溜管和振动溜管示意图
1—溜槽；2—溜管；3—漏斗；4—节管；5—振动器

2. 溜管与振动溜管

溜管由多节铁皮管串挂而成。每节长 0.8~1m，上大下小，相邻管节铰挂在一起，可以拖动，溜管卸料多用于断面小、布筋密的浇筑部位，如图 5-24 (a) 所示。溜管卸料半径为 1.5~2.0m，卸料高度不大于 10m。振动溜管与普通溜管相似，但每隔 4~8m 的距离装有一个振动器，以防止混凝土料中途堵塞，其卸料高度可达 10~20m，如图 5-24 (b) 所示。

采用溜管卸料，可以防止混凝土料分离和破碎，可以避免吊罐直接入仓，碰坏钢筋和模板。溜管卸料时，其出口离浇筑面的高差应不大于 1.5m，并利用拉索拖动均匀卸料，但应使溜管出口段（约 2m 长）与浇筑面保持垂直，以避免混凝土料分离。随着混凝土浇筑面的上升，可逐节拆卸溜管下端的管节。

3. 吊罐

吊罐是与起重机配套使用的混凝土运输设备，广泛用于大体积混凝土施工的转运入仓作业。吊罐上部为圆形或方形敞口，便于进料；下部为收缩形锥体，并在底部设置下料开关装置，便于卸料。吊罐分为卧罐（图 5-25）和立罐（图 5-26）。

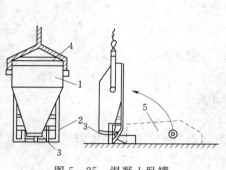

图 5-25 混凝土卧罐

1—装料斗；2—滑架；3—斗门；
4—吊梁；5—平卧状态

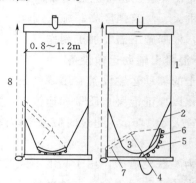

图 5-26 混凝土立罐

1—金属桶；2—料斗；3—出料口；4—橡皮垫；
5—辊轴；6—扇形活门；7—手柄；8—索具

工作任务二 混凝土浇筑与养护

一、混凝土浇筑

（一）浇筑准备

混凝土浇筑准备包括：基础面处理，施工缝处理，模板、钢筋及预埋件检查，混凝土浇筑的准备工作。

1. 基础面处理

对于土基，应先挖除保护层，并清除杂物。然后用碎石垫底，盖上湿砂，再进行压实。处理过程中，应避免破坏和扰动原状土壤。如有扰动，必须处理。

对于砂砾地基，应清除杂物，平整基础面，并浇筑低标号素混凝土垫层。处理过程中，如湿度不够，应至少浸湿 15cm 深，使其湿度与最优强度时的湿度相符。

对于岩基，岩基面上的松动岩块及杂物、泥土均应清除。岩基面应冲洗干净并排净积水，如有承压水，必须采取可靠的处理措施。清洗后的岩基在浇筑混凝土前应保持洁净和湿润。

软基或容易风化的岩基，在混凝土覆盖前，应做好基础保护。可经审批后在处理合格的基础面上先浇一层 15～20cm 厚与结构物相同强度等级的混凝土垫层。

2. 施工缝处理

施工缝是指浇筑块之间的水平和垂直结合缝，即为新老混凝土之间的结合面。为了保证建筑物的整体性，在新混凝土浇筑前，必须将老混凝土表面的水泥膜（又称乳皮）清除干净，形成石子半露而不松动的清洁麻面，以利于新老混凝土的紧密结合。

施工缝毛面处理宜采用 25～50MPa 高压水冲毛机，也可采用低压水、风砂枪、刷毛机、人工凿毛、涂刷混凝土界面处理剂等方法。毛面处理的开始时间由试验确定。采取喷洒专用处理剂时，应通过试验再实施。

刷毛和冲毛是指在混凝土凝结后但尚未完全硬化以前，用钢丝刷或高压水对混凝土表面进行冲刷，以形成麻面。高压水冲毛是一种高效、经济而又能保证质量处理技术，其关键是掌握开始冲毛的时间。一般高压水冲毛开始时间以收仓后 24~36h 为最佳，冲毛时间以 0.75~1.25min/m² 为宜。

凿毛是指当混凝土已经硬化时，用石工工具或风镐等机械将混凝土表面凿成麻面。这种方法处理的缝面质量好，处理开始时间易确定，但效率低，劳动强度大，损失混凝土多。

风砂枪冲毛是指将经过筛选的粗砂和水装入密封的砂箱，再通入压缩空气。压缩空气与水、砂混合后，经喷枪喷出，将混凝土表面冲成麻面。采用风砂枪冲毛，质量较好，工效较高，但清理仓面石渣和砂子的工作量较大。

3．模板、钢筋及预埋件检查

开仓浇筑前，应按照设计图纸和施工规范的要求，对模板、钢筋、预埋件的规格、数量、尺寸、位置与牢固稳定程度等进行全面检查验收，验收合格后才能开仓浇筑混凝土。

4．混凝土浇筑的准备工作

混凝土浇筑的准备工作是指对浇筑仓面的机具设备、劳动组合、水电供应、施工质量、技术要求等进行布置安排和检查落实。

（二）铺料

开始浇筑前，要在岩面或老混凝土面上，先铺一层 20~30mm 厚的水泥砂浆（接缝砂浆）以保证新混凝土与基岩或老混凝土结合良好。砂浆的水灰比应较混凝土水灰比减少 0.03~0.05。混凝土的浇筑应按一定厚度、次序、方向分层推进。

铺料厚度应根据混凝土搅拌能力、运输距离、浇筑速度、气温及振捣器的性能等因素确定。一般情况下，浇筑层的允许最大厚度不应超过表 5-4 规定的数值，如采用低流态混凝土及大型强力振捣设备时，其浇筑层厚度应根据试验确定。

表 5-4 浇筑层的允许最大厚度

项次	振捣器类别或结构类型		浇筑层的允许最大铺料厚度
1	插入式	电动硬轴振捣器	振捣器工作长度的 0.8 倍
		软轴振捣器	振捣器工作长度的 1.25 倍
2	表面式	无筋或单层钢筋结构	250mm
		双层钢筋结构	120mm

混凝土入仓时，应尽量使混凝土按先低后高进行，并注意分料，不要过分集中。要求如下：

（1）仓内有低塘或料面，应按先低后高进行卸料，以免泌水集中带走灰浆。

（2）由迎水面至背水面把泌水赶至背水面部分，然后处理集中的泌水。

（3）根据混凝土强度等级分区，先高强度后低强度进行下料，以防止减少高强度区的断面。

（4）要适应结构物特点。如浇筑块内有廊道、钢管或埋件的仓位，卸料必须两侧平齐，廊道、钢管两侧的混凝土高差不得超过铺料的层厚（一般为 30~50cm）。

常用的铺料浇筑方法有以下三种。

1. 平层浇筑法

平层浇筑法是混凝土按水平层连续地逐层铺填，第一层浇完后再浇第二层，依此类推直至达到设计高度，如图 5-27 (a) 所示。

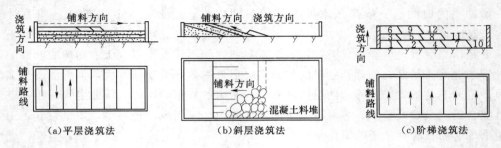

图 5-27　混凝土浇筑法

平层浇筑法因浇筑层之间的接触面积大（等于整个仓面面积），应注意防止出现冷缝（即铺填上层混凝土时，下层混凝土已经初凝）。为了避免产生冷缝，仓面面积 A 和浇筑层厚度 h 必须满足：

$$Ah \leqslant KQ(t_2 - t_1)$$

式中　A——浇筑仓面最大水平面积，m^2；

　　　h——浇筑厚度，取决于振捣器的工作深度，一般为 $0.3 \sim 0.5m$；

　　　K——时间延误系数，可取 $0.8 \sim 0.85$；

　　　Q——混凝土浇筑的实际生产能力，m^3/h；

　　　t_2——混凝土初凝时间，h；

　　　t_1——混凝土运输、浇筑时间，h。

平层铺料法实际应用较多，有以下特点：

(1) 铺料的接头明显，混凝土便于振捣，不易漏振。

(2) 平层铺料法能较好地保持老混凝土面的清洁，保证新老混凝土之间的结合质量。

(3) 适用于不同坍落度的混凝土。

(4) 适用于有廊道、竖井、钢管等结构的混凝土。

2. 斜层浇筑法

当浇筑仓面面积较大，而混凝土拌和、运输能力有限时，采用平层浇筑法容易产生冷缝时，可用斜层浇筑法和台阶浇筑法。

斜层浇筑法是在浇筑仓面，从一端向另一端推进，推进中及时覆盖，以免发生冷缝。斜层坡度不超过 $10°$，否则在平仓振捣时易使砂浆流动导致骨料分离，下层已捣实的混凝土也可能产生错动，如图 5-27 (b) 所示。浇筑块高度一般限制在 $1.5m$ 左右。当浇筑块较薄，且对混凝土采取预冷措施时，斜层浇筑法是较常见的方法，因浇筑过程中混凝土冷量损失较小。

3. 台阶浇筑法

台阶浇筑法是从块体短边一端向另一端铺料，边前进、边加高，逐步向前推进并形成明显的台阶，直至把整个仓位浇到收仓高程。浇筑坝体迎水面仓位时，应顺坝轴线方向铺料，如图 5 - 27（c）所示。

台阶浇筑法施工要求如下：

（1）浇筑块的台阶层数以 3～5 层为宜，层数过多，易使下层混凝土错动，并使浇筑仓内平仓振捣机械上下频繁调动，容易造成漏振。

（2）浇筑过程中，要求台阶层次分明。铺料厚度一般为 0.3～0.5m，台阶宽度应大于1.0m，长度应大于 2～3m，坡度不大于 1∶2。

（3）水平施工缝只能逐步覆盖，必须注意保持老混凝土面的湿润和清洁。接缝砂浆在老混凝土面上边摊铺边浇混凝土。

（4）平仓振捣时注意防止混凝土分离和漏振。

（5）在浇筑中如因机械和停电等故障而中止工作时，要做好停仓准备，即必须在混凝土初凝前，把接头处混凝土振捣密实。

无论采用何种浇筑方法，混凝土浇筑应保持连续性，若层间间歇时间超过混凝土初凝时间，则会出现冷缝。混凝土浇筑允许间歇时间应通过试验确定。掺普通减水剂混凝土的允许间歇时间可参见表 5 - 5 的要求。若因故超过允许间歇时间，但混凝土能重塑者，可继续浇筑；如局部初凝，但未超过允许初凝面积，则在初凝部位铺水泥砂浆或小级配混凝土后可继续浇筑；若超过允许初凝面积，则应停止浇筑，按施工缝处理后再继续浇筑。混凝土能重塑的标准是将混凝土用振捣器振捣 30s，周围 10cm 内能泛浆且不留孔洞。

表 5 - 5　　　　　　　　　　　混凝土的允许间歇时间

混凝土浇筑时气温（℃）	允许间歇时间（min）	
	中热硅酸盐水泥、硅酸盐水泥、普通硅酸盐水泥	低热矿渣硅酸盐水泥、矿渣硅酸盐水泥、火山灰质硅酸盐水泥
20～30	90	120
10～20	135	180
5～10	195	—

（三）平仓

平仓就是把卸入仓内成堆的混凝土摊平到要求的均匀厚度。平仓不符合要求会造成离析，使骨料架空，严重影响混凝土质量。

1. 人工平仓

人工平仓用铁锹，平仓距离不超过 3m。这种方法适用于：

（1）在靠近模板和钢筋较密的地方，用人工平仓，使石子分布均匀。

（2）水平止水、止浆片底部要用人工送料填满，严禁料罐直接下料，以防止水片卷曲或底部混凝土架空。

（3）门槽、机组预埋件等空间狭小的二期混凝土。

（4）各种预埋件、观测设备周围用人工平仓，防止位移和损坏。

2. 振捣器平仓

振捣器平仓时应将振捣器斜插入混凝土料堆下部，使混凝土向操作者位置移动，然后一次一次地插向料堆上部，直至混凝土摊平到规定的厚度为止。如将振捣器垂直插入料堆顶部，平仓工效固然较高，但易造成粗骨料沿锥体四周下滑，砂浆则集中在中间形成砂浆窝，影响混凝土匀质性。经过振动摊平的混凝土表面可能已经泛出砂浆，但内部并未完全捣实，切不可将平仓和振捣合二为一，影响浇筑质量。仓面较大，仓内无拉条时可用平仓振捣机（类似于小型履带式推土机）平仓，如图 5-28 所示。

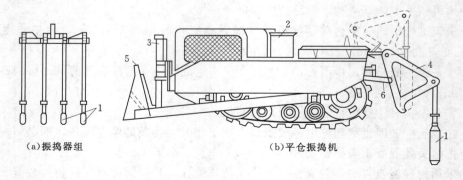

(a)振捣器组　　　　　　　　　(b)平仓振捣机

图 5-28　混凝土平仓振捣机

1—振捣器；2—司机台；3—活塞缸；4—起吊架；5—推土刀片；6—悬吊悬杆

（四）振捣

振捣是振动捣实的简称，是保证混凝土浇筑质量的关键工序。振捣的目的是尽可能减少混凝土中的空隙，以清除混凝土内部的孔洞，并使混凝土与模板、钢筋及埋件紧密结合，从而保证混凝土的最大密实度，提高混凝土质量。

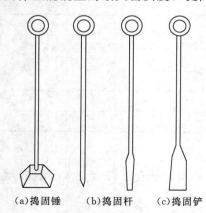

(a)捣固锤　(b)捣固杆　(c)捣固铲

图 5-29　人工振捣工具

1. 人工振捣

当结构钢筋较密，振捣器难于施工，或混凝土内有预埋件、观测设备，周围混凝土振捣力不宜过大时，可采用人工振捣。人工振捣要求混凝土拌和物坍落度大于5cm，铺料层厚度小于 20cm。人工振捣工具有捣固锤、捣固杆和捣固铲，如图 5-29 所示。捣固锤主要用来捣固混凝土的表面；捣固铲用于插边，使砂浆与模板靠紧，防止表面出现麻面；捣固杆用于钢筋稠密的混凝土中，以使钢筋被水泥砂浆包裹，增加混凝土与钢筋之间的握裹力。人工振捣工效低，混凝土质量不易保证。

2. 机械振捣

混凝土振捣主要采用振捣器进行，振捣器产生小振幅、高频率的振动，使混凝土在其振动的作用下，内摩擦力和黏结力大大降低，使干稠的混凝土获得了流动性，在重力的作用下骨料互相滑动而紧密排列，空隙由砂浆所填满，空气被排出，从而使混凝土密实，并填满模板内部空间，且与钢筋紧密结合。

在浇筑过程中，必须使用振捣工具振捣混凝土，尽快将拌和物中的空气振出，振捣的作用就是将混凝土拌和料中的空气赶出来，因为空气含量太多的混凝土会降低强度。

用于振捣密实混凝土拌和物的机械，按其作业方式可分为：内部振动器、表面振动器、外部振动器和振动台。如图 5-30 所示。

（1）内部振动器。俗称振动棒，它是利用机械原理使其发出强烈的振荡，使藏在拌和料内的空气逐渐上升在表面排出，在工程上应用广泛。

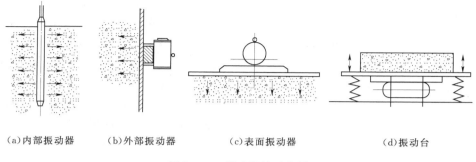

（a）内部振动器　　　（b）外部振动器　　　（c）表面振动器　　　　（d）振动台

图 5 - 30　振动机械示意图

（2）表面振动器。也称平板振动器，适用于表面积大且平整、厚度小的结构或预制构件。施工时，平板先后位置应相互搭接 30～50mm，两个方向互相垂直各振一遍，第一遍主要使混凝土密实，第二遍主要使其表面平整；每一位置的延续时间一般为 25～40s，以混凝土表面均匀出浆为准。

（3）外部振动器。又称附着式振动器，它通过螺栓或夹钳等固定在模板外部，是通过模板将振动传给混凝土拌和物，因而模板应有足够的刚度。它宜用于振捣断面小且钢筋密的构件。

（4）振动台。振动台是混凝土制品厂中的固定生产设备，用于振捣预制构件。

3. 振捣操作

（1）插入式振捣器。振捣在平仓之后立即进行，此时混凝土流动性好，振捣容易且捣实质量好。振捣器的选用，对于素混凝土或钢筋稀疏的部位，宜用大直径的振捣棒；坍落度小的干硬性混凝土，宜选用高频和振幅较大的振捣器。振捣作业路线保持一致，并顺序依次进行，以防漏振。振捣棒尽可能垂直地插入混凝土中。如振捣棒较长或把手位置较高，垂直插入感到操作不便时，也可略带倾斜，但与水平面夹角不宜小于 45°，且每次倾斜方向应保持一致，否则下部混凝土将

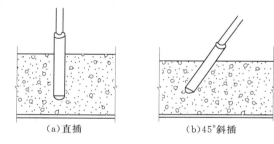

（a）直插　　　　　（b）45°斜插

图 5 - 31　振捣棒的插入方向

会发生漏振。这时作用轴线应平行，如不平行也会当现漏振点，如图 5 - 31 所示。

混凝土拌和料的坍落度决定混凝土振捣的难易，坍落度大的混凝土较易振捣，但坍落度小的混凝土振捣要做到振动棒插入时动作要快，抽出时要慢点，即"快插慢拔"。插入过慢，上部混凝土先捣实，就会阻止下部混凝土中的空气和多余的水分向上逸出；拔得过快，周围混凝土来不及填铺振捣棒留下的孔洞，将在每一层混凝土的上半部留下只有砂浆而无骨料的砂浆柱，影响混凝土的强度。为使上下层混凝土振捣密实均匀，可将振捣棒上下抽动，抽动幅度为 50～100mm。振捣棒的插入深度，在振捣第一层混凝土时，以振捣器头部不碰到基岩或老混凝土面，但相距不超过 50mm 为宜；振捣上层混凝土时，则应插入下层混凝土 50～100mm，使上下两层结合良好，侧部与模板距离及插点间距如图 5 - 32 所示。

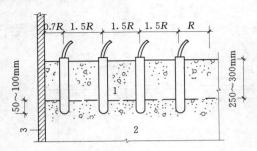

图 5-32　振捣棒插入位置示意图
1—新浇混凝土；2—老混凝土；3—模板

振捣棒在每一孔位的振捣时间，以混凝土不再显著下沉，水分和气泡不再逸出并开始泛浆为准。振捣时间和混凝土坍落度、石子类型及最大粒径、振捣器的性能等因素有关，一般为 20～30s。振捣时间过长，不但降低工效，且使砂浆上浮过多，石子集中下部，混凝土产生离析。振捣器的插入间距如采用行列式间距不大于 1.5R，如采用交错式间距不大于 1.75R（R 为有效作用半径）。如图 5-33 所示。

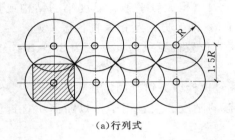

(a)行列式

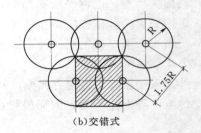

(b)交错式

图 5-33　振捣器振点布置方式

（2）外部振捣器。外部振捣器只适用于柱、墙等结构尺寸小且钢筋较密的构件。其中表面式只适用于薄层混凝土的振捣。使用时注意事项为：

1）振捣器安装时，底板的安装螺孔位置应正确，否则底脚螺栓将扭斜，并使机壳受到不正常的应力，影响使用寿命。底脚螺栓的螺帽必须紧固，防止松动，且要求四只螺栓的紧固程度保持一致。

2）平板式振捣器要保持拉绳干燥和绝缘，移动和转向时，应蹬踏平板两端，不得蹬踏电机。操作时可通过倒顺开关控制电机的旋转方向，使振捣器的电机旋转方向正转或反转从而使振捣器自动地向前或向后移动。沿铺料路线逐行进行振捣，两行之间要搭接 50mm，以防漏振。

3）振捣时间以混凝土拌和物停止下沉、表面平整，往上返浆且已达到均匀状态并充满模壳时为准，此时表明已振实，可转移作业面。时间一般为 30s 左右。在转移作业面时，要注意电缆线勿被模板、钢筋露头等挂住，防止拉断或造成触电事故。振捣混凝土时，一般横向和竖向各振捣一遍即可，第一遍主要是密实，第二遍是使表面平整，其中第二遍是在已振捣密实的混凝土面上快速拖行。

4）附着式振捣器安装时应保证转轴水平或垂直，如图 5-34 所示。在一个模板上安装多台附着式振捣器同时进行作业时，各振捣器频率必须保持一致，相对安装的振捣器的位置应错开。振捣器所装置的构件模板，要坚固牢靠，构件的面积应与振捣器的额定振动板面积相适应。

二、混凝土养护

混凝土浇筑完毕后，在一定的时间内保持适宜的温度和湿度，以利于混凝土强度的增

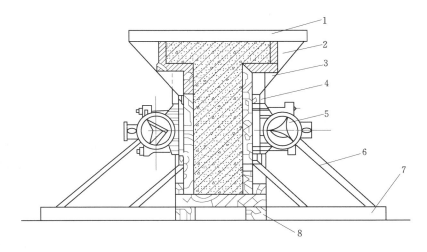

图 5-34　附着式振捣器的安装

1—模板面卡；2—模板；3—角撑；4—夹木枋；5—附着式振动器；
6—斜撑；7—底横枋；8—纵向底枋

长，减少或避免混凝土表面形成干缩裂缝，即为混凝土的养护工作。

（一）养护时间

混凝土浇筑完毕后，应及时洒水养护，保持混凝土表面湿润。塑性混凝土应在浇筑完毕后 6～18h 内开始洒水养护，低塑性混凝土宜在浇筑完毕后立即喷雾养护，并及早开始洒水养护。混凝土应连续养护，养护期内始终使混凝土表面保持湿润。混凝土养护时间，不宜少于 28d，有特殊要求的部位宜适当延长养护时间。

养护时间的长短取决于养护方法、气温、水泥品种及工程的重要程度。

（二）养护方法

1. 自然养护

自然养护是指在平均气温高于 5℃ 的条件下于一定时间内使混凝土保持湿润状态。自然养护又可分为覆盖洒水养护、喷洒塑料薄膜养生液养护和薄膜布养护等。

（1）覆盖洒水养护。是用吸水保温能力较强的材料（如草帘、芦席、麻袋、锯末等）将混凝土覆盖，经常洒水使其保持湿润。养护时间长短取决于水泥品种，硅酸盐水泥、普通硅酸盐水泥和矿渣硅酸盐水泥拌制的混凝土，不少于 7d；火山灰质硅酸盐水泥和粉煤灰硅酸盐水泥拌制的混凝土不少于 14d；有抗渗要求的混凝土不少于 14d。洒水次数以能保持混凝土具有足够的润湿状态为宜。养护初期和气温较高时应增加洒水次数。覆盖浇水养护工艺要点见表 5-6。

表 5-6　　　　　　　　　　　　　覆盖浇水养护工艺的要点

序号	项　　目	要　　点
1	开始养护时间	初凝后可以覆盖，终凝后开始浇水
2	常用的覆盖物	麻袋、草帘、锯末、竹帘、砂、炉渣
3	浇水工具	当天用喷壶洒水，翌日用胶管浇水
4	浇水次数	以保证覆盖物经常湿润为准

续表

序号	项目	要点
5	浇水天数	1. 硅酸盐水泥、普通水泥、矿渣水泥拌制的混凝土，不少于7d； 2. 火山灰质水泥、粉煤灰水泥拌制的混凝土，不少于14d； 3. 矾土水泥拌制的混凝土，不少于3d； 4. 掺用缓凝型外加剂或有抗渗要求的混凝土，不少于14d； 5. 用其他水泥拌制的混凝土，按水泥特性确定
6	竖向构件 （墙、池灌、烟囱等）	用麻袋、草帘、竹帘等做成帘式覆盖物，在顶部用花管喷水养护
7	低温环境	1. 外界气温低于5℃时，不允许浇水； 2. 按冬期施工处理

（2）喷洒塑料薄膜养生液养护。是在混凝土表面喷洒一至两层塑料薄膜，它是将塑料溶液喷洒在混凝土表面上，溶剂挥发后，塑料与混凝土表面结合成一层薄膜，使混凝土表面与空气隔绝，封闭混凝土中的水分不再被蒸发，而完成水化作用。这种养护方法适用于不易洒水养护的高耸构筑物和大面积混凝土结构及缺水地区。混凝土喷膜养护的工艺要点见表5-7。

表5-7 喷膜养护的工艺要点

序号	项目	要点
1	机具	农用机动喷雾器或背包式喷雾器均可
2	养护剂的选用	低温环境下不能用水玻璃类制剂；在强烈阳光下不宜选用透明性高的养护剂；竖向结构不宜选用易流淌的制剂
3	喷涂时间	1. 第一次在混凝土初凝以后，表面无浮水，以手指轻压，无指印时喷涂； 2. 第二次在第一次喷涂成膜后，以手指轻压不黏时（时间因牌号、气温不同而异，约20～60min）再喷第二次
4	喷涂方法	1. 喷嘴离混凝土表面约300～600mm，视养护剂浓度及喷射力而定，以成雾状为佳； 2. 是否加大稀释，应按说明书办理。有些牌号是严禁加水及与其他牌号混合使用； 3. 每次喷涂厚度，以养护剂用量衡量，可参阅各产品说明书； 4. 应喷涂两次，第二次喷射行程应与第一次行程垂直； 5. 低温条件下，应覆盖保温
5	喷膜保护	1. 未到允许时间，不得在面上行走或拖拉工具； 2. 如未成膜前下雨将膜破坏，雨后应在水干后补喷

（3）薄膜布养护。在有条件的情况下，采用不透水、气的薄膜布（如塑料薄膜布）把混凝土表面敞露的部分全部严密地覆盖起来，保证混凝土在不失水的情况下得到充足的养护。这种养护方法的优点是不必浇水，操作方便，能重复使用，能提高混凝土的早期强度，加速模具的周转。但应保持薄膜布内有凝结水。

2. 蒸汽养护

蒸汽养护是将浇捣成型的混凝土，通过蒸汽时期在较高的温度及湿度条件下迅速凝结、硬化的一种养护方法。此法用汽少，加热均匀，即可用于预制构件，又可用于现浇构件。

蒸汽养护分为四个阶段：静停阶段→升温阶段→恒温阶段→降温阶段。

为了避免由于蒸汽温度骤然升降而引起混凝土构件产生裂缝变形，必须严格控制升温和降温的速度。出槽的构件温度与室外温度相差不得大于40℃，当室外为负温度时，不得大于20℃。

3. 太阳能养护

太阳能养护就是用透光材料搭设的养护棚（罩），直接利用太阳能加热棚（罩）内的空气，使棚内混凝土能在足够的温、湿度下进行养护，获得早强。

（三）养护要求

混凝土养护应有专人负责，并应做好养护记录。

混凝土必须养护至其强度达到 1.2N/mm² 以上，才准在上面行人和架设支架、安装模板，且不得冲击混凝土，以免振动和破坏正在硬化过程中的混凝土的内部结构。

混凝土强度的检查（主要指抗压强度的检查）：混凝土的抗压强度应以边长为 150mm 的立方体试件，在温度为（20±3）℃和相对湿度为 90％ 以上的潮湿环境或水中的标准条件下，经 28d 养护后试验确定。

用于检查结构构件混凝土强度的试件，应在浇筑地点随机抽样制成，不得挑选。试件留置应符合下列规定：

（1）每拌制 100 盘且不超过 100m³ 的同配合比的混凝土，其取样不得少于一次。

（2）每工作班拌制的同配合比的混凝土不足 100 盘时，其取样不得少于一次。

（3）每一现浇楼层、同配合比的混凝土，其取样不得少于一次。

（4）当一次连续浇注超过 1000m³ 时，同配合比的混凝土每 200m³ 取样不得少于一次。

（5）每次取样应至少留置一组标准试件，同条件养护试件的留置组数根据实际需要确定。

每组三个试件应在同盘混凝土中取样制作，并按下列规定确定该组试件的混凝土强度代表值：

（1）取三个试件强度的平均值。

（2）当三个试件强度中的最大值或最小值，其中之一与中间值之差超过中间值的 15％ 时，取中间值。

（3）当三个试件强度中的最大值和最小值与中间值之差均超过中间值的 15％ 时，该组试件不应作为强度评定的依据。

注：混凝土结构强度的评定应按《混凝土强度检验评定标准》（GBJ 107）的规定分批检验评定。当对混凝土试块强度的代表性有怀疑时，可以从结构中钻取混凝土试样或采用非破损检验方法作为辅助手段进行检验。常用的非破损检验方法有回弹法、超声法、超声回弹综合法等。

工作任务三　混凝土季节性施工

一、低温季节混凝土施工

（一）低温季节混凝土施工的基本概念

日平均气温连续5d稳定在5℃以下或最低气温连续 5 d 稳定在－3℃以下时，按低温季节施工。

当气温低于0℃时，水泥的水化作用基本停止，气温降至－2～－4℃时，混凝土内的水开始结成冰，其体积增大约9%，在混凝土内部产生冰胀应力，使强度还不高的混凝土内部产生微裂缝和孔隙，同时损害了混凝土和钢筋的黏结力，导致结构强度降低。

　　试验证明，混凝土受冻前养护时间越长，所达到的强度愈高，强度损失就越低。为此混凝土受冻以前应具有一定的强度，使混凝土结构在受冻时不致破坏，后期强度能继续增长。这种受冻前所具有的强度，称允许受冻临界强度，根据DL/T 5144—2001《水工混凝土施工规范》规定，混凝土早期允许受冻临界强度应满足下列要求：大体积混凝土不应低于7.0MPa（或成熟度不低于1800℃·h）；非大体积混凝土和钢筋混凝土不应低于设计强度的85%。

（二）低温季节混凝土施工的措施

　　为了使混凝土温度在降至冰点前达到允许受冻临界强度或者承受荷载所需的强度，常用的措施有：蓄热法、综合蓄热法、外加剂和早强水泥法、外部加热法。对各种低温季节施工方法，可依据当年气温资料或预计10～15d日平均气温来选定。

　　（1）蓄热法。蓄热法就是利用对混凝土组成的材料（水、砂、石）预加的热量和水泥的水化热，再加以适当的覆盖保温，从而保证混凝土能够在正温条件下达到规范要求的临界强度。蓄热法使用的保温材料应该以传热系数小、价格低廉和易于获得的地方材料为宜，如草帘、草袋、锯末、炉渣等。保温材料必须干燥，以免降低保温性能。采用蓄热法施工时，最好使用水化热大的普通硅酸盐水泥或硅酸盐水泥。

　　温和地区宜采用蓄热法，风沙大的地区应采取防风设施。严寒和寒冷地区预计日平均气温－10℃以上时，宜采用蓄热法。

　　（2）综合蓄热法。综合蓄热法是在蓄热保温的基础上，充分利用水泥的水化热和掺加相应的外加剂或者进行短时加热等综合措施，创造加速混凝土硬化的条件，使混凝土温度降低到冰点温度之前尽快达到允许受冻临界强度。

　　综合蓄热法一般分为低蓄热养护和高蓄热养护两种。低蓄热养护过程主要以使用早强水泥或掺防冻外加剂等冷法为主，使混凝土在一定的负温条件下不被冻坏，仍可继续硬化；高蓄热养护过程，则主要以短时加热为主，使混凝土在养护期间达到要求的受荷强度。这两种方法的选择取决于施工和气温条件。在严寒和寒冷地区，预计日平均气温－15～－10℃时可采用综合蓄热法或暖棚法；对风沙大、不宜搭设暖棚的仓面，可采用覆盖保温被下面布设暖气排管的办法；对特别严寒地区（最热月与最冷月平均温度差大于42℃），在进入低温季节施工时要制订周密的施工方案。

　　（3）采用外加剂法。掺外加剂是指在冬季施工的混凝土中加入一定剂量的外加剂，以降低混凝土中的液相冰点，保证水泥在负温条件下能继续水化，从而使混凝土在负温下能达到允许受冻临界强度。掺外加剂法常与蓄热法一起应用，以充分利用混凝土的初始热量及水泥在水化过程中所释放出来的热量，加快混凝土强度的增长。

　　目前，混凝土冬季施工中常用的外加剂有减水剂、引气剂、早强剂、阻锈剂等。由于两种和两种以上复合外加剂可以获得多种效能——降低冰点、快速硬化、提高抗冻性及改善和易性，故复合剂的使用较多。在我国常用的复合剂有：亚硝酸钠和硫酸钠复合剂，Nc早强剂及MS－F早强型减水剂。

　　（4）外部加热法。当上述方法不能满足要求时，常采用外部加热法，以提高混凝土强度。常用的外部加热法有蒸汽加热法、电热法和暖棚法等。工程实践证明，低温季节施工中，多种方法结合使用往往能取得较好的效果。

混凝土低温季节施工过程中，还应注意以下要求：

（1）除工程特殊需要外，日平均气温－20℃以下不宜施工。

（2）混凝土的浇筑温度应符合设计要求，但温和地区不宜低于3℃，严寒和寒冷地区采用蓄热法不应低于5℃，采用暖棚法不应低于3℃。

（3）当采用蒸汽加热或电热法施工时，应进行专门设计。

（4）在施工过程中，应控制并及时调节混凝土的机口温度，尽量减少波动，保持浇筑温度均匀。控制方法以调节搅拌水温为宜。提高混凝土搅拌物温度的方法：首先应考虑加热搅拌用水；当加热搅拌用水尚不能满足浇筑温度要求时，应加热骨料。水泥不得直接加热。搅拌用水加热超过60℃时，应改变加料顺序，将骨料与水先搅拌，再加入水泥，以免出现"假凝"现象。

（5）混凝土搅拌时间应比常温季节适当延长，具体通过试验确定。已加热的骨料和混凝土，宜缩短运距，减少转运次数。

（6）混凝土浇筑完毕后，外露表面应及时保温。新老混凝土结合处和边角处应做好保温，保温层厚度应是其他面保温层厚度的2倍，保温层搭接长度不应小于30 cm。

在低温季节浇筑的混凝土，拆除模板应遵守下列规定：非承重模板拆除时，混凝土强度必须大于允许受冻的临界强度或成熟度值。承重模板拆除应经计算确定。拆模时间及拆模后的保护，应满足温控防裂要求，并遵守内外温差不大于20℃或2～3 d内混凝土表面温度降幅不超过6℃。

混凝土质量检查除按规定进行成型试件检测外，还可采取无损检测手段或用成熟度法随时检查混凝土早期强度。

二、高温季节混凝土施工

一般当气温超过30℃以后，混凝土容易产生假凝，和易性降低，初凝加快，内部水化热难以散发，外界气温降低过快和水分蒸发过快易引起温度裂缝及表面伸缩裂缝。对于大体积混凝土夏季施工时必须从结构设计、原材料选择、配合比设计、施工安排、施工工艺、混凝土温度控制、加强混凝土养护和表面保护等方面采取综合措施，保证混凝土高温季节施工质量。高温季节施工时应严格控制混凝土浇筑温度，混凝土允许浇筑温度应符合设计规定，混凝土浇筑温度不宜超过28℃。

为了降低夏季混凝土施工时的浇筑温度，可以采取以下一些措施：

（1）选择水化热低的水泥品种。

（2）通过使用掺合料和减水剂，减少水泥用量。

（3）采用冷水或加冰搅拌混凝土。加冰搅拌时，宜用片冰或冰屑，并适当延长搅拌时间，要保证片冰或冰屑在搅拌过程中完全融化。

（4）用冷水浸泡、喷淋，通冷风等措施冷却混凝土的粗骨料，成品料仓的堆料高度不宜低于6m。

（5）通过冷却水管，对大体积混凝土进行人工冷却。

（6）在搅拌机、运输路线和浇筑仓面上搭凉棚，用以遮阳防晒。

（7）浇筑块尺寸较大时，可采用阶梯浇筑法，浇筑块厚度小于1.5m。

（8）加快施工进度，减少混凝土的暴露时间；宜利用早晚、夜间或阴天等气温相对较低的时段浇筑混凝土。

（9）加强洒水养护，可采用表面流水养护混凝土。

三峡工程低温混凝土生产系统首次采用了二次风冷骨料新工艺，使得夏季混凝土拌和楼出机口温度小于7℃，具体工艺流程为：利用搅拌系统中的地面二次筛分所设骨料调节仓作为冷却仓，对骨料进行一次风冷；利用搅拌楼粗骨料仓进行二次风冷；加片冰代替水搅拌混凝土。

三、雨季施工

雨季施工具有突然性，为此要做好雨季施工的准备工作。同时，雨水的破坏作用，使雨季施工具有突击性。雨季施工持续时间往往较长，不合理安排，则会拖延工期，影响施工质量。

1. 雨季施工应做好下列工作

（1）砂石料仓应排水畅通。

（2）运输工具应有防雨及防滑措施。

（3）浇筑仓面应有防雨措施并备有不透水覆盖材料。

（4）增加骨料含水率测定次数，及时调整搅拌用水量。

2. 雨量不大（小雨）的天气进行浇筑时应采取的措施

（1）适当减少混凝土搅拌用水量和出机口混凝土的坍落度，必要时应适当减小混凝土的水灰比。

（2）加强仓内排水和防止周围雨水流入仓内。

（3）做好新浇筑混凝土面尤其是接头部位的保护工作。

3. 混凝土雨季施工应及时了解天气预报、合理安排施工

混凝土雨季施工的一般要求：中雨以上的雨天不得新开混凝土浇筑仓面，有抗冲耐磨和有抹面要求的混凝土不得在雨天施工。在浇筑过程中，遇大雨、暴雨，应立即停止进料，已入仓混凝土应振捣密实后遮盖，降雨等级见表5-8。

表 5-8　　　　　　　　　　　　　　降 雨 等 级 表

降雨等级	现 象 描 述	降 雨 量（mm）		
		一天内总量	半天内总量	小时总量
小雨	地面潮湿，但不泥泞	1～10	1～5	1～3
中雨	雨降到屋顶有淅淅声，凹地积水	10.1～25	5.1～15	3～10
大雨	降雨如倾盆，落地四溅，平地积水	25.1～50	15.1～30	10～20
暴雨	降雨比大雨还猛，能造成山洪暴发	50.1～100	30.1～70	>20
大暴雨	降雨比暴雨还大，或时间长，造成洪涝灾害	100.1～200	70.1～140	—
特大暴雨	降雨比大暴雨还大，能造成洪涝灾害	>200	>140	—

4. 雨后处理

雨后必须先排除仓内积水，对受雨水冲刷的部位应立即处理，如混凝土还能重塑，应加

铺接缝混凝土后继续浇筑，否则应按施工缝处理。

工作任务四　混凝土缺陷与修补

一、常见混凝土的缺陷与成因

混凝土拆模后，常见外观质量缺陷主要有麻面、蜂窝、露筋、空洞、裂缝等，应及时检查和处理。对混凝土强度或内部质量有怀疑时，可采取无损检测法（如回弹法、超声回弹综合法等）或钻孔取芯、压水试验等进行检查，一经发现，应加以处理。现重点介绍几种常见的混凝土外观质量缺陷与成因。

1. 麻面

混凝土表面局部出现缺浆和许多小凹坑、麻点，形成粗糙面，但无钢筋外露现象。

麻面产生的原因有：模板干燥，吸收了混凝土中的水分；模板表面粗糙或黏附灰浆等杂物未清理干净；模板拼缝不严，局部漏浆；脱模剂涂刷不匀，局部漏刷或过厚；混凝土振捣不实，气泡未完全排出，有部分停留在模板表面形成麻面。

2. 蜂窝

混凝土表面缺少水泥砂浆而形成石子外露称为蜂窝。

蜂窝产生的原因有：配合比设计不当或配料不准确，导致砂浆少，石子多；混凝土搅拌时间不足，新拌混凝土未拌匀；混凝土运输过程中发生了分层离析或漏浆；断面尺寸小，钢筋较密部位使用的石子粒径过大或混凝土坍落度过小；混凝土浇筑过程中发生漏振或欠振，混凝土未振捣密实；模板接缝漏浆。

3. 露筋

钢筋未被混凝土包裹而外露的缺陷称为露筋。

露筋产生的原因有：钢筋保护层垫块移位或垫块太少或漏放，致使钢筋紧贴模板外露；结构构件截面小，钢筋过密，石子卡在钢筋上，使水泥砂浆不能充满钢筋周围，造成露筋；混凝土浇筑过程中产生离析导致模板部位缺浆；模板漏浆；混凝土保护层厚度太小或保护层处混凝土漏振或振捣不实；施工中造成钢筋移位，产生露筋；拆模过早，拆模时产生缺棱、掉角，导致露筋。

4. 空洞

混凝土表面尺寸比较大，其深度和长度均超过保护层厚度，内部没有混凝土的缺陷称为空洞。

空洞产生的原因有：在钢筋较密的部位或预留孔洞和埋件处，混凝土下料被卡住，未经振实就继续浇筑上层混凝土；混凝土一次下料过多、过厚，混凝土无法振捣密实，形成空洞；混凝土内掉入木块等杂物，混凝土被卡住。

5. 裂缝

从混凝土表面一直延伸到混凝土内部的缝隙称为裂缝。

混凝土裂缝产生的原因主要有：结构设计不当；混凝土配合比设计不当；原材料质量不合格；混凝土施工及养护不当；混凝土温度和湿度的变化；模板变形，基础不均匀沉降；混凝土内部钢筋锈蚀；混凝土受到环境中有害物质的侵蚀。

二、混凝土缺陷修补处理的方法

混凝土施工过程中，应根据混凝土缺陷的成因做好相应的预防措施。混凝土常见外观质量缺陷的修补处理方法如下。

1. 麻面

混凝土表面作粉刷或抹面的，可不处理。表面无粉刷或抹面的，修补前用钢丝刷和压力水将麻面洗干净，并加工成粗糙面，然后在洁净和湿润的条件下，用与混凝土同等级的水泥砂浆将麻面抹平，并适当进行养护。

2. 蜂窝

小蜂窝用钢丝刷和压力水洗刷干净后，用 1：2 或 1：2.5 水泥砂浆抹平压实；对较大蜂窝，凿去蜂窝处薄弱松散颗粒，再用钢丝刷和压力水清洗干净，刷去黏附在钢筋表面的水泥浆，然后再用强度等级较高的细骨料混凝土填塞，并仔细捣实，认真养护。

3. 露筋

表面露筋，用钢丝刷和压力水洗刷干净后，在表面抹 1：2 或 1：2.5 水泥砂浆抹平压实；露筋较深的凿去薄弱混凝土和突出颗粒，用钢丝刷和压力水洗刷干净后，用强度等级较高的细石混凝土填塞，并仔细捣实，认真养护。

4. 空洞

将空洞周围的松散混凝土和软弱浆膜凿除，用钢丝刷和压力水冲洗干净，湿润后用高强度等级细石混凝土填塞并捣实，认真养护。补填新混凝土时，可根据空洞不同部位或形状，如设模板。

5. 裂缝

裂缝修补处理之前，需对裂缝进行检测与研究，分析裂缝的成因、危害及发展趋势，确定相应的修补时机及方法。常用压力注浆法、开槽填补法及涂膜封闭法单独或联合使用修补裂缝。水泥、环氧树脂、甲凝等是混凝土裂缝常用的修补材料。

小常识 混凝土施工安全技术措施

（1）进入施工现场的作业人员必须正确佩戴安全帽，严禁酒后上岗，施工现场严禁吸烟、严禁随地大小便。

（2）使用输送泵输送混凝土时，应由两人以上人员牵引布料杆管道的接头，安全阀、管架等必须安装牢固。输送前应试送，检修时必须卸压。

（3）浇筑前应检查混凝土泵管有无裂纹，损坏变形或磨损严重的应立即更换。

（4）浇灌高度 2m 以上的框架梁、柱模混凝土应搭设操作平台，无安全防护设施的应系挂安全带，不得站在模板或支撑上操作。

（5）浇灌拱形结构，应自两边拱脚对称同时进行，浇灌圈梁、雨篷、阳台应设置安全防护设施。挂设安全带。

（6）悬空泵的连接要有两人以上协调作业，动作要一致，作业架的脚手板应铺设严密，严防踩空坠落。

（7）混凝土振捣的安全工作要求：

1）混凝土振捣器使用前必须经电工检验确认合格后方可使用，开关箱内必须装设合格有效漏电保护器，插座、插头应完好无损，不得使用破皮老化的电源线，电线应采取措施架设，严禁随地拖拉。

2）振捣器作业应两人配合作业，不得用电源线拖拉振捣器。

3）操作人员必须穿绝缘鞋（胶鞋），戴绝缘手套。

4）电机出现故障，找电工修理，非专业人员严禁随意拆装电机开关，严防触电事故发生。

（8）工作完后，清理施工现场，搞好施工现场的安全文明工作。

（9）夜间施工，施工现场及道路上必须有足够的照明，现场必须配置专职电工24h值班。

学习情境六 砌 体 工 程 施 工

【引例】

江苏省某泵站位于南水北调东线多级提水系统的第四梯级，泵站共两座，总装机流量分别为 150m³/s、76m³/s。主泵房为一层排架结构，建筑面积 1800m²，副厂房为地下一层、地上为四层钢筋混凝土框架结构，建筑面积 1500m²。主泵房及副厂房均为Ⅶ度抗震设防。主泵房围护及分隔墙体采用 MU15 水泥实心砖，M7.5 水泥砂浆。副厂房框架填充墙地下部分采用标准型页岩烧结砖，地上部分墙体分别采用 250mm、200mm 厚加气混凝土砌块，M7.5 混合砂浆。围坝内坡衬砌采用预制混凝土护坡板＋石砌体混合砌筑形式。

问题：1. 对砌体材料有何要求？

2. 砌筑构造有哪些常见形式？

3. 砖、石、砌块应如何进行砌筑施工？有何施工要求？

4. 砌筑用脚手架应怎样搭设？

【知识目标】

掌握一般常用的砌筑形式及操作方法，掌握砖、石及砌块的施工工艺及砌筑要点，掌握应用的主要器具及质量控制标准，掌握脚手架的分类、作用及搭设与拆除方法，了解一般砌筑用工具，了解砌体施工安全技术要求。

【能力目标】

砌筑施工工艺和砌筑要点。

工作任务一 砌 筑 工 具 和 设 备

一、常用砌筑工具

1. 常用砌筑手工工具

（1）大铲。分为桃形、长三角形和长方形三种，但以桃形居多，是"三一"砌筑法的主要工具，主要用于铲灰、铺灰与刮灰用。如图 6-1（a）～（c）所示。

（2）创锛。打砖用。创锛一端有刃，如同镜子，打砖时用带刃的一侧砍；另一端为平顶，可当小锤用。如图 6-1（d）所示。

（3）瓦刀。又称泥刀、砖刀。用于涂抹、摊铺砂浆、打砖、往砖面上刮灰和铺灰用，也可用于校准砖块位置，适用于满刀灰砌砖法。如图 6-1（e）所示。

（4）摊灰尺。摊铺砂浆用。摊灰尺系用木条钉成的直角形靠尺，长度 1m 左右，并带有木手柄，上面的木条厚度应与灰缝厚度相等，凸出部分为 13mm。如图 6-2 所示。

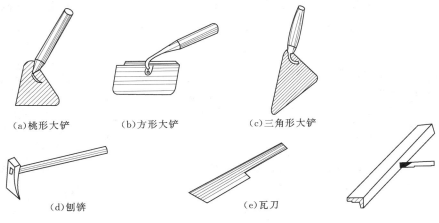

(a)桃形大铲　　　(b)方形大铲　　　(c)三角形大铲

(d)刨锛　　　　　　(e)瓦刀

图 6-1　手工工具　　　　　　　图 6-2　摊灰尺

铺刮砂浆时，先将摊灰尺的突出部分搁在砌好的砖墙边棱上，把砂浆倒在墙上，用瓦刀贴着摊灰尺上面的木条把砂浆刮平。铺的灰要均匀平整，并缩进墙边 13mm，使砌的墙面清洁。

（5）铺灰器。铺砂浆用。铺灰器是用木料或铁皮制成，它的宽度应和墙厚相适应。铺灰时，将砂浆装入铺灰器内，两手握住铺灰器，一手前拉，一手后推，用力要均匀，速度要一致，不要用力过猛，以免将刚铺好的灰层碰坏或造成灰层厚薄不匀。铺灰器铺设的砂浆饱满、平整均匀、铺设速度快，特别适用于墙身较长、较厚，没有门、窗洞口和砖垛的砌体。

（6）其他。手动工具还有灰桶、橡胶水管、积水桶、灰勺和钢丝刷等。

砌石工具有大锤、手锤、钢钎、撬棍、小水桶、刮缝工具、扫把和工具袋（箱）等。

2．砌筑常用的备料工具

（1）砖夹子　主要用来装卸砖块，以免对工人手指和手掌造成伤害。一般由施工单位用 ϕ16mm 的钢筋锻造制成，一次可夹四块标准砖。如图 6-3（a）所示。

（2）筛子。主要用来筛砂，分为立筛和小方筛两种。立筛如图 6-3（b）所示。

（3）铁锹。分为尖头和方头两种。一般用来装土、装车和筛沙。如图 6-4 所示。

（4）砖笼。用起重机吊运砖块等物品时，罩在砖块外面的安全罩称为砖笼。如图 6-5 所示。

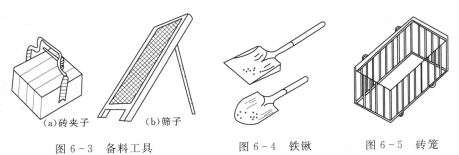

(a)砖夹子　　　(b)筛子

图 6-3　备料工具　　　　　　图 6-4　铁锹　　　　　　图 6-5　砖笼

（5）工具车。又叫运砂浆车。一般用来运输砂浆和其他散装材料。如图 6-6 所示。

（6）灰斗。起重机施工时，吊运砂浆的工具。当砂浆吊运到指定地点后，打开启闭门，将砂浆放入储灰槽内。如图 6-7 所示。

（7）灰槽。主要供砖瓦工存放砂浆用的工具。一般用 1.2mm 厚的黑铁皮（也可采用橡胶等其他制品）制成，适用于"三一"砌法。如图 6-8 所示。

图 6-6　工具车　　　　图 6-7　灰斗　　　　图 6-8　灰槽

（8）台灵架。由起重设施、支架、底盘和卷扬机等部件组成，有矩形和正方形两种，如图 6-9 所示，夹具如图 6-9（a）、（b）所示。

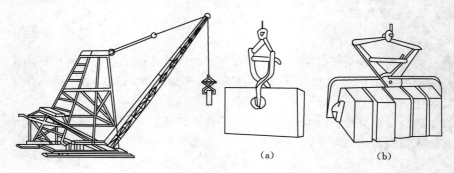

（a）　　　　　　　　（b）

图 6-9　台灵架及配套工具

3. 砌筑勾缝工具

勾缝工具如图 6-10 所示。

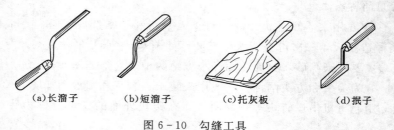

（a）长溜子　　　（b）短溜子　　　（c）托灰板　　　（d）抿子

图 6-10　勾缝工具

（1）溜子。又称勾缝刀。一般用 $\phi 8mm$ 钢筋打扁后，另一头安上木把或用 0.5～1mm 厚钢板制成。

（2）托灰板。用不易变形的木材制成，主要用来承托砂浆。

（3）抿子。一般用 0.8mm 厚的钢板制成，并在另一头安装木柄，用于石墙拌缝勾缝。

4. 常用的砌筑检测工具

砌筑检测工具如图 6-11 所示。

（1）钢卷尺。砌筑施工操作一般选用 2m 的钢卷尺。钢卷尺主要用来量测轴线尺寸、位置及墙长、墙厚、门窗洞口的尺寸、留洞位置尺寸等。

（2）塞尺。塞尺与托线板配合使用，以测定墙、柱的垂直度和平整度的偏差。塞尺上的每一格表示厚度方向为 1mm。此外，塞尺也可以用于检查地面平整度，确定偏差数值。

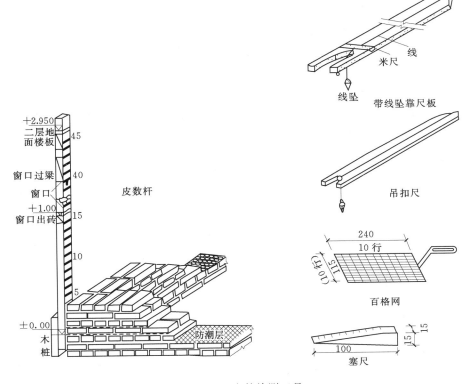

图 6-11　砌筑检测工具

（3）百格网。用来检查砌体水平缝砂浆饱满度的工具。可以用铁丝编制锡焊而成；也可以在有机玻璃上划格而成，其规格为一块标准砖的大面尺寸。

（4）方尺。用木材制成边长为 200mm 的 90°角尺，有阴角和阳角两种角尺，分别用于检查砌体转角的方正度。

（5）线锤。用来检查砖墙、柱、垛、门窗口的面和角是否垂直。它的形状为圆锥体。

（6）托线板。又叫靠尺板、吊担尺。常见规格为 1.2～1.5m，是用红松木板制成，板的中心弹有墨线，顶端中部可挂线锤。托线板与线锤配合用来检查墙面的平整度和垂直度。

1）检查墙面平整时，将托线板靠在墙上，若板边与墙面接触严密，则说明墙面平整。

2）检查墙面垂直时，将板的一侧垂直紧靠墙面，当线锤停止自由摆动时，线锤的小线如与板中的竖直墨线重合，说明墙面垂直；否则，墙面不垂直。

（7）皮数杆。是控制砌筑层数、门窗洞口及梁、板位置的辅助工具。皮数杆是用松木制成，截面尺寸为 50mm×50mm 左右，长度根据需要而定。

（8）准线。又称挂线、尼龙线。用来控制砖层平直与墙厚，是砌砖的依据。准线要有足够的抗拉强度。

（9）铁水平尺。检查墙面水平度的工具。

（10）龙门桩、龙门板。它主要是在建筑物定位放线后，砌筑时定轴线、中心线的标准。施工定位时，一般要求板顶面的高程即为建筑物的相对标高±0.000。在板上画出轴线位置（以画"中"字示意），板顶面还要钉 1 根 20～25mm 长的钉子，如图 6-12 所示。

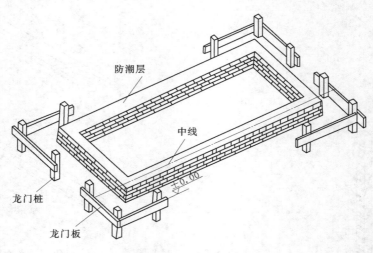

图 6 - 12 龙门桩、龙门板

二、砌筑用脚手架

脚手架是施工作业中不可缺少的设备工具，是为施工现场工作人员生产和堆放部分建筑材料所提供的操作平台。脚手架要满足施工的需要，又要为保证工程质量和提高工作效率创造条件。脚手架的主要作用包括：

（1）能保证工程作业面的连续性施工。

（2）能满足施工操作所需要的用料和堆料要求，并使操作方便。

（3）对高处作业人员能起到防护作用，以确保施工人员的人身安全。

（4）能满足多层作业、交叉作业、流水作业和多工种作业的要求。

（5）能与垂直运输设备和楼层作业面高度相适应，确保材料垂直运输转入楼层水平运输的需要，使操作不致影响工效和工程的质量。

对脚手架的基本要求如下：

（1）满足使用要求。脚手架应有足够的工作面宽度，能满足工人操作、材料堆置和运输的需要（脚手架宽度一般为 1.5～2.0m）。

（2）保证有足够的强度、刚度和稳定性，施工期间确保使用安全。

（3）构造简单，搭拆方便，能多次周转使用。

（4）就地取材，尽量节约材料。

脚手架种类很多，按搭设位置分为外脚手架和里脚手架；按所用材料分为木、竹和金属脚手架；按支固方式分为落地式、挑式、挂式、吊式、桥式、移动式；按设置形式分为单排、双排、满堂等；按均架方式分为杆件组合式（也称多立杆脚手架）。框架组合式脚手架（如门式钢管脚手架）。格构件组合式脚手架（如桥式脚手架）和台架等；按用途分为结构工程作业脚手架（也称砌筑脚手架）、装修工程作业脚手架、支撑和承重脚手架、防护脚手架等。

（一）木脚手架

木脚手架取材方便、经济实用、历史悠久、搭设经验丰富、技术成熟，是我国工程施工中应用较为广泛的脚手架。但由于这种脚手架耗费木材用量大、重复利用率低，因而在条件允许的情况下，尽可能不使用木脚手架。

木脚手架选用木杆为主要杆件，采用8号铁丝绑扎而成。木脚手架根据使用要求可搭设成单排脚手架或双排脚手架。它是由立杆、大横杆、小横杆、斜撑、剪刀撑、抛撑、扫地杆及脚手板等组成的。

木脚手架的搭设方式通常有单排外脚手架和双排外脚手架。单排外脚手架外侧只有一排立杆，小横杆一端与立杆或大横杆连接，另一端搁置在建筑物上。搭设注意事项如下：

（1）由于单排外脚手架稳定性差，搭设高度一般不得超过20m。

（2）小横杆在墙上的搁置宽度不宜小于240mm。

（3）立杆埋设深度一般不小于0.5m，也可直接立于地面，但应加设垫板，并用扫地杆帮助稳定。

（4）立杆的间距以1.5m左右为宜，最大不能超过2m。横杆的距离一般为1～1.2m，最大不得超过1.5m。

（5）剪刀撑（俗称十字盖）之间的间距。一般每隔六根立杆设一档十字盖，十字盖占两个立杆档，从下到上绑扎，要撑到地面，与地面的夹角为60°。

双排外脚手架是内外两侧均设立杆，小横杆两端分别与内、外侧立杆连接的外脚手架。它的稳定性比较好，搭设高度一般不超过30m。

此外，木脚手架常可作为坡道的架设。

（二）扣件式钢管脚手架

扣件式钢管脚手架由钢管和扣件组成，搭拆方便、灵活，周转次数多，能适应建筑物中平立面的变化，强度高，坚固耐用，目前应用广泛。它还可以格成井字架、栈桥和上料台架等，是应用较多的脚手架。

扣件式钢管脚手架的主要杆件有：立杆、大横杆（也称顺水杆）、小横杆（也称排木）、剪刀撑（俗称十字盖）、抛撑（俗称压柱子）、斜撑、底座、扣件等，如图6-13所示。

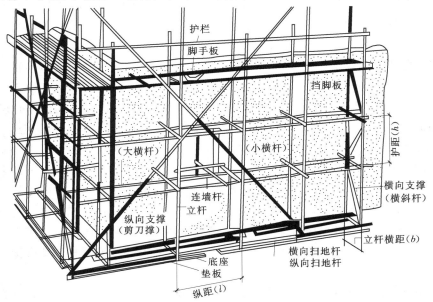

图6-13 钢管扣件式脚手架构造

1. 组成

扣件多立杆式外脚手架有单排、双排两种搭法。单排脚手架外侧设一排立杆，其横向水平杆一端与纵向水平杆连接，另一端搁在墙上。单排脚手架节约材料，但稳定性较差，且外墙上留有脚手眼，其搭设高度及使用范围也受一定的限制，双排脚手架的里外两侧均设有立杆，稳定性较好，但比单排脚手架费工费料。

(1) 钢管。一般用外径为 φ48mm、壁厚为 3.5mm 的无缝钢管。用于立杆、纵向水平杆和支撑杆（包括剪刀撑、横向、斜撑；水平斜撑等）的钢管长度宜用 4～6.5m；用于横向水平杆的钢管长度以 2.1～2.3m 为宜。

(2) 底座。扣件式钢管脚手架的底座是由套管和底板焊成的。套管一般用外径 57mm、壁厚 3.5mm 的钢管（或用外径 60mm、壁厚 3～4mm 的钢管），长 150mm。底板一般用边长（或直径）150mm、厚 5mm 的钢板。

(3) 扣件。一般用铸铁锻制而成，螺栓用 Q235 钢制成，用于钢管之间的连接，其基本形式有三种，如图 6-14 所示。

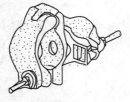　　

(a) 直角扣件　　　　　　　(b) 旋转扣件　　　　　　　(c) 对接扣件

图 6-14　扣件形式图

1) 直角扣件。用于两根垂直交叉钢管的连接。

2) 旋转扣件。用于两根任意角度交叉钢管的连接。

3) 对接扣件。用于两根钢管的对接连接。立杆底端立于底座上，以传递荷载到地面上。

(4) 立杆。纵向间距（柱距）不得大于 2m。横向间距：单排离墙 1.2～1.4m；双排为 1.5m，其里排立杆离墙为 0.4～0.5m。

立杆接头除顶层可以采用搭接外（搭接长度不应小于 1m，不少于两个旋转扣件固定），其余各接头均必须采用对接扣件连接，相邻杆的接头位置应尽量错开一步，其错开的垂直距离不应小于 500mm，立杆与纵、横向的扫地杆连接用直角扣件固定。立杆垂直度的偏差不得大于架高的 1/2000。

(5) 纵向水平杆。应水平设置，其长度不应小于两跨，两杆接头要错开并用对接扣件连接，与立杆的交接处用直角扣件连接。横向水平杆的间距应不大于 1.5m，单排架的一端伸入墙内为 240mm，另一端搁于纵向水平杆上，至少应伸出 100mm。双排架中横向水平杆端头应离墙 50～100mm。纵横水平杆用直角扣件连接。脚手板一般均应采用三支点承重，当脚手板长度小于 2m 时，可采用两支点承重，但应将两端固定，以防倾翻。脚手板宜采用对接平铺，其外伸长度应大于 100mm，小于 150mm；当采用搭接铺设时，其搭接长度应大于 200mm。

(6) 连墙件。为了防止脚手架因风荷载或其他水平荷载引起的向外或向内倾覆，必须设置能够承受压力和拉力的连墙件。连墙件一般应设置在框架梁或每层楼板等具有较好抗水平作用的结构部位，垂直距离不大于 4m（或两步或每层），水平距离为 3～4 根立杆或 4.5～7m 设置一点，固定件的做法如图 6-15 所示。

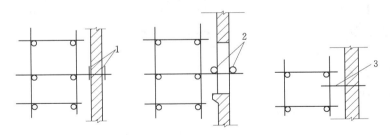

图 6-15　连墙杆
1—两只扣件；2—两根短管；3—铁丝与墙内的钢筋环拉住

（7）支撑体系。为保证脚手架的整体稳定必须设置支撑体系。双排脚手架的支撑体系由剪刀撑、横向斜撑组成；单排脚手架的支撑体系由剪刀撑组成。剪刀撑的设置要求：当架高在 30m 以下时在两端设置，中间每隔 12～15m 设一道；架高 30m 以上在两端和转角处设置，中间每隔 7～9 根立杆设一道。剪刀撑应从下到上连续设置，每片架不能少于 3 道，斜杆与地面的夹角为 45°～60°，每道剪刀撑应连系 3～4 根立杆。剪刀撑两端除用旋转扣件与立杆或大横杆扣紧外，在中间与立杆或大横杆的交叉点亦应全部扣接。

（8）脚手板。采用钢木、冲压钢、竹等材料制作，考虑到施工安全，脚手板的质量每块不宜大于 30kg。

此外，在脚手架的操作层上，应设置护身栏杆和挡脚板，栏杆高度 1.0～1.2m。当外墙高度超过 4m 或立体交叉作业时，必须设置安全网，以防材料下落伤人和高空操作人员坠落。安全网一般用直径 9mm 的麻绳、棕绳或尼龙绳编制而成。霉烂、腐朽、老化或有漏孔的网不能使用。网宽约 3m，长约 6m，网眼 50mm 左右。架设安全网时，其伸出墙面宽度应不小于 2m，外口要高于里口 500mm。相邻网搭接处应绑扎牢固，每块支好的安全网应能承受 1.6kN 的冲击荷载。

2. 扣件式钢管脚手架的搭设与拆除

（1）搭设。钢管扣件式脚手架搭设范围的地基应验收合格，表面平整，排水畅通，垫板、底座均应准确地放在定位线上，对高层建筑物脚手架的基础要进行验算。

通常脚手架搭设顺序为：放置纵向扫地杆→立杆→横向扫地杆→第一步纵向水平杆（大横杆）→第一步横向水平杆（小横杆）→连墙件（或加抛撑）→第二步纵向水平杆（大横杆）→第二步横向水平杆（小横杆）……

开始搭设第一节立杆时，每六跨应暂设一根抛撑，当搭设至设有连墙件的构造层时，应立即设置连墙件与墙体连接，当装设两道连墙件后，抛撑便可拆除。双排脚手架的小横杆，靠墙一端应离开墙体装饰面至少 100mm，杆件相交的伸出端长度不小于 100mm，以防止杆件滑脱，扣件规格必须与钢管外径相一致，扣件螺栓拧紧。除操作层的脚手板外，宜每隔 1.2m 高满铺一层脚手板，在脚手架全高或高层脚手架的每个高度区段内，铺板不多于 6 层，作业不超过 3 层。多立杆式脚手架旁一般要搭斜道，成"之"字形盘旋而上，供工人上下行走。人行斜道斜度不得大于 1:3，宽度不得小于 1m，两端转弯处要设置平台，平台宽度不得小于 1.5m，长度为斜道宽度的 2 倍。兼做材料运输时要适当加宽。

（2）拆除。扣件式脚手架的拆除按由上而下，逐层向下的顺序进行。拆除的基本原则是后搭的先拆，先搭的后拆，严禁上下同时拆除，以及先将整层连墙件或数层连墙件拆除后再拆其余杆件。如果采用分段拆除，其高差不应大于两步架，当拆除至最后一节立杆时，应先加临时抛撑，后拆除连接件，拆下的材料应及时分类集中运至地面，严禁抛扔。

（三）桥式脚手架

由桥架（又称桁架工作平台或横桥）和支承架（又称立柱）组成。支承架落地搭设，桥架搁置在支承架上。桥架一般由两个单片桁架用水平横杆和剪刀撑连接组装而成，并在上面铺设脚手板，常用的桥架长度为3.6m、4.5m、6m等。这种脚手架主要特点是：结构体系简单，加工方便；桥架工具定型化，能多次周转使用；装拆方便，劳动工效高；改善劳动条件，施工操作安全。该脚手架已在北京等一些大城市的建筑施工中广泛应用，使用效果较好。如图6-16所示。

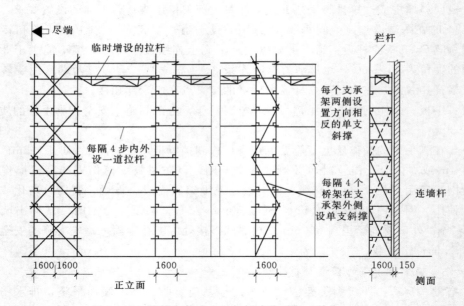

图6-16 钢管扣件式支承架桥式脚手架（单位：mm）

桥式脚手架与多立杆式脚手架相比，减少了立杆数量，并可利用井架运送材料，桥架可以自由升降。这种脚手架可应用于建筑物的砌筑和装修，也可代替满堂脚手架，做混凝土楼板和梁的支撑用。

（四）框式脚手架

框式脚手架由钢管制成的框架、水平撑、栏杆、三角架、底座等部分组成。框架分门式及梯形两种，如图6-17所示。

框架搭设高度宜在20m以内，搭设时，框架垂直于墙面，沿墙框架纵向间距1.8m，框架之间隔跨分别设内外剪刀撑及水平撑。框架内立柱与墙的距离采用三角架（三角架安装在靠墙的一边框架立柱上，上铺脚手板）时宜为500～600mm；不用三角架时宜为50～150mm。框式脚手架除了用做一般脚手架外，尚可作为搭设砌墙或装修用的操作平台、移动式平台架、垂直运输用的井架，以及现浇混凝土大梁的横板顶撑等。

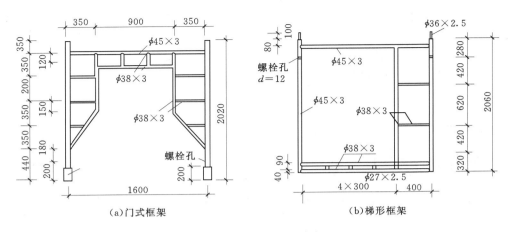

图 6-17 框架式脚手架（单位：mm）

（五）里脚手架

里脚手架用于楼层上砌墙、内装饰和砌筑围墙等。它所用的工料少，比较经济，因而被广泛采用。常用的里脚手架有下列几种。

（1）角钢（钢管、钢筋）折叠式里脚手架。其搭设间距：砌墙时宜为 1～2m；粉刷时宜为 2.2～2.5m，如图 6-18（a）所示。

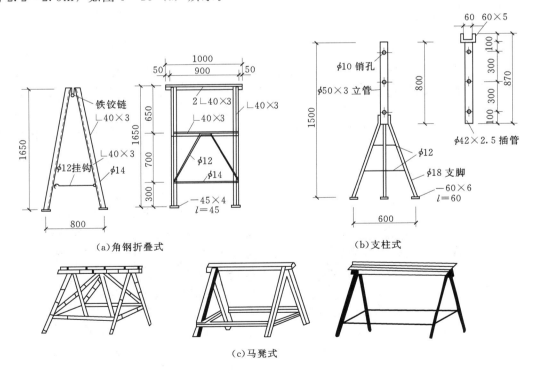

图 6-18 里脚手架（单位：mm）

（2）支柱式里脚手架。由若干支柱和横杆组成，上铺脚手板的搭设间距：砌墙时宜为 2m；粉刷时不超过 2.5m。如图 3.27（b）所示。

（3）竹、木、钢制马凳式里脚手架。马凳间距不大于1.5m，上铺脚手板。如图6-18（c）所示。

工作任务二　砖砌体砌筑

一、砌筑术语

（1）**砖的尺寸。**普通砖的标准尺寸为长×宽×厚＝240mm×115mm×53mm。其中240mm×115mm的面叫大面；240mm×53mm的面叫条面；115mm×53mm的面叫顶面（也称丁面）。砌筑中往往需将砖砍成不同条的尺寸砌筑，可分为"七分头"、"半砖"、"二寸头"和"二寸条"，如图6-19所示。

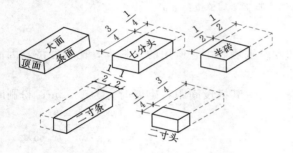

图6-19　不同长度砖的名称图

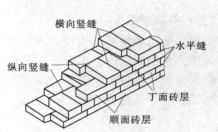

图6-20　顺砖和丁砖位置

（2）**不同方向与位置砖。**依据砌筑方向的不同分为顺砖（砖的长度方向平行墙的轴线）和丁砖（砖的长度方向垂直墙的轴线），如图6-20所示。根据砖在砌体内的位置可分为"卧砖"（或称眠砖）、"陡砖"、"立砖"，如图6-21所示。

（3）**"山丁檐跑"。**砌筑规则的俗称，即山墙为丁砖时，檐墙应为顺砖。如图6-22所示。

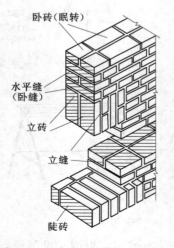

图6-21　卧砖、陡砖、立砖位置

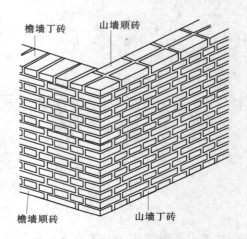

图6-22　"山丁檐跑"

（4）**灰缝。**指砖与砖之间的缝，可分为水平灰缝（或称卧缝，即水平方向的缝）和竖直灰缝（即垂直方向的缝），如图6-23所示。

（5）"三吊五靠"。砌砖时，关键的部位每砌三皮就要用线锤吊一吊垂直度，砌五皮用托线板靠一靠垂直度、平整度。这是保证砌筑质量的重要技巧。

（6）摆砖摞底。"摆砖"是按确定的组砌形式将砖干摆好；"摞底"是将摆好的砖砌筑固定。这是正式砌筑前的重要工序，可以适当调整灰缝以减少砍砖。如图6-24所示。

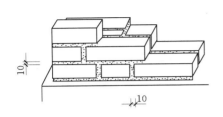

图6-23 灰缝（单位：mm）

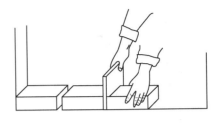

图6-24 摆砖摞底

（7）"游丁走缝"。一种应避免的质量通病，指丁砖竖缝歪斜、宽窄不匀、丁不压中的现象。

（8）"螺丝墙"。砌完一个层高的墙体时，同一层的标高差一皮砖的厚度，不能交圈。这也是一种常见的质量通病。

二、砌筑基本操作

（一）砌筑操作基本功

指铲灰、铺灰、取砖、摆砖、揉挤、砍砖等动作，它融于砌筑工程的全过程。

1. 铲（取）灰

铲灰常用的工具为瓦刀、大铲、小灰桶、灰斗。在小灰桶中取灰，最适宜于披灰法砌筑。

（1）瓦刀取灰方法。操作者右手拿瓦刀，向右侧身弯腰（灰桶方向）将瓦刀插入灰桶内侧（靠近操作者的一边），然后转腕将瓦刀口边接触灰桶内壁，顺着内壁将瓦刀刮起，这时瓦刀已挂满灰浆，如图6-25所示。

（2）大铲铲灰。操作者右手拿大铲，向右侧身弯腰（灰桶方向）将大铲切入（大铲面水平略带倾斜）灰桶砂浆中，向左前或右前顺势舀起砂浆，铲灰时要掌握好取灰的数量，尽量做到一刀灰一块砖，如图6-26所示。

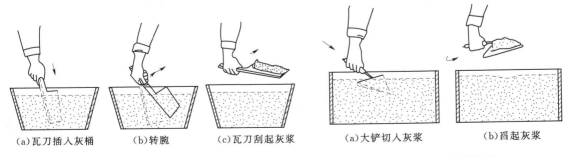

(a)瓦刀插入灰桶　　(b)转腕　　(c)瓦刀刮起灰浆　　　　(a)大铲切入灰浆　　(b)舀起灰浆

图6-25 瓦刀取灰　　　　　　　　　　　　图6-26 大铲铲灰

2. 铺灰

铺灰直接影响砌砖速度的快慢和砌筑质量的好坏，应根据砌砖的部位、条砖还是丁砖等情况，砌条砖的铺灰手法采用以下几种：

（1）甩法。铲取砂浆呈均匀条状提至砌筑位置后，铲面转至垂直方向（手心朝上），用手腕向上扭动，配合手臂的上挑力顺砖面中心将灰甩出呈均匀条状落下，如图 6-27 所示。

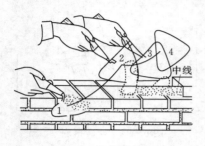

图 6-27 砌条砖甩灰法

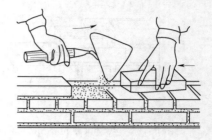

图 6-28 砌条砖扣灰法

（2）扣法。铲取砂浆呈均匀条状提至砌筑位置后，铲面转至垂直方向（手心朝下），用手腕前推力顺砖面中心将灰扣出，呈均匀条状落下，如图 6-28 所示。铲取灰条时呈长约 16cm、宽约 4cm、厚约 3cm 的形状；落下灰条呈长约 26cm、宽约 8cm、厚约 2cm 的形状。

（3）泼法。铲取砂浆呈扁平状提至砌筑位置后，铲面转成斜状（手柄在前）用手腕转动成半泼半甩、平行向前推进泼出，用于砌近身及身后部位的墙体，泼出的灰条长约 26cm、宽约 9cm，如图 6-29 所示。

（4）溜法。铲取砂浆呈扁平状提至砌筑位置后，铲尖紧贴灰面，铲柄略抬高向身后抽铲落灰，用于砌墙角，溜出的灰条长约 26cm，宽约 9cm，如图 6-30 所示。

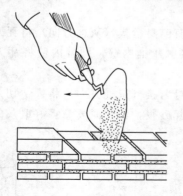

图 6-29 砌条砖泼灰法

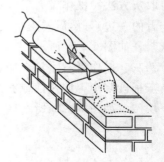

图 6-30 砌条砖溜灰法

3. 铺灰砌丁砖铺灰法

（1）正手甩灰法。用于砌离身低而远的墙体部位，铲取砂浆呈扁平状提至砌筑位置后，铲面转成斜状（朝手心方向）利用手臂的左推力将灰甩出。甩出灰条长约 22cm，宽约 9cm，如图 6-31 所示。

（2）反手甩灰法。用于砌离近身高的墙体部位，铲取砂浆呈扁平状提至砌筑位置后，铲面转成斜状（朝手背方向），利用手臂的右推力将灰甩出。甩出灰条长约 22cm，宽约 9cm，如图 6-32 所示。

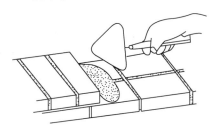

图 6-31　砌丁砖正手甩灰法

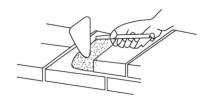

图 6-32　砌丁砖反手甩灰法

（3）砌丁砖扣灰法。用于砌丁砖内墙，铲取砂浆时前部略低，将铲提至砌筑位置后，铲面转成斜状（朝丁砖方向）利用手臂的推力将灰甩出，扣出灰条长约 22cm，宽约 9cm，如图 6-33 所示。

（4）砌丁砖正（反）泼灰法。用于砌近身处的 37 墙（365mm，施工俗称）外丁砖（正泼灰）；远身处的 37 墙外丁砖（反泼灰）。铲取砂浆呈扁平状提至砌筑位置后，铲面转成斜状（掌心朝左或朝右）利用腕力平行向左正泼或利用腕力平拉反泼砂浆，扣出灰条长约 22cm，宽约 9cm，如图 6-34、图 6-35 所示。

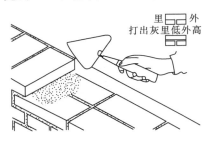

图 6-33　砌丁砖扣灰法

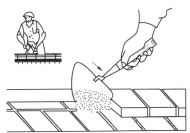

图 6-34　砌丁砖正泼灰法

（5）砌丁砖溜灰法。铲取砂浆前部略厚，将铲提至砌筑位置后，将手臂伸过准线，使大铲边与墙边取平，抽铲落灰，用于砌里丁砖（37 墙）。溜出的灰条长约 22cm，宽约 9cm，如图 6-36 所示。

图 6-35　砌丁砖反泼灰法

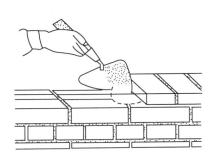

图 6-36　砌丁砖溜灰法

4. 取砖挂灰

（1）取砖。砌墙时，操作者应顺墙斜站，砌筑方向是由前向后退着砌。这样易于随时检查已砌好的墙是否平直。用单手挤浆法操作时，铲灰和取砖的动作应一次完成，以减少弯腰次数，同时也缩短砌筑时间。左手取砖与右手铲灰的动作应该一次完成，一般采用"旋转法"取砖。即将砖平托在左手掌上，使掌心向上，砖的大面贴在手心，这时用该手的食指或中指稍勾砖的边棱，依靠四指向大拇指方向的运动，配合抖腕动作，砖就在左掌心旋转起来了。操作者可观察砖的四个面（两个条面、两个丁面），然后选定最合适的面朝向墙的外侧，如图6-37所示。取砖时，要注意选砖，对不同部位需要什么样的砖要心中有数，技术熟练后，取第一块砖时就要看准下一块要用的砖。

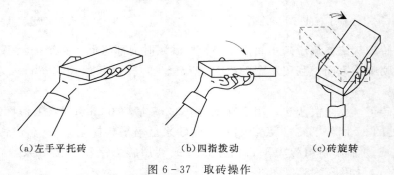

(a)左手平托砖　　　　(b)四指拨动　　　　(c)砖旋转

图6-37　取砖操作

（2）挂灰。挂灰一般用瓦刀，动作可分解为：

1）准备动作。右手拿瓦刀取好砂浆，左手取砖，平托砖块，大拇指勾住左条面，食指紧贴砖下大面，其他三指勾住右条面，如图6-38所示。

2）瓦刀挂灰。

a）第一次刮砂浆时左手将瓦刀后背斜靠砖大面右边棱后端，手臂带动瓦刀沿着边棱向前右下均匀滑刮，将部分砂浆挂在砖大面的右侧［图6-39（a）］。

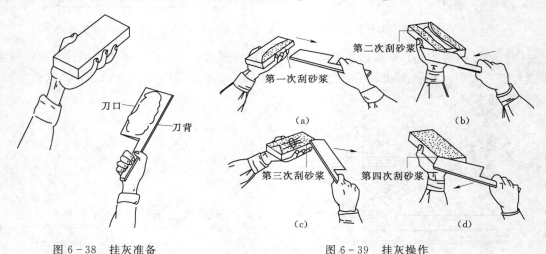

图6-38　挂灰准备　　　　　　　　　　图6-39　挂灰操作

b）第二次挂灰时反手将瓦刀前口斜靠砖大面左边棱前端，手臂带动背瓦刀沿着边棱向后左下均匀滑刮，将部分砂浆挂在砖大面的左侧［（图6-39（b）］。

c）第三次挂灰左手将瓦刀前背斜靠砖大面前边棱左端，手臂带动瓦刀沿着边棱向前右下均匀滑刮，将部分砂浆挂在砖大面的前侧［图6-39（c）］。

d）第四次挂灰反手将瓦刀后口斜靠砖大面后边棱右端，手臂带动瓦刀沿着边棱向后左下均匀滑刮，将剩余砂浆挂在砖大面的后侧［图6-39（d）］。

5. **砌砖揉挤刮浆**

（1）条砖揉挤。砂浆铺好后，左手拿砖离已砌好的砖3～4cm处，将砖平放并稍蹭着灰面将砂浆刮起一点挤到砖顶头的竖缝里，同时按要求将砖摆平整。如图6-40（a）所示。

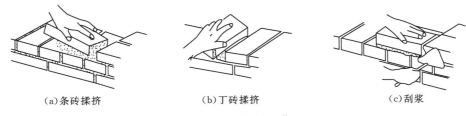

（a）条砖揉挤　　　　　　（b）丁砖揉挤　　　　　　（c）刮浆

图6-40　揉挤刮浆

（2）丁砖揉挤。方法与条砖揉挤类似。揉砖时要上看线下看墙面，视砂浆的厚薄控制揉的力度，以揉挤到上齐线下跟砖棱、砂浆饱满、灰缝厚度符合要求为度。如图6-40（b）所示。

（3）刮浆。每块砖砌筑完毕，顺手将边缘挤出的多余砂浆刮起甩进灰缝里。如图6-40（c）所示。

6. **砍砖**

为了满足砌体的错缝要求，砖的砍凿是必要的。砍凿一般用瓦刀或刨锛作为砍凿工具，其中七分头用得最多，可以在瓦刀柄和刨锛把上先量好位置，刻好标记槽，以利提高工效。图6-41显示了砍凿七分头的方法。

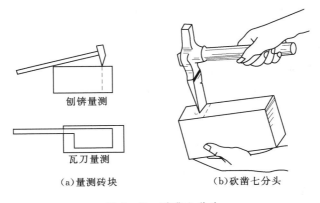

刨锛量测

瓦刀量测

（a）量测砖块　　　　　　（b）砍凿七分头

图6-41　砍凿七分头

（二）常用的砌筑操作方法

建筑工人在长期的操作实践中，积累了丰富的砌筑经验，并总结出各种不同的操作方法。砖砌体常用的操作方法有："三一"砌筑法、"二三八一"砌筑法和铺灰挤砌法。

1. **"三一"砌筑法**

"三一砌砖法"是先将灰抛在砌砖位置上，随即将砖挤揉，即"一铲灰、一块砖、一挤揉"，并随手将挤出的砂浆刮去。

该砌筑方法的特点是上灰后立即挤砌，灰浆不宜失水，且灰缝容易饱满、黏结力好，墙面整洁，宜于保证质量。竖缝可采用挤浆或加浆的方法，使其砂浆饱满。砌筑实心墙时宜选用"三一砌砖法"。

"三一砌砖法"可分解为铲灰、取砖、转身、铺灰、揉挤和将余灰甩入竖缝6个动作。如图6-42所示。

(a)铲灰取砖　　　　　(b)转身　　　　　(c)铺灰

(d)挤压　　　　　　(e)余灰甩入竖缝

图6-42　"三一"砌筑法的动作分解

（1）铲灰取砖。使用的主要工具是大铲和刨锛。铲灰和取砖应熟练或合为一个动作进行。右手取砖，左手铲灰，拿砖时就要目选好下一块砖，以确定下一个动作的目标，这样有利于提高工效。铲灰量以一铲灰刚好能砌一块砖为佳。如图6-42（a）所示。

（2）铺灰。砌条砖铺灰采取正铲甩灰和反扣两个动作。甩的动作应用于砌筑离身较远且工作面较低的砖墙，甩灰时握铲的手利用手腕的挑力，将铲上的灰拉长而均匀地落在操作面上。扣的动作应用于正面对墙、操作面较高的近身砖墙，扣灰时握铲的手利用手臂的前推力将灰条扣出，详见图6-42（c）。

（3）揉挤。砂浆铺好后，按图6-40的动作要求摆砖揉挤。

（4）步法。"三一"砌筑法的步法是操作者背向前进方向（即退着往后），斜站成步距约0.8m的丁字步，以便随着砌筑部位的变化，取砖、铲灰时身体能转动灵活。一个丁字步可以完成1m长的砌筑工作量。在砌离身体较远的砖墙时，身体重心放在前足，后足跟可以略微抬起，砌到近身部位时，身体重心移到后腿，前腿逐渐后缩。在完成1m工作量后，前足后移半步，人体正面对墙，还可以砌0.5m，这时铲灰、砌砖脚步可以以后足为轴心稍微转动，砌完1.5m长墙人随之移动一个工作段，如图6-43所示。

（5）手法。"三一"砌筑法的手法如图6-44所示。

（6）砌筑时的现场布料。砖和灰斗在操作面上的安放位置，应方便操作者砌筑，安放不当会打乱步法，增加砌筑中的多余动作。灰斗的放置由墙角开始，第一个灰斗布置在离大角或窗洞墙0.6～0.8m处，沿墙的灰斗距离为1.5m左右，灰斗之间码放两排砖，要求排放整

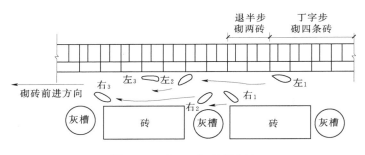

图 6-43 "三一"砌筑步法

齐。遇有门窗洞口处可不放料，灰斗位置相应退出门窗口边 60～80cm，材料与墙之间留出 50cm，作为操作者的工作面。砖和砂浆的运输在墙内楼面上进行。灰斗和砖的排放如图 6-45 所示。

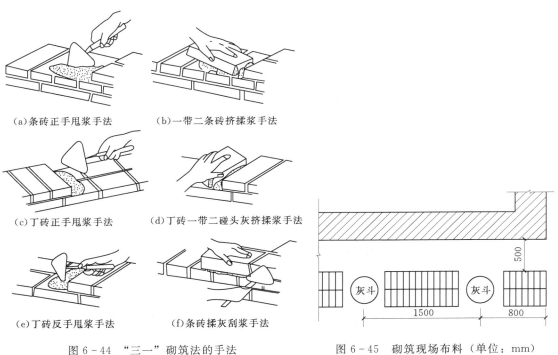

（a）条砖正手甩浆手法 （b）一带二条砖挤揉浆手法

（c）丁砖正手甩浆手法 （d）丁砖一带二碰头灰挤揉浆手法

（e）丁砖反手甩浆手法 （f）条砖揉灰刮浆手法

图 6-44 "三一"砌筑法的手法

图 6-45 砌筑现场布料（单位：mm）

2．"二三八一"砌筑法

"二三八一"砌筑法是把砌砖的动作过程归纳为两种步法、三种弯腰姿势、八种铺灰手法、一种挤浆动作。两种步法是指操作者以丁字步与并列步交替退行操作；三种弯腰姿势是指操作过程中采用侧弯腰、丁字步弯腰与并列步弯腰进行操作；八种铺灰手法，即砌条砖采用甩、扣、溜、泼四种手法和砌丁砖采用扣、溜、泼、一带二等四种手法；一种挤浆动作，即平推挤浆法。此法大大简化了操作，使身体各部肌肉轮流运动，减少疲劳。对于砌筑工的初学者，由于没有习惯动作，训练起来更见效。

（1）两种步法。

1）砌砖时以 1.5m 长为单位，将墙体划分为若干个工作面，操作者背向砌砖前进方向退步砌筑，如图 6-46 所示。

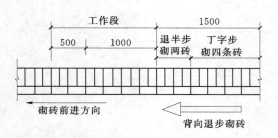

图 6-46 工作段及背向退步砌筑（单位：mm）

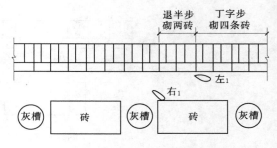

图 6-47 丁字步

2）开始砌筑时，人斜站成步距约 0.8m 的丁字步，左足在前（离大角约 1m），右足在后，后腿紧靠灰斗。此时，右手自然下垂，就可以方便地在灰斗中取灰，左足绕足跟稍微转动一下，就可以方便地取到砖块，如图 6-47 所示。

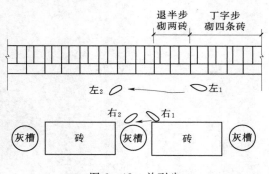

图 6-48 并列步

3）砌完 1m 长的墙体后，左足后撤半步，右足稍稍移动即成为并列步，操作者基本上面对墙身，靠两足稍转动来完成取砖和灰的动作，又可完成 0.5m 长的砖墙砌筑。如图 6-48 所示。

4）砌完 1.5m 长的墙体后，左足后撤半步，右足后撤一步，第二次仍站成丁字步，再重复前面的动作。

（2）三种弯腰姿势。

1）侧身弯腰。当操作者站成丁字步的姿势铲灰和取砖时，应采取侧身弯腰的动作，利用后腿微弯、斜肩和侧身弯腰来降低身体的高度，以达到铲灰和取砖的目的。侧身弯腰时动作时间短，腰部只承担轻度的负荷。在完成铲灰取砖后，可借助伸直后腿和转身的动作，使身体重心移向前腿而转换成正弯腰，用于砌较近的墙体。如图 6-49（a）所示。

图 6-49 三种弯腰姿势

2）丁字步正弯腰。当操作者站成丁字步，并砌筑离身体较远的矮墙身时，应采用丁字步正弯腰的动作。如图6-49（b）所示。

3）并列步正弯腰。丁字步正弯腰时重心在前腿，当砌到近身砖墙并改换成并列步砌筑时，操作者就取并列步正弯腰的动作。如图6-49（c）所示。

（3）八种铺灰手法。

1）砌条砖时的三种手法：扣法、甩法、泼法。

2）砌丁砖时的三种手法：扣法、溜法、泼法。

3）砌角砖时的溜法。

4）一带二铺灰法。

（4）一种挤浆动作。挤浆时应将砖落在灰条2/3的长度或宽度处，将超过灰缝厚度的那部分砂浆挤入竖缝内。如果铺灰过厚，可用揉搓的办法将过多的砂浆挤出。在挤浆和揉搓时，大铲应及时接刮从灰缝中挤出的余浆并甩入竖缝内（当竖缝严实时也可甩入灰斗中）。如果是砌清水墙，可以用铲尖稍稍伸入平缝中刮浆，这样不仅刮了浆，而且减少了勾缝的工作量和节约了材料。

3．铺灰挤砌法

铺灰挤砌法是采用一定的铺灰工具，如铺灰器等，先在墙上用铺灰器铺一段砂浆，然后将砖紧压砂浆层，推挤砌于墙上的方法。铺灰挤砌法分为单手挤浆法和双手挤浆法两种。

（1）单手挤浆法。一般用铺灰器铺灰，操作者应沿砌筑方向退着走。砌顺砖时，左手拿砖距前面的砖块约50～60mm处将砖放下，砖稍稍蹭灰面，沿水平方向向前推挤，把砖前灰浆推起作为立缝处砂浆（俗称挤头缝），用瓦刀将水平灰缝挤出墙面的灰浆刮清甩填于立缝内。如图6-50所示。

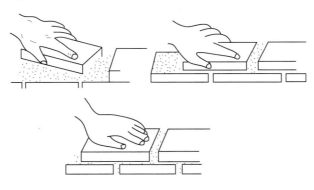

图6-50 单手挤浆法

当砌顶砖时，将砖擦灰面放下后，用手掌横向往前挤，挤浆的砖口要略呈倾斜，用手掌横向往前挤，到将接近一指缝时，砖块略向上翘，以便带起灰浆挤入立缝内，将砖压至与准线平齐为止，并将内外挤出的灰浆刮清，甩填于立缝内。

当砌墙的内侧顺砖时，应将砖由外向里靠，水平向前挤推，这样立缝处砂浆容易饱满，同时用瓦乃将反面墙水平缝挤出的砂浆刮起，甩填于挤砌的立缝内。

挤浆砌筑时，手掌要用力，使砖与砂浆密切结合。

（2）双手挤浆法。双手挤浆法操作时，使靠墙的一只脚脚尖稍偏向墙边，另一只脚向斜前方踏出400mm左右（随着砌砖动作灵活移动），使两脚很自然地站成"T"字形。身体离墙约 70mm，胸部略向外倾斜。这样，便于操作者转身拿砖、挤砖和看棱角。

　　拿砖时，靠墙的一只手先拿，另一只手跟着上去，也可双手同时取砖；两眼要迅速查看砖的边角，将棱角整齐的一边先砌在墙的外侧；取砖和选砖几乎同时进行。为此操作必须熟练，无论是砌顶砖还是顺砖，靠墙的一只手先挤，另一只手迅速跟着挤砌，其他操作方法与单手挤浆法相同。

　　如砌丁砖，当手上拿的砖与墙上原砌的砖相距 50～60mm 时；如砌顺砖距离约 130mm 时，把砖的一头（或一侧）抬起约 40mm，将砖插入砂浆中，随即将砖放平，手掌不要用力挤压，只需依靠砖的倾斜自坠力压住砂浆，平推前进。若竖缝过大，可用手掌稍加压力，将灰缝压实至 10mm 为止。然后看准砖面，如有不平，用手掌加压，使砖块平整。由于顺砖长，因而要特别注意砖块下齐边棱上平线，以防墙面产生凹进凸出和高低不平现象，如图 6-51 所示。

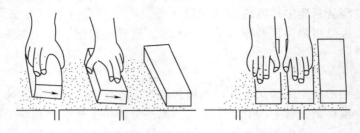

图 6-51　双手挤浆法

　　这种方法，在操作时减少了每块砖要转身、铲灰、弯腰、铺灰等动作，可大大减轻劳动强度。并还可组成两人或三人小组，铺灰、砌砖分工协作，密切结合，提高工效。此外，由于挤浆时平推平挤，使灰缝饱满，充分保证墙体质量。但要注意，如砂浆保水性能不好，砖湿润又不合要求，操作不熟练，推挤动作稍慢，往往会出现砂浆干硬，造成砌体黏结不良。因此在砌筑时要求快铺快砌，挤浆时严格掌握平推平挤，避免前低后高，以免把砂浆挤成沟槽使灰浆不饱满。

三、砖砌体施工

（一）施工准备

1. 砖的准备

砖的品种、强度等级必须符合设计要求，并应规格一致。用于清水墙、柱表面的砖，还应边角整齐、色泽均匀。在常温下施工时，砌砖前 1d 应将砖浇水湿润。施工中可将砖砍断，检查吸水深度，如达到 10～20mm，通常按 1m³ 烧结普通砖均匀浇水 170～250kg 即认为合格。砖不应在脚手架上浇水，若砌筑时砖块干燥，可用喷壶适当补充浇水。

2. 砂浆的准备

砂浆的品种、强度等级必须符合设计要求，砂浆的稠度应符合砌体种类的规定。拌制中保证砂浆的配合比和稠度，运输中不漏浆、不离析，以保证施工质量。

（1）砌筑砂浆强度等级必须符合以下设计要求：

1）水泥。一般采用 32.5 级或 42.5 级普通硅酸盐水泥或矿渣硅酸盐水泥。

2）砂。一般宜用中砂，并不得含有有害物质，勾缝宜用细砂。

3）水。使用自来水或天然洁净可供饮用的水。

（2）砖的品种、强度等级必须符合设计要求，并应规格一致，有出厂合格证及试验报告。

1）用于基础的砖宜用烧结普通砖。

2）蒸压灰砂砖和蒸压粉煤灰砖也可用于基础，但不得用于长期受热 200℃ 以上、受急冷急热和有酸性介质侵蚀的部位。

3）砂浆的技术性能及砂浆强度等必须满足设计的要求。每一个施工段或 250m³ 砌体，每一种砂浆应制作 1 组（6 块）试块。

3. 砌体工作段划分

1）相邻工作段的分段位置，宜设在伸缩缝、沉降缝、防震缝构造柱或门窗洞口处。

2）相邻工作段的高度差，不得超过一个楼层的高度，且不得大于 4m。

3）砌体临时间断处的高度差，不得超过一步脚手架的高度。

4）砌体施工时，楼面堆载不得超过楼板允许荷载值。

5）尚未安装楼板或屋面的墙和柱，当可能遇到大风时，其允许自由高度不得超过有关规定。如超过规定，必须采取临时支撑等有效措施以保证墙或柱在施工中的稳定性。

6）每天砌筑高度不宜超过 1.8m。雨天施工应防止雨水冲刷砂浆（或基槽灌水），砂浆的稠度应适当减小，每日砌筑高度不宜超过 1.2m，收工时应遮盖砌体表面。

7）设有钢筋混凝土抗风柱的房屋，应在柱顶与屋架以及屋架间的支撑均已连接固定后，方可砌筑山墙。

4. 施工准备

（1）主要机具。

1）机械设备：砂浆搅拌机、水平运输机械等。

2）主要工具：瓦刀、大铁锹、刨锛、手锤、钢凿、筛子、铁锹、手推车等。

3）检测工具：水准仪、经纬仪、钢卷尺、卷尺、锤线球、水平尺、磅秤、砂浆试模等。

（2）技术准备。

1）根据施工图纸（已会审）及标准规范，编制砌体的施工方案并经相关单位批准通过。

2）根据现场条件，完成工程测量控制点的定位、移交、复核工作。

3）编制工程材料、机具、劳动力的需求计划。

4）完成进场材料的见证取样复检及砌筑砂浆的试配工作。

5）组织施工人员进行技术、安全交底工作。

（二）砖基础施工

1. 构造形式

砖基础一般做成阶梯形，俗称大放脚，有等高式（两皮一收）和间隔式（两皮一收与一收相间）两种，每一种收退台宽度均为 1/4 砖（60mm）。砖基础大放脚形式如图 6-53 所示。

2. 砖基础施工工艺

（1）基础弹线。在基槽四角各相对龙门板的轴线标钉上拴上白线挂紧，沿白线挂线锤，找出白线在垫层面上的投影点，把各投影点连接起来，即基础的轴线。按基础图所示尺寸，用钢尺向两侧量出各道基础底部大脚的边线，在垫层上弹上墨线。如果基础下没有垫层，无

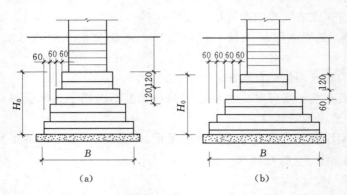

图6-52 砖砌条形基础(单位:mm)

法弹线,可将中线或基础边线用大钉子钉在槽沟边或基底上,以便挂线。

(2)设置基础皮数杆。基础皮数杆的位置应设在基础转角,如图6-54所示。

内外墙基础交接处及高低踏步处。基础皮数杆上应标明大放脚的皮数、退台、基础的底标高、顶标高以及防潮层的位置等。如果相差不大,可在大放脚砌筑过程中逐皮调整,灰缝可适当加厚或减薄(俗称提灰或杀灰),但要注意在调整中防止砖错层。

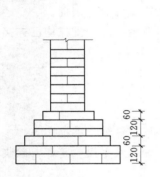

图6-53 基础大放(单位:mm)

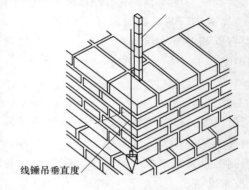

线锤吊垂直度

图6-54 基础皮数杆设置

(3)排砖摞底。砌筑基础大放脚时,可根据垫层上弹好的基础线按"退台压丁"的方法先进行摆砖摞底。排砖摞底影响到整个基础的砌筑质量。具体方法是,根据基底尺寸边线和已确定的组砌方式及不同的砂浆,用砖在基底的一段长度上干摆一层,摆砖时应考虑竖缝的宽度,并按"退台压丁"的原则进行,上、下皮砖错缝达1/4砖长,在转角处用"七分头"来调整搭接,避免立缝重缝。摆完后应经复核无误才能正式砌筑。为了砌筑时有规律可循,必须先在转角处将角盘起,再以两端转角为标准拉准线,并按准线逐皮砌筑。当大放脚返台到实墙后,再按墙的组砌方法砌筑。

当设计没有具体规定时,大放脚及基础墙一般采用一顺一丁的组砌方式,在基础砌筑时,由于要进行大放脚和收台阶的操作,砌筑时相对墙身来说要复杂一些。大放脚基底宽度可以按下式计算:

$$B = b + 2L$$

式中 B——大放脚宽度,mm;

b——正墙身宽度,mm;

L——基础收进的宽度，mm。

实际应用时，还要考虑灰缝的宽度；大放脚基底宽度计算好后，即可进行排砖摆底。

排砖就是按照基底尺寸线和已定的组砌方式，把砖在一定长度内整个干摆一层，排砖时应该考虑竖缝的宽度，一般情况下，要求山墙摆成丁砖，檐墙摆成顺砖，即所谓"山丁檐跑"。

排砖结束后，用砂浆把干摆的砖砌起来，叫做摆底。对摆底的要求，一是不能改变已排好的砖的平面位置，要一铲灰一块砖地砌筑；二是必须严格与皮数杆标准砌平，偏差过大的要在准备阶段处理完毕。一般来说，10mm 左右的偏差可以用调整砂浆灰缝的厚度来解决，但是，必须先在大角按皮数杆砌好后，拉好拉紧准线，才能使摆底砌筑全面铺开。

常见摆底排砖方法，有六皮三收等高式大放脚（图 6-55）和六皮四收间隔式大放脚（图 6-56）。

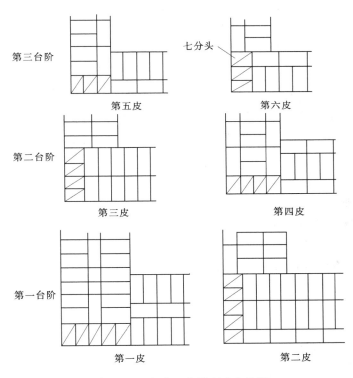

图 6-55 六皮三收等高式大放脚

（4）砌筑。

1）盘角。在房屋的转角、大角处立皮数杆砌好墙角。每次盘角高度不得超过五皮砖，并需用线锤检查垂直度和用皮数杆检查其标高有无偏差。如有偏差，应在砌筑大放脚的操作过程中逐皮进行调整（俗称提灰缝或刹灰缝）。在调整中，应防止砖错层，即要避免"螺丝墙"情况。

2）收台阶。基础大放脚每次收台阶必须用尺量准尺寸，其中部的砌筑应以大角处准线为依据，不能用目测或砖块比量，以免出现误差。在收台阶完成后和砌基础墙之前，应利用龙门板的"中心钉"拉线检查墙身中心线，并用红铅笔将"中"字画在基础墙侧面，以便随时检查复核。

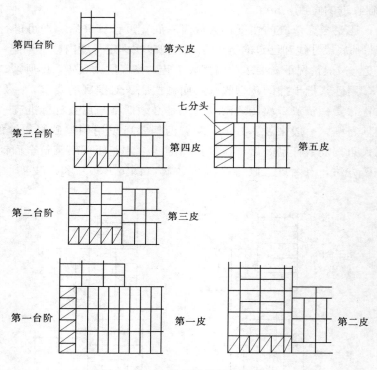

图 6 - 56　六皮四收间隔式大放脚

3）基础砌筑要点。

a）内外墙的砖基础均应同时砌筑。如有特殊原因不能同时砌筑，应留设斜槎（踏步槎），斜槎长度不应小于斜槎的高度。基础底标高不同时，应由低处砌起，并由高处向低处搭接；如设计无具体要求，其搭接长度不应小于大放脚的高度，如图 6 - 57 和图 6 - 58 所示。

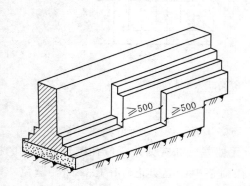

图 6 - 57　砖基础高低接头砌筑（单位：mm）

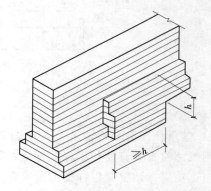

图 6 - 58　基底标高不同时砖基础的搭砌

b）在基础墙的顶部、首层室内地面（±0.000）以下一皮砖处（−0.006m），应设置防潮层。如设计无具体要求，防潮层宜采用 1：2.5 的水泥砂浆加适量的防水剂经机械搅拌均匀后铺设，其厚度为 20mm。抗震设防地区的建筑物严禁使用防水卷材作基础墙顶部的水平防潮层。

c）建筑物首层室内地面以下部分的结构为建筑物的基础，但为了施工的方便，砖基础一般均只做到防潮层。

d）基础大放脚的最下一皮砖、每个大放脚台阶的上表层砖，均应采用横放丁砌砖所占比例最多的排砖法砌筑，此时不必考虑外立面上下一顺一丁相间隔的要求，以便增强基础大放脚的抗剪强度。基础防潮层下的顶皮砖也应采用丁砌为主的排砖法。

e）砖基础水平灰缝和竖缝宽度应控制在 8～12mm，水平灰缝的砂浆饱满度用百格网检查不得小于 80%。砖基础中的洞口、管道、沟槽和预埋件等，砌筑时应留出或预埋，宽度超过 300mm 的洞口应设置过梁。

f）基础十字形、T 形交接处和转角处组砌的共同特点是：穿过交接处的直通墙基础的应采用一皮砌通与一皮从交接处断开相间隔的组砌型式；T 形交接处、转角处的非直通墙的基础与交接处也应采用一皮搭接与一皮断开相间隔的组砌型式，并在其端头加七分头砖（3/4 砖长，实长为 177～178mm）。

g）砖基础底标高不同时，应从低处砌起，并应由高处向低处搭砌，当设计无要求时，搭砌长度不应小于砖基础大放脚的高度，如图 6－58 所示。

（5）防潮层施工。抹基础防潮层应在基础墙全部砌到设计标高，并在室内回填土已完成时进行。防潮层的设置是为了防止土壤中水分沿基础墙中砖的毛细管上升而侵蚀墙体，造成墙身的表面抹灰层脱落，甚至墙身受潮冻结膨胀而破坏。如果基础墙顶部有钢筋混凝土地圈梁，则可以代替防潮层；如没有地圈梁，则必须做防潮层，即在砖基础上，室内地坪±0.000 以下 60mm 处设置防潮层，以防止地下水上升。

防潮层的做法是抹 20mm 厚的防水砂浆。防水砂浆可采用 1:2 水泥砂浆加入水泥质量的 3%～5% 的防水剂搅拌而成。如使用防水粉，应先把粉剂和水搅拌成均匀的稠浆再添加到砂浆中去，不允许用砌墙砂浆加防水剂来抹防潮层；也可浇筑 60mm 厚的细石混凝土防潮层。对防水要求高的，可再在砂浆层上铺油毡，但在抗震设防地区不能用。抹防潮层时，应先在基础墙顶的侧面抄出水平标高线，然后用直尺夹在基础墙两侧，尺面按水平标高线找准，然后摊铺防水砂浆，待初凝后再用木抹子收压一遍，做到平实且表面拉毛。

（6）施工注意事项。

1）沉降缝两边的基础墙按要求分开砌筑，两侧的墙要垂直，缝的大小上下要一致，不能贴在一起或者搭砌，缝中不得落入砂浆或碎砖，先砌的一边墙应把舌头灰刮清，后砌的一边墙的灰缝应缩进砖口，避免砂浆堵住沉降缝，影响自由沉降。为避免缝内掉入砂浆，可在缝中间塞上木板，随砌筑随将木板上提。

2）基础的埋置深度不等高呈踏步状时，砌砖时应先从低处砌起，不允许先砌上面后砌下面，在高低台阶接头处，下面台阶要砌长不小于 50cm 的实砌体，砌到上面后与上面的砖一起退台。

3）基础预留孔必须在砌筑时留出，位置要准确，不得事后凿基础。

4）灰缝要饱满，每次收砌退台时应用稀砂浆灌缝，使立缝密实，以抵御水的侵蚀。

5）基础墙砌完，经验收后进行回填，回填时应在墙的两侧同时进行，以免单面填土使基础墙在土压力下变形。

（三）砖柱砌筑施工

砖柱是用烧结普通砖、烧结多孔砖、蒸压灰砂砖、蒸压粉煤灰砖与水泥混合砂浆（或水泥砂浆）砌筑而成。砖的强度等级应不低于 MU10，砂浆强度等级应不低于 M5。

1. 砖柱的砌筑方法

（1）组砌方法应正确，一般采用满丁满条。

（2）里外咬槎，上下层错缝，采用"三一"砌砖法（即一铲灰、一块砖、一挤揉），严禁用水冲砂浆灌缝的方法。

2. 砖柱砌筑施工要点

（1）砖柱砌筑前，基层表面应清扫干净，洒水湿润。基础面高低不平时，要进行找平，小于 3cm 的要用 1：3 水泥砂浆，大于 3cm 的要用细石混凝土找平，使各柱第一皮砖在同一标高上。

（2）砌砖柱应四面挂线，当多根柱子在同一轴线上时，要拉通线检查纵横柱网中心线，同时应在柱的近旁竖立皮数杆。

（3）柱砖应选择棱角整齐，无弯曲、裂纹，颜色均匀，规格基本一致的砖；对于圆柱或多角柱要按照排砌方案加工弧形砖或切角砖，加工砖面须磨平，加工后的砖应编号堆放，砌筑时对号入座。

（4）排砖摆底，根据排砌方案进行干摆砖试排。

（5）砌砖宜采用"三一"砌法。柱面上下皮竖缝应相互错开 1/2 砖长以上。柱心无通天缝。严禁采用先砌四周后填心的砌法。图 6-59 是几种不同断面砖柱的错误砌法。

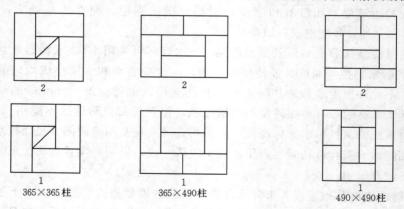

图 6-59 砖柱错误砌法

（6）砖柱的水平灰缝和竖向灰缝宽度宜为（10±2）mm。水平灰缝的砂浆饱满度不得小于 80%，竖缝也要求饱满，不得出现透明缝。

（7）柱砌至上部时，要拉线检查轴线、边线、垂直度，保证柱位置正确。同时还要对照皮数杆的砖层及标高，如有偏差，应在水平灰缝中逐渐调整，使砖的层数与皮数杆一致。砌楼层砖柱时，要检查上层弹的墨线位置是否与下层柱子有偏差，以防止上层柱落空砌筑。

（8）2m 高范围内清水柱的垂直偏差不大于 5mm，混水柱不大于 8mm，轴线位移不大于 10mm。每天砌筑高度不宜超过 1.8m。

（9）单独的砖柱砌筑，可立固定皮数杆，也可以经常用流动皮数杆检查高低情况。当几个砖柱同列在一条直线上时，可先砌两头砖柱，再在其间逐皮拉通线砌筑中间部分砖柱，这样易控制皮数正确，进出及高低一致。

（10）砖柱与隔墙相交，不能在柱内留阴槎，只能留阳槎，并加联结钢筋拉结。如在砖柱水平缝内加钢筋网片，在柱子一侧要露出 1~2mm 以备检查，看是否遗漏，填置是否正确。砌楼层砖柱时，要检查上层弹的墨线位置是否和下层柱对准，防止上下层柱错位，落空砌筑。

（11）砖柱四面都有棱角，在砌筑时一定要注意检查，特别是下面几皮砖要吊直，并要随时注意灰缝平整，防止发生砖柱扭曲或砖体砌筑高低不平等情况。

（12）砖柱表面的砖应边角整齐、色泽均匀。

（13）砖柱的水平灰缝厚度和竖向灰缝宽度宜为 10mm 左右。

（14）砖柱上一般不得留设脚手眼。

3. 加设钢丝网配筋砖柱砌筑

钢丝网配筋砖柱是指水平灰缝中配有钢丝网的砖柱。配筋砖柱所用的砖强度等级不应低于 MU10，砂浆强度等级不应低于 M5。

钢丝网有方格网和连弯网两种。方格网的钢丝直径为 3~4mm，连弯网的钢丝直径不大于 8mm。钢丝间距不应大于 120mm 并不应小于 30mm。钢丝网沿砖柱高度方向的间距不应超过五皮砖，并不应大于 400mm。当采用连弯网时，钢丝方向应互相垂直，沿砖柱高度方向交错设置，连弯网间距取同一方向网的间距，如图 6-60 所示。

钢丝网配筋砖柱砌筑时，按上述砖柱砌筑进行，在铺设有钢丝网的水平灰缝砂浆时，应分两次进行，先铺厚度一半的砂浆，放上钢丝网，再铺厚度一半的砂浆，使钢丝网置于水平灰缝砂浆层的中间，并使钢丝网上下各有 2mm 的砂浆保护层。放

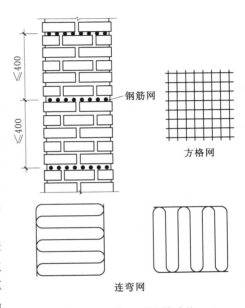

图 6-60　钢丝网配筋砖柱

有钢丝网的水平灰缝厚度为 10~12mm，其他灰缝厚度控制在 10mm 左右。

（四）墙体砌筑施工

1. 找平弹线

砌墙之前，应将基础防潮层或楼面上的灰砂泥土、杂物等清除干净，并用水泥砂浆或豆石混凝土找平，使各段砖墙底部标高符合设计要求；找平时，需使上下两层外墙之间不致出现明显的接缝。随后开始弹墙身线。

弹线的方法：根据基础四角各相对龙门板，在轴线标钉上拴上白线挂紧，拉出纵横墙的中心线或边线，投到基础顶面上，用墨斗将墙身线弹到墙基上，内间隔墙如没有龙门板，可自外墙轴线相交处作为起点，用钢尺量出各内墙的轴线位置和墙身宽度；根据图样画出门窗口位置线。墙基线弹好后，按图样要求复核建筑物长度、宽度、各轴线间尺寸。经复核无误后，即可作为底层墙砌筑的标准。

2. 立皮数杆并检查校对

砌墙前应先立好皮数杆，皮数杆一般应立在墙的转角、内外墙交接处以及楼梯间等突出部位，其间距不应太长，以 15m 以内为宜，如图 6-61 所示。

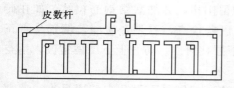

图 6-61　皮数杆设置位置

皮数杆钉于木桩上，皮数杆下面的±0.000 线与木桩上所抄测的±0.000 线要对齐，都在同一水平线上。所有皮数杆应逐个检查是否垂直，标高是否准确，在同一道墙上的皮数杆是否在同一平面内。核对所有皮数杆上砖的层数是否一致，每皮厚度是否一致，对照图样核对窗台、门窗过梁、雨篷、楼板等标高位置，核对无误后方可砌砖。

3. 排砖撂底

在砌砖前，要根据已确定的砖墙组砌方式进行排砖撂底，使砖的垒砌合乎错缝搭接要求，确定砌筑所需要块数，以保证墙身砌筑竖缝均匀适度，尽可能做到少砍砖。排砖时应根据进场砖的实际长度尺寸的平均值来确定竖缝的大小。一般外墙第一层砖撂底时，两山墙排丁砖，前后檐纵墙排条砖。根据弹好的门窗洞口位置线，认真核对窗间墙、垛尺寸，其长度是否符合排砖模数；如不符合模数，可将门窗口的位置左右移动。若有破活，七分头或丁砖应排在窗口中间、附墙垛或其他不明显的部位。移动门窗口位置时，应注意暖卫立管安装及门窗开启时不受影响。另外，在排砖时还要考虑在门窗口上边的砖墙合拢时也不出现破活。所以排砖时必须做全盘考虑，前后檐墙排第一皮砖时，要考虑甩窗口后砌条砖，窗角上必须是七分头才是好活。

4. 立门窗框

一般门、窗有木门窗、铝合金门窗和钢门窗、彩板门窗、塑钢门窗等。门窗安装方法有"先立口"和"后塞口"两种方法。

对于木门窗一般采用"先立口"方法，即先立门框或窗框，再砌墙。亦可采用"后塞口"方法，即先砌墙，后安门窗；对于金属门窗一般采用"后塞口"方法。对于先立框的门窗洞口砌筑，必须与框相距 10mm 左右砌筑，不要与木框挤紧，造成门框或窗框变形。后立木框的洞口，应按尺寸线砌筑。根据洞口高度在洞口两侧墙中设置防腐木拉砖（一般用冷底子油浸一下或涂刷即可）。

洞口高度 2m 以内，两侧各放置 3 块木拉砖，放置部位距洞口上、下边 4 皮砖，中间木砖均匀分布，即原则上木砖间距为 1m 左右。木拉砖宜做成燕尾状，并且小头在外，这样不易拉脱。不过，还应注意木拉砖在洞口侧面位置是居中、偏内还是偏外；对于金属等门窗则按图埋入铁件或采用紧固件等，其间距一般不宜超过 600mm，离上、下洞口边各 3 皮砖左右。洞口上、下边同样设置铁件或紧固件。

5. 盘角、挂线

砌砖前应先盘角，每次盘角不要超过 5 层，新盘的大角，及时进行吊、靠。如有偏差，要及时修整。盘角时要仔细对照皮数杆的砖层和标高，控制好灰缝大小，使水平灰缝均匀一致。大角盘好后再复查一次，平整和垂直完全符合要求后，再挂线砌墙。

砌筑一砖半墙必须双面挂线，如果长墙几个人均使用一根通线，中间应设几个支线点，小线要拉紧，每层砖都要穿线看平，使水平缝均匀一致，平直通顺，挂线时要把高出的障碍物去掉，中间塌腰的地方要垫一块砖，俗称腰线砖，如图 6-62 所示。垫腰线砖应注意准线不能向上拱起。经检查平直无误后即可砌砖。

每砌完一皮砖后，由两端把大角的人逐皮往上起线。此外，还有一种挂线法，不用坠砖而将准线挂在两侧墙的立线上，俗称挂立线，一般用于砌间墙。将立线的上下两端拴在钉入纵墙水平缝的钉子上并拉紧，如图6-63所示。根据挂好的立线拉水平准线，水平准线的两端要由立线的里侧往外拴，两端拴的水平缝线要同纵墙缝一致，不得错层。

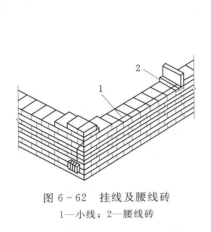

图6-62　挂线及腰线砖
1—小线；2—腰线砖

图6-63　挂立线

6. 实心砖墙体砌砖

（1）砌筑要点。

1）砌砖时砖要放平。砌砖宜采用一铲灰、一块砖、一挤揉的"三一"砌砖法，即满铺、满挤操作法。

2）砌砖一定要跟线，按照"上跟线，下跟棱，左右相邻要对平"的原则。

3）水平灰缝厚度和竖向灰缝宽度一般为10mm，但不应小于8mm，也不应大于12mm。

4）为保证清水墙面主缝垂直，不应出现游丁走缝，当砌完一步架高时，宜每隔2m水平间距，在丁砖立楞位置弹两道垂直立线，可以分段控制游丁走缝。

5）在操作过程中，要认真进行自检，如出现偏差，应随时纠正，严禁事后砸墙。

6）清水墙不允许有三分头，不得在上部任意变活、乱缝。

7）砌筑砂浆应随搅拌随使用，一般水泥砂浆必须在3h内用完，水泥混合砂浆必须在4h内用完，不得使用过夜砂浆。

8）砌清水墙应随砌随划缝，划缝深度为8～10mm，深浅一致，墙面清扫干净。混水墙应随砌随将舌头灰刮尽。

（2）门窗洞口、窗间墙砌法。

1）当墙砌到窗台标高以后，在开始往上砌筑窗间墙时，应对立好的窗框进行检查。察看安立的位置是否正确，高低是否一致，立口是否在一条直线上，进出是否一致，立的是否垂直等。如果窗框是后塞口的，应按图样在墙上画出分口线，留置窗洞。

2）砌窗间墙时，应拉通线同时砌筑。门窗两边的墙宜对称砌筑、靠窗框两边的墙砌砖时要注意丁顺咬合，避免通缝。并应经常检查门窗口里角和外角是否垂直。

3）当门窗立上时，砌窗间墙不要把砖紧贴着门窗口，应留出3mm的缝隙，免得门窗框受挤变形。在砌墙时，应将门窗框上下走头砌入卡紧，将门窗框固定。

4）当塞口时，按要求位置在两边墙上砌入防腐木砖，一般窗高不超过1.2m的，每边放两块，各距上下边都为 3～4 皮砖。木砖应事先做防腐处理。木砖埋砌时，应小头在外，这样不易拉脱。如果采用钢窗，则按要求位置预先留好洞口，以备镶固铁件。当窗间墙砌到门窗上口时，应超出窗框上皮 10mm 左右，以防止安装过梁后下沉压框。

5）安装完过梁以后，拉通线砌长墙，墙砌到楼板支承处，为使墙体受力均匀，楼板下的一皮砖应为丁砖层，如楼板下的一皮砖赶上顺砖层时，应改砌成丁砖层。此时则出现两层丁砖，俗称重丁。

6）一层楼砌完后，所有砖墙标高应在同一水平。

（3）留槎。

1）外墙转角处应同时砌筑。

2）内外墙交接处必须留斜槎，槎长度不应小于墙体高度的 2/3，槎子必须平直、通顺。分段位置应在变形缝或门窗口转角处，隔墙与墙或柱不同时砌筑时，可留阳槎加预埋拉结筋。沿墙高按设计要求每 50cm 预埋 $\phi 6$ 钢筋 2 根，其埋入长度从墙的留槎处算起，一般每边均不小于 50cm，末端应加 90°弯钩。

3）施工洞口也应按以上要求留水平拉结筋，隔墙顶应用立砖斜砌挤紧。

（4）异形角墙的砌筑。

1）弧形墙的砌筑。弧形墙在砌筑前应按墙的弧度做木套板，若不是一个弧度组成时，应按不同的弧度增加套板。砌前按所弹的墙身线将砖进行试摆，经检查其错缝搭接符合要求后再行砌筑。砌筑时要求灰缝饱满、砂浆密实，水平缝厚 8～10mm，垂直缝最小不小于 7mm，最大不大于 12mm。当墙的弧度较大时，可采用顺砖和顶砖交错的砌法。弧度小时，宜采用顶砌法，也可采用加工成楔形砖砌法。用楔形砖砌筑，水平与竖直灰缝宜控制在 10mm 左右。无论采用何种砌法，上下皮竖缝应搭接 1/4 砖长。当墙厚超过两砖时，应先砌外皮再砌内皮，然后填心。在砌筑过程中，每砌 3～5 皮用弧形木套板沿弧形墙面检查，竖向仍用线锤及托线板定点检查。发现偏差应立即纠正。采用楔形砌筑时，提前做出楔形砖加工样板，将样板与砖比齐放平，再在砖上画线，把线外多余部分先砍掉，然后修整。要求高的外露面有时还须磨光，加工好的砖面应平整，楔形要符合砌筑要求。

2）钝角和锐角墙砌筑注意事项。无论是钝角还是锐角墙，砌砖时，经试摆确定叠砌的方法后，都要做出角部异形砖加工样板，按样板加工异形砖。经过加工后的砖角部要平正，不应有凹凸及斜面现象。为了保证异形角墙体有足够搭接长度，其搭接长度不小于 1/4 砖长。"八字角"及"凶角"都要砌成上下垂直。经过挂线检查角部两侧墙的垂直及平整。当砌清水墙异形角墙体时要注意砖面的选择、砖的加工以及头角、墙面的垂直和平整，并使灰缝均匀。

（5）木砖预留孔洞和墙体拉结筋。

1）木砖预埋时应小头在外，大头在内，数量按洞口高度决定。

2）洞口高在 1.2m 以内，每边放 2 块；高 1.2～2m，每边放 3 块；高 2～3m，每边放 4 块，预埋木砖的部位一般在洞口上边或下边四皮砖，中间均匀分布。

3）木砖要提前做好防腐处理。

4）钢门窗安装的预留孔、硬架支模、暖卫管道，均应按设计要求预留，不得事后剔凿。

5）墙体拉结筋的位置、规格、数量、间距均应按设计要求留置，不应错放、漏放。

7. 多孔砖墙体砌砖

多孔砖墙可采用 M 型或 P 型烧结多孔砖与水泥混合砂浆砌筑。承重多孔砖墙，砖的强度等级应不低于 M15，砂浆强度等级不低于 M2.5。砌筑要求如下：

（1）砖应提前 1～2d 浇水湿润，砖的含水率宜为 10%～15%。

（2）根据建筑剖面图及多孔砖规格制作皮数杆，皮数杆立于墙的转角处或交接处，其间距不超过 15m。在皮数杆之间拉准线，依线砌筑，清理基础顶面，并在基础面上弹出墙体中心线及边线（如在楼地面上砌起，则在楼地面上弹线），对所砌筑的多孔砖墙体进行多孔砖试摆。

（3）灰缝应横平竖直，水平灰缝和竖向灰缝宽度应控制在 10mm 左右，但不应小于 8mm，也不应大于 12mm。

（4）水平灰缝的砂浆饱满度不得小于 80%，竖缝要刮浆适宜，并加浆灌缝，不得出现透明缝，严禁用水冲浆灌缝。

（5）多孔砖宜采用"三一砌砖法"或"铺灰挤砌法"进行砌筑。竖缝要刮浆并加浆填灌，不得出现透明缝，严禁用水冲浆灌缝。多孔砖的孔洞应垂直于受压面（即呈垂直方向），多孔砖的手抓孔应平行于纵墙方向。

（6）多孔砖墙的转角处和交接处应同时砌筑，M 型多孔砖墙的转角处及交接处应加砌半砖块，P 型多孔砖墙的转角处及交接处应加砌七分头砖块。不能同时砌筑又必须留置的临时间断处应砌成斜槎。对于代号 M 多孔砖，斜槎长度应不小于斜槎高度；对于代号 P 多孔砖，斜槎长度应不小于斜槎高度的 2/3，如图 6-64 所示。

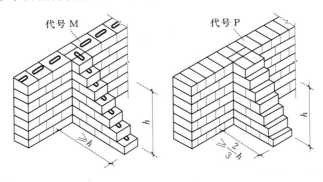

图 6-64　多孔砖留斜槎

（7）非承重多孔砖墙的底部宜用烧结普通砖砌三皮高，门窗洞口两侧及窗台下宜用烧结普通砖砌筑，至少半砖宽。

（8）多孔砖墙每天可砌高度应不超过 1.8m。

（9）门窗洞口的预埋木砖、铁件等应采用与多孔砖横截面一致的规格。

（10）多孔砖墙中不够整块多孔砖的部位，应用烧结普通砖来补砌，不得将砍过的多孔砖填补。

（五）构造柱做法

设有构造柱的砌体工程，砌砖前先根据设计图纸将构造柱位置进行弹线，并把构造柱插筋处理顺直。砌砖墙时，与构造柱连接处砌成马牙槎。每一马牙槎高度不宜超过 300mm，凸出宽度为 60mm。沿墙高每 500mm 设置 2 根 $\phi 6$ 的水平拉结钢筋，拉结钢筋每边伸入砖墙

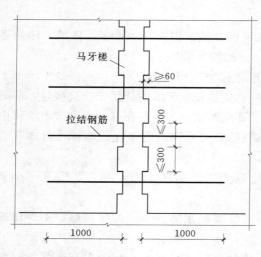

图 6-65　拉结钢筋及马牙槎设置

内不宜小于 1m，如图 6-65 所示。

砌筑砖墙时，马牙槎应先退后进，以保证构造柱脚处为大断面。砌筑过程中按规定间距放置水平拉结钢筋。当砖墙上门窗洞边到构造柱边（即墙马牙槎外齿边）的长度小于 1.0m 时，拉结钢筋则伸至洞边止。

砌墙时，应在各层构造柱底部（圈梁面上）以及该层二次浇灌段的下端位置留出 2 皮砖洞眼，供清除模板内杂物用。清除完毕立即封闭洞眼。砖墙灰缝的砂浆必须密实饱满，水平灰缝砂浆饱满度不得低于 80%。

（六）窗台、拱碹、过梁砌筑

1. 窗台

当墙砌到接近窗洞口标高时，如果窗台是用顶砖挑出，则在窗洞口下皮开始砌窗台；如果窗台是用侧砖挑出，则在窗洞口下两皮开始砌窗台。砌之前按图样把窗洞口位置在砖墙面上画出分口线，砌砖时砖应砌过分口线 60～120mm，挑出墙面 60mm，出檐砖的立缝要打碰头灰。

窗台砌虎头砖时，先把窗台两边的两块虎头砖砌上，用一根小线挂在它的下皮砖外角上，线的两端固定，作为砌虎头砖的准线，挂线后把窗台的宽度量好，算出需要的砖数和灰缝的大小。虎头砖向外砌成斜坡，在窗口处的墙上砂浆应铺得厚一些，一般里面比外面高出 20～30mm，以利泄水。操作方法是把灰打在砖中间，四边留 10mm 左右，一块一块地砌。砖要充分润湿，灰浆要饱满。如为清水窗台，砖要认真进行挑选。

如果几个窗口连在一起通长砌，其操作方法与上述单窗台砌法相同。

2. 拱碹

（1）拱碹。拱碹又称弧拱、弧碹。多采用烧结普通砖与水泥混合砂浆砌成。砖的强度等级应不低于 MU10，砂浆的强度等级应不低于 M5。它的厚度与墙厚相等，高度有一砖、一砖半等，外形呈圆弧形。

砌筑时，先砌好两边拱脚，拱脚斜度依圆弧曲率而定。再在洞口上部支设模板，模板中间有 1% 的起拱。在模板画出砖及灰缝位置，务必使砖数为单数，然后从拱脚处开始同时向中间砌砖，正中一块砖应紧紧砌入。

灰缝宽度：在过梁顶部不超过 15mm，在过梁底部不小于 5mm。待砂浆强度达到设计强度的 50% 以上时方可拆除模板，如图 6-66 所示。

（2）砖砌平碹。砖平碹多用烧结普通砖与水泥混合砂浆砌成。砖的强度等级应不低于 MU10，砂浆的强度等级应不低于 M5。它的厚度一般等于墙厚，高度为一砖或一砖半，外形呈楔形，上大下小。

砌筑时，先砌好两边拱脚，当墙砌到门窗上口时，开始在洞口两边墙上留出 20～30mm 错台，作为拱脚支点（俗称碹肩），而砌碹的两膀墙为拱座（俗称碹膀子）。除立碹外，其他碹膀子要砍成坡面，一砖碹错台上口宽 40～50mm，一砖半上口宽 60～70mm，如图 6-67 所示。

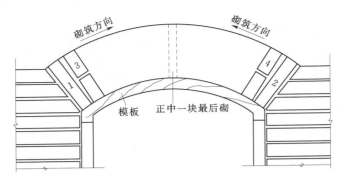

图 6-66 弧拱式过梁砌筑
（1～4 代表砌筑顺序）

再在门窗洞口上部支设模板，模板中间应有 1% 的起拱。在模板画出砖及灰缝位置，务必使砖数为单数。然后从拱脚处开始同时向中间砌砖，正中一块砖要紧紧砌入。灰缝宽度，在过梁顶部不超过 15mm，在过梁底部不小于 5mm。待砂浆强度达到设计强度的 50% 以上时方可拆除模板，如图 6-68 所示。

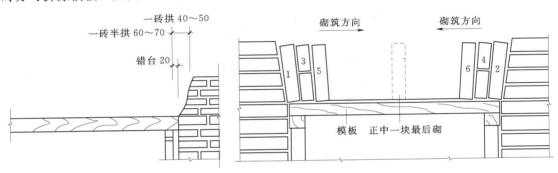

图 6-67 拱座砌筑（单位：mm）

图 6-68 平拱式过梁砌筑
（1～6 代表砌筑顺序）

3. 过梁

平砌式过梁又称钢筋砖过梁，它是由烧结普通砖与水泥混合砂浆砌成，砖的强度等级应不低于 MU10，砂浆强度等级应不低于 M5，过梁底部配纵向钢筋，每半砖厚墙配 1 根（不少于 3 根），钢筋直径不小于 6mm。砌筑时，先在门窗洞口上部支设模板，模板中间应有 1% 起拱。接着在模板面上铺设厚 30mm 的水泥砂浆，在砂浆层上放置钢筋，钢筋两端伸入墙内不少于 240mm，其弯钩向上，再按砖墙组砌形式继续砌砖，要求钢筋上面的一皮砖应丁砌，钢筋弯钩应置入竖缝内。钢筋以上七皮砖作为过梁作用范围，此范围内的砖和砂浆强度等级应达到上述要求。待过梁作用范围内的砂浆强度达到设计强度 50% 以上方可拆除模板，如图 6-69 所示。

4. 梁底和板底砖的处理

砖墙砌到楼板底时应砌成丁砖层，如果楼板是现浇的，并直接支承在砖墙上，则应砌低一皮砖，使楼板的支承处混凝土加厚，支承点得到加强。

填充墙砌到框架梁底时，墙与梁底的缝隙要用铁楔子或木楔子打紧，然后用 1：2 水泥

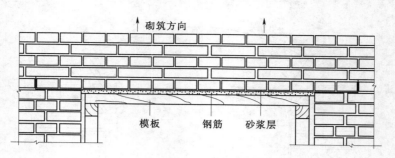

图 6-69　平砌式过梁砌筑

砂浆嵌填密实。如果是混水墙，可以用与平面交角在 45°～60°的斜砌砖顶紧。假如填充墙是外墙，应等砌体沉降结束，砂浆达到强度后再用楔子楔紧，然后用 1∶2 水泥砂浆嵌填密实，因为这一部分是薄弱点，最容易造成外墙渗漏，施工时要特别注意。梁板底的处理，如图 6-70 所示。

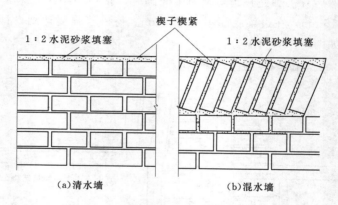

（a）清水墙　　　　　　　　　（b）混水墙

图 6-70　填充墙砌到框架梁底时的处理

（七）楼层砌砖

一层楼砌至要求的标高后，安装预制钢筋混凝土楼板或现浇钢筋混凝土楼板，现浇钢筋混凝土楼板需达到一定强度方可在其上面施工。

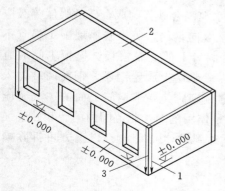

图 6-71　楼层轴线的引测
1—线锤；2—第二层楼板；3—轴线

为了保证各层墙身轴线重合，并与基础定位轴线一致，在砌二层砖墙前要将轴线、标高由一层引测到二层楼上。

基础和墙身的弹线由龙门板控制，但随着砌筑高度的增加和施工期限的延长，龙门板不能长期保存，即使保存也无法使用。因此，为满足二层墙身引测轴线、标高的需要，通常用经纬仪把龙门板上的轴线反到外墙面上，做出标记；用水准仪把龙门板上的±0.000 反到里外墙角，画出水平线，如图 6-71 所示。

当引测二层以上各层的轴线时，既可以把墙面上的轴线标记用经纬仪投测到楼层上去，也可以用线锤挂下来的方法引测。外墙轴线引到二层以后，再用钢尺量出各道内墙轴线,将墙身线弹到楼板上,使上下层墙重合,避免墙落空或尺寸偏移。各层楼的窗间墙、窗洞口一般也要从下层窗口用线锤数杆时,上下层的皮数杆一定要衔接吻合。要求外墙砌完后,看不出上下层的分界限,水平灰缝上下要均匀一致,内墙的第一皮砖与外墙的第一皮砖应在同一水平接槎交圈。如皮数不一致发生错层,应找平后再进行砌筑。

楼层砌砖的其他步骤方法同底层砖墙。

(八) 山尖、封山

当坡形屋顶建筑砌筑山墙时,在砌到檐口标高时要往上收砌山尖。一般在山墙的中心位置钉上一根皮数杆,在皮数杆上按山尖屋脊标高处钉一颗钉子,往前后檐挂斜线,砌时按斜线坡度,用踏步槎向上砌筑,如图6-72所示。

不用皮数杆砌山尖时,应用托线板和三脚架

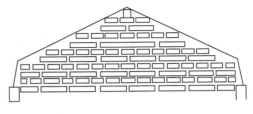

图 6-72　砌山尖

随砌随校正,当砌筑高超过4m时须增设临时支撑,砂浆强度等级提高一级。在砌到檩条底标高时,将檩条位置留出,待安放完檩条后,就可进行封山。

封山分为平封山和高封山。平封山砌砖是按正放好的檩条上皮拉线,或按屋面钉好的屋面板找平,并按挂在山尖两侧的斜线打砖槎子,砖要砍成楔形砌成斜坡,然后用砂浆找平,斜槎找平后,即可砌出檐砖。

高封山的砌法基本与平封山相同,高封山出屋面的高度按图样要求砌好后,在脊檩端头上钉一小挂线杆,自高封山顶部标高往前后檐挂线,线的坡度应和屋面坡度一致,山尖应在正中。砌斜坡砖时应注意在檐口处与山墙两檐处的撞头交圈。高封山砌完后,在墙顶上砌一层或两层压顶出檐砖,以备抹灰。

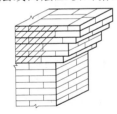

图 6-73　挑檐砌法

(九) 挑檐

挑檐是在山墙前后檐口处,向外挑出的砖砌体。在砌挑檐前应先检查墙身高度,前后两坡及左右两山是否在一个水平面上,计算一下出檐后高度是否能使挂瓦时坡度顺直。砖挑檐的砌筑方法有一皮一挑、二皮一挑和一皮间隔挑等,挑层最下一皮为顶砖,每皮砖挑出宽度不大于60mm。砌砖时,在两端各砌一块顶砖,然后在顶砖的底棱挂线,并在线的两端用尺量一下是否挑出一致。砌砖时先砌内侧砖,后砌外面挑出砖,以便压住下一层挑檐砖,以防使刚砌完的檐子下折,如图6-73所示。

砌时立缝要嵌满砂浆,水平缝的砂浆外边要略高于里边,以便沉陷后檐头不至下垂。砂浆强度等级应比砌墙用料提高一级,一般不低于M5。

(十) 砖墙面勾缝

1. 勾缝前准备

砖墙面勾缝前,应做好下列准备工作:

(1) 清除墙面黏结的砂浆、泥浆和杂物等,并洒水湿润。

(2) 开凿瞎缝,并对缺棱掉角的部位用与墙面相同颜色的砂浆修补齐整。

(3) 将脚手眼内清理干净,洒水湿润,并用与原墙相同的砖补砌严密。

(4) 墙面勾缝应采用加浆勾缝,宜用细砂拌制的1:1.5(质量比)水泥砂浆。砖内墙也可采用原浆勾缝,但必须随砌随勾,并使灰缝光滑密实。

2. 勾缝形式

有平缝、斜缝、平凹缝、圆凹缝、凸缝五种形式，如图 6-74 所示。

（a）平缝　　（b）斜缝　　（c）平凹缝　　（d）圆凹缝　　（e）凸缝图

图 6-74　墙面勾缝形式

（1）平缝。勾成的墙面平整，用于外墙及内墙勾缝。

（2）斜缝。是将水平缝中的上部勾缝砂浆压进一些，使其成为一个斜面向上的缝，该缝泄水方便，多用于烟囱。

（3）凹缝。照墙面退进 2～3mm 深。凹缝又分平凹缝和圆凹缝，圆凹缝是将灰缝压溜成一个圆形的凹槽。

（4）凸缝。是将灰缝做成圆形凸线，使线条清晰明显，墙面美观，多用于石墙。

3. 勾缝操作要点

（1）勾缝前对清水墙面进行一次全面检查，开缝嵌补。对个别瞎缝（两砖紧靠一起没有缝）、划缝不深或水平缝不直的都进行开缝，使灰缝宽度一致。

（2）填堵脚手眼时，要首先清除脚手眼内残留的砂浆和杂物，用清水把脚手眼内润湿，在水平方向摊平一层砂浆，内部深处也必须填满砂浆。塞砖时，砖上面也摊平一层砂浆，然后再填塞进脚手眼。填的砖必须与墙面齐平，不应有凸凹现象。

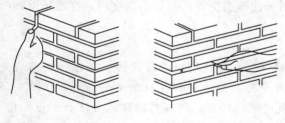

图 6-75　墙面勾缝

（3）勾缝的顺序是从上而下进行，先勾水平缝。勾水平缝是用长溜子。自右向左右手拿溜子，左手拿托板，将托灰板顶在要勾的灰口下沿，用溜子将灰浆压入缝内（预喂缝），自右向左随压随勾随移动托灰板。勾完一段后，溜子自左向右，在砖缝内将灰浆压实、压平、压光，使缝深浅一致。勾立缝用短溜子，自上而下在灰板上将灰刮起（俗称叼灰），勾入竖缝，塞压密实平整。勾好的水平缝要深浅一致，搭接平整，阳角要方正，不得有凹和波浪现象，如图 6-75 所示。

（4）门窗框边的缝、门窗碹底、虎头砖底和出檐底都要勾压严实。勾完后，要立即清扫墙面，勿使砂浆玷污墙面。

四、砖砌体工程质量要求

砖砌体的基本要求可归纳为"横平竖宜、灰浆饱满、错缝搭砌、接槎可靠"。

1. 主控项目（应全部符合要求）

（1）砖和砂浆的强度等级必须符合设计要求。

检验方法：检查砖和砂浆试块试验报告。

（2）砌体水平灰缝的砂浆饱满度不得小于 80%。

抽检数量：每检验批抽查不应少于 5 处。

检验方法：用百格网检查砖底面与砂浆的黏结痕迹面积。每处检测 3 块砖，取其平均值。

（3）砖砌体的转角处和交接处应同时砌筑，严禁无可靠措施的内外墙分砌施工。对不能同时砌筑而又必须留置的临时间断处应砌成斜槎，斜槎水平投影长度不小于高度的 2/3。

抽检数量：每检验批抽 20％接槎，且不应少于 5 处。

检验方法：观察检查。

（4）直槎的留设必须符合相关规定要求。

抽检数量：每检验批抽 20％接槎，且不应少于 5 处。

检验方法：观察和尺量检查。

（5）砖砌体的位置及垂直度允许偏差见表 6-1。

表 6-1　　　　　　　　　　砖砌体的位置及垂直度允许偏差

项次	项　目		允许偏差（mm）		检　验　方　法
1	轴线位置偏移		10		用经纬仪和尺检查或用其他测量仪器检查
2	垂直度	每层	5		用 2m 托线板检查
		全高	≤10m	10	用经纬仪、吊线和尺检查，或用其他测量仪器检查
			>10m	20	

抽检数量：轴线检查全部承重墙柱；外墙垂直度全高检查阳角，不应少于 4 处，每层 20m 检查一处；内墙按有代表性的自然间抽 10％，但不应少于 3 间，每间不应少于 2 处，柱不少于 5 根。

2．一般项目（应 80％以上符合要求）

（1）组砌方法：砖砌体组砌方法应正确，上、下错缝，内外搭砌，砖柱不得采用包心砌法。

抽检数量：外墙每 20m 抽查一处，每处 3～5m，且不应少于 3 处；内墙按有代表性的自然间抽 10％，且不应少于 3 间。

检验方法：观察检查。

（2）灰缝：砖砌的灰缝应横平竖直，厚薄均匀。水平灰缝厚度宜为 10mm，但不应小于 8mm，也不应大于 12mm。

抽检数量：每步脚手架施工的砌体，每 20m 抽查 1 处。

检验方法：用尺量 10 皮砖砌高度折算。

（3）砖砌体的一般尺寸允许偏差见表 6-2。

表 6-2　　　　　　　　　　砖砌体的一般尺寸允许偏差　　　　　　　　　　单位：mm

项次	项　目		允许偏差	检　验　方　法	抽　检　数　量
1	基础顶面和楼面标高		±15	用水平仪和尺检查	不应少于 5 处
2	表面平整度	清水墙、柱	5	用 2m 靠尺和楔形塞尺检查	有代表性自然间 10％，但不应少于 3 间，每间不应少于 2 处
		混水墙、柱	8		
3	门窗洞口高、宽（后塞口）		±5	尺量检查	检验批洞口的 10％，且不应少于 5 处

续表

项次	项 目		允许偏差	检 验 方 法	抽 检 数 量
4	外墙上下窗口偏移		20	以底层窗口为准，用经纬仪或吊线检查	检验批的10%，且不应少于5处
5	水平灰缝平直度	清水墙	7	拉10m线和尺检查	有代表性自然间10%，但不应少于3间，每间不应少于2处
		混水墙	10		
6	清水墙游丁走缝		20	吊线和尺检查，以每层第一皮砖为准	有代表性自然间10%，但不应少于3间，每间不应少于2处

小常识　砖墙中砖的净用量计算

$1m^3$ 240砖墙中砖块的净用量计算公式：

砖净用量＝2×墙厚砖数×1/[墙厚×（砖长＋灰缝）×（砖厚＋灰缝）]

注：

（1）墙厚砖数：一砖墙（240mm）为1；半砖墙（120mm）为0.5；180mm墙为0.75……依此类推。

（2）砖长：0.24m。

（3）砖厚：0.53m。

（4）墙厚：按实际标准厚；一砖墙（俗称24墙）为0.24m；半砖墙（俗称12墙）为0.115m；一砖半墙（俗称18墙）为0.18m；……依此类推。

（5）灰缝：0.01m。

公式中：长＝（砖长＋灰缝），高＝（砖厚＋灰缝），宽＝墙厚，宽是墙体水平面方向的数据，它体现的只是墙厚长度数值，并未体现这个墙厚有多少块砖，实际计算时，就要算出相应墙厚水平方向由多少块砖组成，比如，240mm墙厚（一砖墙，即公式中的砖数）在水平方向由两块砖成（2×120mm＝240mm），120mm墙厚（1/2砖墙）在水平方向由一块砖砌成，在净用量计算公式中，水平方向墙厚所含砖块是以240墙（一砖墙）为基准的，即240mm墙（一砖墙）水平方向所含砖块数＝2块×1（砖数）＝2块；1/2砖墙（半砖墙）＝2块×0.5（砖数）＝1块，墙厚是以一块砖的长度（240mm）为基准折算表示的，240mm墙就是墙厚等于一块砖的长度的墙，1/2墙（半砖墙）就是墙厚等于一块砖的长度的1/2的墙（240mm×1/2＝120）；这就是公式中2×砖数的原因。

附：120mm墙每立方米用砖数：552块；每平方米用砖数：64块（63.50）

180mm墙每立方米用砖数：529块；每平方米用砖数：96块（95.24）

240mm墙每立方米用砖数：529块；每平方米用砖数：127块（126.98）

工作任务三　石砌体施工

砌石工程按其坐浆与否分为浆砌石与干砌石。

干砌石是指不用任何灰浆把石块砌筑起来。干砌石不宜用于砌筑墩、台、桥、涵或其他主要受力的建筑物部位，一般仅用于护坡、护底以及河道防冲部分的护岸工程。

浆砌石是采用坐浆砌筑的方法。浆砌石中的胶结材料，其作用是把单个的石块联结在一起，使石块依靠胶结材料的黏结力、摩擦力和块石本身重量结合成为新的整体，以保持建筑物的稳固，同时，充填着石块间的空隙，堵塞了一切可能产生的漏水通道。浆砌石具有良好的整体性、密实性和较高的强度，使用寿命更长，还具有较好的防止渗水漏水和抵抗水流冲蚀的能力。

一、石砌体施工准备

（1）石砌体工程所用的材料应有产品的合格证书、产品性能检测报告。料石、水泥、外加剂等应有材料主要性能的进场合格证及复试报告。

（2）砌筑石材基础前，应校核放线尺寸，允许偏差应符合表 6-3 的规定。

表 6-3　　　　　　　　　　　　　放线尺寸的允许偏差

长度 L、宽度 B（m）	允许偏差（mm）
L（或 B）$\leqslant 30$	±5
$30 < L$（或 B）$\leqslant 60$	±10
$60 < L$（或 B）$\leqslant 90$	±15
L（或 B）> 90	±20

（3）石砌体砌筑顺序应符合下列规定：

1）基底标高不同时，应从低处砌起，并应由高处向低处搭砌。当设计无要求时，搭接长度不应小于基础扩大部分的高度。

2）料石砌体的转角处和交接处应同时砌筑。当不能同时砌筑时，应按规定留槎、接槎。砂的含泥量不应超过 10%，不得含有草根等杂物。

3）掺合料：有石灰膏、磨细生石灰粉、电石膏和粉煤灰等，石灰膏的熟化时间不应少于 7d，严禁使用冻结或脱水硬化的石灰膏。

4）水：应用自来水或不含有害物质的洁净水。

二、干砌石施工

1. 砌筑准备

（1）备料。在砌石施工中为缩短场内运距，避免停工待料，砌筑前应尽量按照工程部位及需要数量分片备料，并提前将石块的水锈、淤泥洗刷干净。

（2）地基清理。砌石前应将地基开挖至设计高程，淤泥、腐殖土以及混杂的建筑残渣应清除干净，必要时将坡面或底面夯实，然后才能进行铺砌。

（3）铺设反滤层。在干砌石砌筑前应铺设砂砾反滤层，其作用是将块石垫平，不致使砌体表面凹凸不平，减少其对水流的摩阻力，减少水流或降水对砌体地基土壤的冲刷，防止地下渗水逸出时带走地基土粒，避免砌筑面下陷变形。反滤层的各层厚度、铺设位置、材料级配和粒径以及含泥量均应满足规范要求，铺设时应与砌石施工配合，自下而上，随铺随砌，接头处各层之间的连接要层次清楚，防止层间挪动或混淆。

2. 施工工艺

常采用的干砌块石的施工方法有两种，即花缝砌筑法和平缝砌筑法。

（1）花缝砌筑法。花缝砌筑法多用于干砌片（毛）石。砌筑时，依石块原有形状，使尖对拐、拐对尖，棚互联系砌成。砌石不分层，一般多将大面向上，如图6-76所示。这种砌法的缺点是底部窄虚，容易被水流淘刷变形，稳定性较差，且不能避免重缝、叠缝、翘口等毛病。此法的优点是表面比较平整，故可用于流速不大、不承受风浪淘刷的渠道护坡工程。

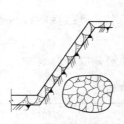
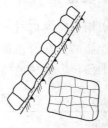

图6-76 花缝砌筑　　　　　图6-77 平缝砌筑

（2）平缝砌筑法。平缝砌筑法一般多适用于干砌块石的施工。砌筑时，将石块宽面与坡面竖向垂直，与横向平行，如图6-77所示。砌筑前，安放每一块石块必须先进行试放，不合适处应用小锤修整，达到石缝紧密，最好不塞或少塞石子。这种砌法横向均有通缝，但竖直缝必须错开，如砌缝底部或块石拐角处有空隙，则应选用适当的片石塞满填紧，以防止底部砂砾垫层从缝隙淘出，造成坍塌。

3. 干砌石封边

干砌石是依靠石块之间的摩擦力来维持其整体稳定的。若砌体发生局部移动或变形，将会导致整体破坏。边口部位是最易损坏的地方，所以封边工作十分重要。

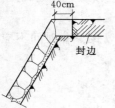

图6-78 干砌石封边

一般工程中，对护坡水下部分，常采用深度均为0.8m左右的大块石单层或双层干砌封边，然后将边外部分用黏土回填夯实。有时，也可采用深宽均为0.4m左右的浆砌石埂进行封边。对护坡水上部分的顶部封边，则常采用比较大的方正块石砌成0.4m左右宽的平台，台后所留的空隙用黏土回填夯实，如图6-78所示。对于挡墙、闸翼墙等重力式墙身顶部，一般用厚度5mm左右的混凝土封闭。

4. 干砌石砌筑要点

造成干砌石工程缺陷的原因，主要是砌筑技术不良、工作马虎、施工管理不善以及测量放样错漏等。缺陷主要表现有缝口不紧、底部空虚、鼓心、凹肚、重缝、飞口（即石块很薄的边口未经砸掉便砌在坡上）、翘口（上下两块都是一边厚一边薄石料的薄口部分互相搭接）、悬石（两石相接不是面的接触，而是点的接触）、浮塞叠砌、严重蜂窝以及轮廓尺寸走样等，如图6-79所示。

无论是毛石还是河卵石铺砌的护坡或护底，下面都应设置垫层。垫层的作用是：使石块能通过垫层均匀地压在土层上，使其表面保持平整和减少下沉；同时，有了垫层可减少水流对土层的冲刷力，保护了土层，不致使石块下的土被水流淘空。干砌石施工必须注意以下几个方面：

（1）干砌石工程在施工前，应进行基础清理工作，其具体要求与浆砌石基础清理基本相同。

（2）凡受水流冲刷和浪击作用的干砌石工程，应采用竖立砌法（即石块的长边与水平面或斜面呈垂直方向）砌筑，以期空隙达到最小。

（3）重力式墙身或坝体施工，严禁采用先砌好里外砌石面，中间用乱石充填并留下空隙和蜂窝等错误施工方法。

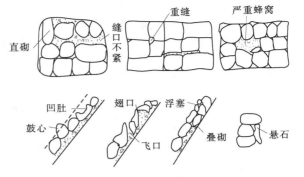

图 6-79 干砌石缺陷

（4）干砌块石的墙体露出面必须设丁石（拉结石），丁石要均匀分布。同一层的丁石长度，如墙厚不大于 400mm，丁石长度应等于墙厚；如墙厚大于 400mm，则要求同一层内外的丁石相互交错搭接，搭接长度不小于 150mm，其中一块的长度不小于墙厚的 2/3。

（5）如用料石砌墙，则两层顺砌后应有一层丁砌，同一层采用丁顺组砌时，丁石间距不宜大于 2m。

（6）用干砌块石作基础，一般下大上小，呈阶梯状，底层应选择比较方正的大块石，上层阶梯块石至少压住下层阶梯块石宽度的 1/3。

（7）大体积的干砌块石挡墙或其他建筑物，在砌体每层转角和分段部位，应先采用大而平整的块石砌筑。

（8）回填在干砌块石基础前后和挡墙后部的土石料，应分层回填并夯实。用干砌块石砌筑的单层斜面护坡或护岸，在砌筑块石前要先按设计要求，平整坡面。如块石砌筑在土质坡面上，要先夯实土层，并按设计规定铺放碎石或细砾石。

（9）护坡干砌工程，应自坡脚开始自下而上进行。

（10）砌体缝口要砌紧，空隙应用小石填塞紧密，防止砌体在受到水流的冲刷或外力撞击时滑脱沉陷，以保持砌体的坚固性。一般规定，干砌石砌体空隙率不超过 30%～35%。

（11）干砌石护坡的每块石面一般不应低于设计位置 50mm，不高出设计位置 150mm。

（12）干砌石在砌筑时，要防止出现各种缺陷。

三、浆砌石施工

浆砌石是用胶结材料把单个的石块连接在一起，使石块依靠胶结材料的黏结力、摩擦力和块石本身重量结合成为新的整体，以保持建筑物的稳固。同时，充填了石块间的空隙，堵塞了一切可能产生的漏水通道。浆砌石具有良好的整体性、密实性和较高的强度，使用寿命更长，还具有较好的防止渗水和抵抗水流冲刷的能力。

浆砌石施工的砌筑要领可概括为"平、稳、满、错"四个字。平，同一层面大致砌平，相邻石块的高差宜小于 20～30mm；稳，单块石料的砌筑务求自身稳定；满，灰缝饱满密实，严禁石块间直接接触；错，相邻石块应错缝砌筑，尤其不允许有顺水流方向的通缝。

浆砌石工程砌筑的工艺流程如图 6-80 所示。

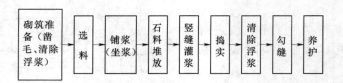

图 6-80　砌石砌筑工艺流程

（一）毛石砌体砌筑

1. 毛石基础

毛石基础是用乱毛石或平毛石与水泥混合砂浆或水泥砂浆砌成。乱毛石是指形状不规则的石块；平毛石是指形状不规则，但有两个平面大致平行的石块。

毛石基础可作墙下条形基础或柱下独立基础。

（1）毛石基础构造。毛石基础按其断面形状有矩形、梯形和阶梯形等。基础顶面宽度应比墙基底面宽度大 200mm；基础底面宽度依设计计算而定。梯形基础坡角应大于 60°。阶梯形基础每阶高不小于 300mm，每阶挑出宽度不大于 200mm，如图 6-81 所示。

（2）立线杆和拉准线。在基槽两端的转角处，每端各立两根木杆，再横钉一木杆连接，在立杆上标出各放大脚的标高。在横杆上钉上中心线钉及基础边线钉，根据基础宽度拉好立线，如图 6-82 所示。

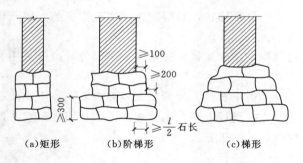

（a）矩形　　　（b）阶梯形　　　（c）梯形

图 6-81　毛石基础（单位：mm）

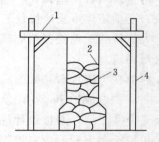

图 6-82　挂立线杆

1—横杆；2—准线；3—立线；4—立杆

图 6-83　断面样架

（单位：mm）

边线和阴阳角（内、外角）处先砌两层较方整的石块，以此固定准线。砌阶梯形毛石基础时，应将横杆上的立线按各阶梯宽度向中间移动，移到退台所需要的宽度，再拉水平准线。还有一种拉线方法是砌矩形或梯形断面的基础时，按照设计尺寸用 50mm×50mm 的小木条钉成基础断面形状（称样架），立于基槽两端，在样架上注明标高，两端样架相应标高用准线连接作为砌筑的依据。如图 6-83 所示。

立线控制基础宽窄，水平线控制每层高度及平整。砌筑时应采用双面挂线，每次起线高度大放脚以上 800mm 为宜。

（3）砌筑要点。

1）砌第一皮毛石时，应选用有较大平面的石块，先在基坑底铺设砂浆，再将毛石砌上，并使毛石的大面向下。

2）砌第一皮毛石时，应分皮卧砌，并应上下错缝，内外搭砌，不得采用先砌外面石块后中间填心的砌筑方法。石块间较大的空隙应先填塞砂浆，后用碎石嵌实，不得采用先摆碎石后塞砂浆或干填碎石的方法。

3）砌筑第二皮及以上各皮时，应采用坐浆法分层卧砌，砌石时首先铺好砂浆，砂浆不必铺满，可随砌随铺，在角石和面石处，坐浆略厚些，石块砌上去将砂浆挤压成要求的灰缝厚度。

4）砌石时搬取石块应根据空隙大小、槎口形状选用合适的石料先试砌试摆一下，尽量使缝隙减少，接触紧密。但石块之间不能直接接触形成干接缝，同时也应避免石块缝隙过大形成空隙。

5）砌石时，大、中、小毛石应搭配使用，以免将大块都砌在一侧，而另一侧全用小块，造成两侧不均匀，使墙面不平衡而倾斜。

6）砌石时，先砌里外两面，长短搭砌，后填砌中间部分，但不允许将石块侧立砌成立斗石，也不允许先把里外皮砌成长向两行（牛槽状）。

7）毛石基础每 0.7m^2 且每皮毛石内间距不大于 2m 设置一块拉结石，上下两皮拉结石的位置应错开，立面砌成梅花形。拉结石宽度：如基础宽度不大于 400mm，拉结石宽度应与基础宽度相等；如基础宽度大于 400mm，可用两块拉结石内外搭接，搭接长度不应小于 150mm，且其中一块长度不应小于基础宽度的 2/3。

8）阶梯形毛石基础，上阶的石块应至少压砌下阶石块的 1/2。相邻阶梯毛石应相互错缝搭接。

9）毛石基础最上一皮，宜选用较大的平毛石砌筑。转角处、交接处和洞口处应选用较大的平毛石砌筑。

10）有高低台的毛石基础，应从低处砌起，并由高台向低台搭接，搭接长度不小于某础高度。

11）毛石基础转角处和交接处应同时砌起，如不能同时砌起又必须留槎时，应留成斜槎，斜槎长度应不小于斜槎高度，斜槎面上毛石不应找平，继续砌时应将斜槎面清理干净，浇水湿润。

2. 毛石封口砌筑

毛石墙是用平毛石或乱毛石与水泥混合砂浆或水泥砂浆砌成，墙面灰缝不规则、外观要求整齐的墙面，其外皮石材可适当加工。毛石墙的转角可用料石或平毛石砌筑。毛石墙的厚度应不小于 350mm。

毛石可以与普通砖组合砌，墙的外侧为砖，里侧为毛石。毛石亦可与料石组合砌，墙的外侧为料石，里侧为毛石。

（1）砌筑准备。砌筑毛石墙应根据基础的中心线放出墙身里外边线，挂线分皮卧砌，每皮高约 250～350mm。砌筑方法应采用铺浆法。用较大的平毛石，先砌转角处、交接处和门洞处，再向中间砌筑。砌前应先试摆，使石料大小搭配，大面平放，外露表面要平齐，斜口朝内，逐块卧砌坐浆，使砂浆饱满。石块间较大的空隙应先填塞砂浆，后用碎石嵌实。灰缝宽度一般控制在 20～30mm 以内，铺灰厚度 40～50mm。

（2）砌筑要点。

1）砌筑时，石块上下皮应互相错缝，内外交错搭砌，避免出现重缝、空缝和孔洞，同时应注意合理摆放石块，不应出现图6-84所示的砌石类型，以免砌体承重后发生错位、劈裂、外鼓等现象。

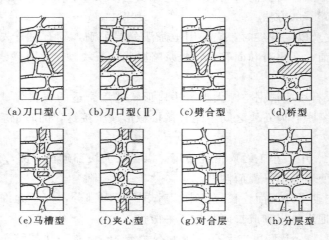

（a）刀口型（Ⅰ）　（b）刀口型（Ⅱ）　（c）劈合型　（d）桥型

（e）马槽型　（f）夹心型　（g）对合层　（h）分层型

图6-84　错误的砌石类型

2）上下皮毛石应相互错缝，内外搭砌，石块间较大的空隙应先填塞砂浆，后用碎石嵌实。严禁先填塞小石块后灌浆的做法。墙体中间不得有铁锹口石（尖石倾斜向外的石块）、斧刃石和过桥石（仅在两端搭砌的石块），如图6-85所示。

3）毛石墙必须设置拉结石，拉结石应均匀分布，相互错开，一般每0.7m² 墙面至少设一块，且同皮内的中距不大于2m。墙厚不大于400mm时，拉结石长度等于墙厚；墙厚大于400mm时，可用两块拉结石内外搭砌，搭接长度不小于150mm，且其中一块长度不小于墙厚的2/3。

4）在毛石与实心砖的组合墙中，毛石墙与砖墙应同时砌筑，并每隔4～6皮砖用2～3皮砖与毛石墙拉结砌合，两种墙体间的空隙应用砂浆填满，如图6-86所示。

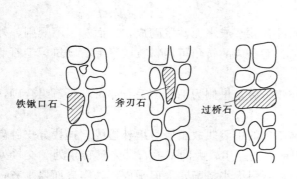

铁锹口石　斧刃石　过桥石

图6-85　铁锹口石、斧刃石和过桥石

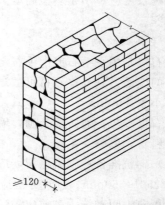

≥120

图6-86　毛石与砖组合墙

5）毛石墙与砖墙相接的转角处和交接处应同时砌筑。在转角处，应自纵墙（或横墙）每隔4～6皮砖高度引出不小于120mm的阳槎与横墙相接，如图6-87所示。在丁字交接处，应自纵墙每墙4～6皮砖高度引出不小于120mm与横墙相接，如图6-88所示。

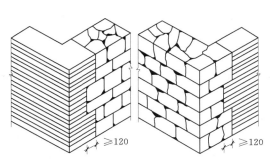

图 6-87 转角处毛石墙与砖墙相接
（单位：mm）

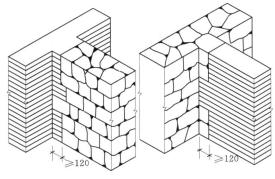

图 6-88 丁字交接处毛石墙与砖墙相接
（单位：mm）

6）砌毛石挡土墙，每砌 3～4 皮为一个分层高度，每个分层高度应找平一次。外露面的灰缝厚度不得大于 40mm，两个分层高度间的错缝不得小于 80mm，如图 6-89 所示。毛石墙每日砌筑高度不应超过 1.2m，毛石墙临时间断处应砌成斜槎。

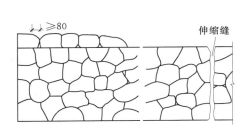

图 6-89 毛石挡土墙（单位：mm）

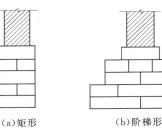

(a)矩形　　　　(b)阶梯形

图 6-90 料石基础断面形状

（二）料石砌体砌筑

1．料石基础砌筑

（1）料石基础的构造。料石基础是用毛料石或粗料石与水泥混合砂浆或水泥砂浆砌筑而成。

料石基础有墙下的条形基础和柱下独立基础等。依其断面形状有矩形、阶梯形等，如图 6-90 所示。阶梯形基础每阶挑出宽度不大于 200mm，每阶为一皮或二皮料石。

（2）料石基础的组砌形式。料石基础砌筑形式有顶顺叠砌和顶顺组砌。顶顺叠砌是一皮顺石与一皮顶石相隔砌成，上下皮竖缝相互错开 1/2 石宽；顶顺组砌是同皮内 1～3 块顺石与一块顶石相隔砌成，顶石中距不大于 2m，上皮顶石坐中于下皮顺石，上下皮竖缝相互错开至少 1/2 石宽，如图 6-91 所示。

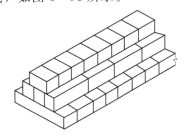
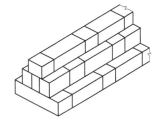

图 6-91 料石基础砌筑形式

（3）砌筑准备。

1）放好基础的轴线和边线，测出水平标高，立好皮数杆。皮数杆间距以不大于 15m 为宜，在料石基础的转角处和交接处均应设置皮数杆。

2）砌筑前，应将基础垫层上的泥土、杂物等清除干净，并浇水湿润。

3）拉线检查基础垫层表面标高是否符合设计要求。如第一皮水平灰缝厚度超过 20mm 时，应用细石混凝土找平，不得用砂浆或在砂浆中掺碎砖或碎石代替。

4）常温施工时，砌石前一天应将料石浇水湿润。

（4）砌筑要点。

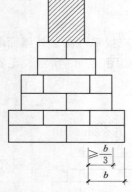

图 6-92 阶梯形
料石基础

1）料石基础宜用粗料石或毛料石与水泥砂浆砌筑。料石的宽度、厚度均不宜小于 200mm，长度不宜大于厚度的 4 倍。料石强度等级应不低于 M20。砂浆强度等级应不低于 M5。

2）料石基础砌筑前，应清除基槽底杂物；在基槽底面上弹出基础中心线及两侧边线；在基础两端立起皮数杆，在两皮数杆之间拉准线，依准线进行砌筑。

3）料石基础的第一皮石块应坐浆砌筑，即先在基槽底摊铺砂浆，再将石块砌上，所有石块应丁砌，以后各皮石块应铺灰挤砌，上下错缝，搭砌紧密，上下皮石块竖缝相互错开应不少于石块宽度的 1/2。料石基础立面组砌形式宜采用一顺一丁，即一皮顺石与一皮丁石相间。

4）阶梯形料石基础，上阶的料石至广泛压砌下阶料石的 1/3，如图 6-92 所示。料石基础的水平灰缝厚度和竖向灰缝宽度不宜大于 20mm，灰缝中砂浆应饱满。料石基础宜先砌转角处或交接处，再依准线砌中间部分，临时间断处应砌成斜槎。

2. 料石墙砌筑

料石墙是用料石与水泥混合砂浆或水泥砂浆砌成。料石用毛料石、粗料石、半细料石、细料石均可。

（1）料石墙的组砌形式。料石墙砌筑形式有以下几种，如图 6-93 所示。

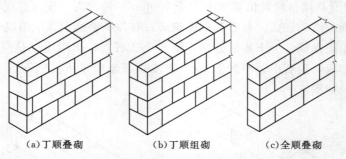

（a）丁顺叠砌　　　（b）丁顺组砌　　　（c）全顺叠砌

图 6-93 料石墙砌筑形式

1）全顺叠砌。每皮均为顺砌石，上下皮竖缝相互错开 1/2 石长。此种砌筑形式适合于墙厚等于石宽时。

2）丁顺叠砌。一皮顺砌石与一皮丁砌石相隔砌成，上下皮顺石与丁石间竖缝相互错开

1/2 石宽，这种砌筑形式适合于墙厚等于石长时。

3）丁顺组砌。同皮内每 1～3 块顺石与一块顶石相间砌成，上皮丁石座中于下皮顺石，上下皮竖缝相互错开至少 1/2 石宽，丁石中距不超过 2m。这种砌筑形式适合于墙厚不小于两块料石宽度时。

料石还可以与毛石或砖砌成组合墙。料石与毛石的组合墙，料石在外，毛石在里；料石与砖的组合墙，料石在里砖在外，也可料石在外砖在里。

（2）砌筑准备。

1）基础通过验收，土方回填完毕，并办完隐检手续。

2）在基础丁面放好墙身中线与边线及门窗洞口位置线，测出水平标高，立好皮数杆。皮数杆间距以不大于 15m 为宜，在料石墙体的转角处和交接处均应设置皮数杆。

3）砌筑前，应将基础顶面的泥土、杂物等清除干净，并浇水湿润。

4）拉线检查基础顶面标高是否符合设计要求。如第一皮水平灰缝厚度超过 20mm 时，应用细石混凝土找平，不得用砂浆或在砂浆中掺碎砖或碎石代替。

5）常温施工时，砌石前 1d 应将料石浇水湿润。

6）操作用脚手架、斜道以及水平、垂直防护设施已准备妥当。

（3）砌筑要点。

1）料石砌筑前，应在基础丁面上放出墙身中线和边线及门窗洞口位置线，并抄平，立皮数杆，拉准线。

2）料石砌筑前，必须按照组砌图将料石试排妥当后，才能开始砌筑。

3）料石墙应双面拉线砌筑，全顺叠砌单面挂线砌筑。先砌转角处和交接处，后砌中间部分。

4）料石墙的第一皮及每个楼层的最上一皮应丁砌。

5）料石墙采用铺浆法砌筑，料石灰缝厚度：毛料石和粗料石墙砌体不宜大于 20mm，细料石墙砌体不宜大于 5mm。砂浆铺设厚度略高于规定灰缝厚度，其高出厚度：细料石为 3～5mm，毛料石、粗料石宜为 6～8mm。

6）砌筑时，应先将料石里口落下，再慢慢移动就位，校正垂直与水平。在料石砌块校正到正确位置后，顺石面将挤出的砂浆清除，然后向竖缝中灌浆。

7）在料石和砖的组合墙中，料石墙和砖墙应同时砌筑，并每隔 2～3 皮料石用丁砌石与砖墙拉结砌合，丁砌石的长度宜与组合墙厚度相等，如图 6-94 所示。

8）料石墙宜从转角处或交接处开始砌筑，再依准线砌中间部分，临时间断处应砌成斜槎，斜槎长度应不小于斜槎高度。料石墙每日砌筑高度宜不超过 1.2m。

（4）墙面勾缝。

1）石墙勾缝形式有平缝、凹缝、凸缝，凹缝又分为平凹缝、半圆凹缝；凸缝又分为平

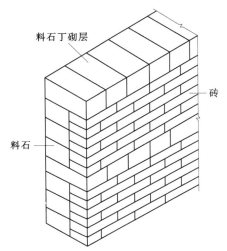

图 6-94 料石和砖组合墙

凸缝、半圆凸缝、三角凸缝，如图6-95所示。一般料石墙面多采用平缝或平凹缝。

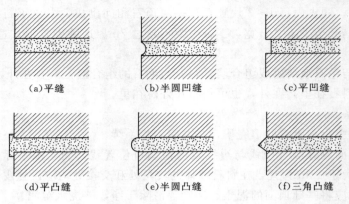

| （a）平缝 | （b）半圆凹缝 | （c）平凹缝 |

| （d）平凸缝 | （e）半圆凸缝 | （f）三角凸缝 |

图6-95　石墙勾缝形式

2）料石墙面勾缝前要先剔缝，将灰缝凹入20～30mm。墙面用水喷洒湿润，不整齐处应修整。

3）料石墙面勾缝应采用加浆勾缝，并宜采用细砂拌制1∶1.5水泥砂浆，也可采用水泥石灰砂浆或掺入麻刀（纸筋）的青灰浆。有防渗要求的，可用防水胶泥材料进行勾缝。

4）勾平缝时，用小抿子在托灰板上刮灰，塞进石缝中严密压实，表面压光。勾缝应顺石缝进行，缝与石面齐平，勾完一段后，用小抿子将缝边毛槎修埋整齐。

5）勾平凸缝（半圆凸缝或三角凸缝）时，先用1∶2水泥砂浆抹平，待砂浆凝固后，再抹一层砂浆，用小抿子压实、压光，稍停等砂浆收水后，用专用工具捋成10～25mm宽窄一致的凸缝。

6）石墙面勾缝按下列程序进行：

a）拆除墙面或柱面上临时装设的电缆、挂钩等物。

b）清除墙面或柱面上黏结的砂浆、泥浆、杂物和污渍等。

c）剔缝，即将灰缝刮深20～30mm，不整齐处加以修整。

d）用水喷洒墙面或柱面使其湿润，随后进行勾缝。

7）料石墙面勾缝应从上向下、从一端向另一端依次进行。

8）料石墙面勾缝顺石缝进行，且均匀一致，深浅、厚度相同，搭接平整通顺。阳角勾缝两角方正，阴角勾缝不能上下直通。严禁出现丢缝、开裂或黏结不牢等现象。

9）勾缝完毕，清扫墙面或柱面，表面洒水养护，防止干裂、脱落。

3. 石过梁砌筑

石过梁有平砌式过梁、平拱和圆拱三种。平砌式过梁用料石制作，过梁厚度应为200～450mm，宽度与墙厚相等，长度不超过1.7m，其底面应加工平整。当砌到洞口顶时，即将过梁砌上，过梁两端各伸入墙内长度应不小于250mm。过梁上续砌石墙时，其正中石块长度不应小于过梁净跨度的1/3，其两旁应砌上不小于过梁净跨2/3的料石，

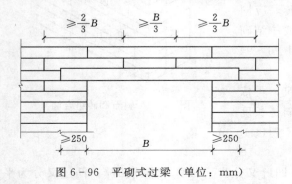

图6-96　平砌式过梁（单位：mm）

如图 6-96 所示。

石平拱所用料石应按设计要求加工，如无设计规定时，则应加工成楔形（上宽下窄）。平拱的拱脚处坡度以 60°为宜，拱脚高度为两皮料石高。平拱的石块应为单数，石块厚度与墙厚相等，石块高度为两皮料石高。砌筑平拱时，应先在洞口顶支设模板。从两边拱脚处开始，对称地向中间砌筑，正中一块锁石要挤紧。所用砂浆的强度等级应不低于 M10，灰缝厚度为 5mm，如图 6-97 所示。砂浆强度达到设计强度 70%时拆模。

石圆拱所用料石应进行细加工，使其接触面吻合严密，形状及尺寸均应符合设计要求。砌筑时应先在洞口顶部支设模板，由拱脚处开始对称地向中部砌筑，正中一块拱石要对中挤紧，如图 6-98 所示。所用砂浆的强度等级应不低于 M10，灰缝厚度为 5mm。砂浆强度达到设计强度 70%时方可拆模。

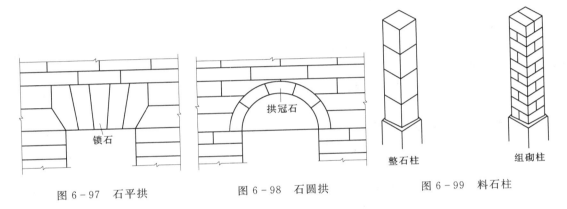

图 6-97 石平拱　　　　　图 6-98 石圆拱　　　　　图 6-99 料石柱

4. 石柱砌筑

（1）石柱构造。料石柱是用半细料石或细料石与水泥混合砂浆或水泥砂浆砌成。料石柱有整石柱和组砌柱两种。整石柱每一皮料石是整块的，即料石的叠砌面与柱断面相同，只有水平灰缝，无竖向灰缝。柱的断面形状多为方形、矩形或圆形。组砌柱每皮由几块料石组砌，上下皮竖缝相互错开，柱的断面形状有方形、矩形、T 形或十字形，如图 6-99 所示。

（2）料石柱砌筑。

1）料石柱砌筑前，应在柱座面上弹出柱身边线，在柱座侧面弹出柱身中心线。

2）整石柱所用石块其四侧应弹出石块中心线。

3）砌整石柱时，应将石块的叠砌面清理干净。先在柱座面上抹一层水泥砂浆，厚约 10mm，再将石块对准中心线砌上，以后各皮石块砌筑应先铺好砂浆，对准中心线，将石块砌上。石块如有竖向偏斜，可用铜片或铝片在灰缝边缘内垫平。

4）砌筑料石柱时，应按规定的组砌形式逐皮砌筑，上下皮竖缝相互错开，无通天缝，不得使用垫片。

5）灰缝要横平竖直。灰缝厚度：细料石柱不宜大于 5mm；半细料石柱不宜大于 10mm。砂浆铺设厚度应略高于规定灰缝厚度，其高出厚度为 3～5mm。

6）砌筑料石柱，应随时用线坠检查整个柱身的垂直，如有偏斜应拆除重砌，不得用敲击方法去纠正。

7）料石柱每天砌筑高度不宜超过 1.2m。砌筑完后应立即加围护，严禁碰撞。

工作任务四　砌块砌筑施工

　　砌块可以利用工业废渣，节约土地资源和改善环境，是一种新型的墙体材料。目前按照砌块材料不同，可分为硅酸盐类砌块、加气混凝土实心砌块和混凝土空心砌块。砌块的规格应符合建筑平面、层高等模数的要求，这样在施工过程中，可以做到不镶砖或尽量少镶砖。另外，还要结合材料的性能决定砌块的几何尺寸，如砌块的厚度要由材料的强度、热传导等因素决定；砌块的规格大小还要考虑施工时便于搬运和吊装等因素。

一、砌块组砌原则和砌筑形式

1. 砌块墙的组砌原则

　　（1）砌块排列。砌块排列应以主规格为主进行，排列不足 1 块时可以用次要规格代替，尽量做到不镶砖。

　　（2）对称布置。排列时要使墙体受力均匀，注意墙的整体性和稳定性，尽量做到对称布置，使砌体墙面美观。

　　（3）错缝咬槎。砌块必须实施错缝搭接，搭接长度为砌块长度的 1/2（或不少于 1/3 砌块高）且不小于 150mm，纵横墙及转角处隔层相互咬槎；小型空心砌块在纵横墙及转角处还要求咬槎对孔，使空心孔垂直贯通。

　　（4）网片加固。当错缝与搭接小于 150mm 时，应在每皮砌块水平缝处采用 2ϕ6 或 2ϕ4 钢筋网片连接加固，加强筋长度不应小于 500mm。如图 6 - 100 所示。

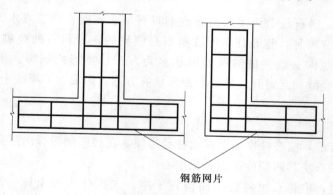

钢筋网片

图 6 - 100　交接处钢筋网片连接形式

　　（5）分层排列。层高不同的房屋应分层排列，有圈梁的要排列到圈梁底。如果砌块不符合楼层的高度，则可在砌块顶部砌砖补齐，也可以用加厚圈梁混凝土的方法来调节。

2. 砌块墙的组砌形式

　　（1）实心砌块的组砌形式。实心砌块的组砌除了应遵循上述的组砌原则以外，还应根据现场的实际情况确定，一般应先立墙角再砌墙身。实心砌块的转角和交接如图 6 - 101 所示。

　　（2）空心砌块的组砌形式。空心砌块的组砌形式如图 6 - 102 所示。

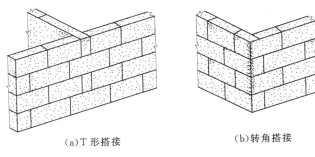

（a）T形搭接 　　　　　　　　（b）转角搭接

图 6-101　实心砌块的组砌形式

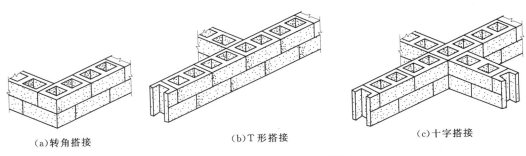

（a）转角搭接 　　　　　（b）T形搭接 　　　　　（c）十字搭接

图 6-102　空心砌块的组砌形式

二、混凝土小型空心砌块砌筑

混凝土小型空心砌块是用混凝土制作的一种空心、薄壁的硅酸盐制品，作为墙体材料不但具有混凝土材料的特性，而且其形状、构造等与黏土砖也有较大的差别，砌筑时要按其特点给予重视和注意。

（一）材料要求

1. 混凝土小型空心砌块砌体所用材料的构造要求

（1）对室内地面以下的砌体，应采用普通混凝土小砌块和不低于 M5 的水泥砂浆。

（2）5 层及 5 层以上民用建筑的底层墙体，应采用不低于 MU5 的混凝土小砌块和 M5 的砌筑砂浆。

2. 墙体下列部位应用 C20 混凝土灌实砌块的孔洞

（1）底层室内地面以下或防潮层以下的砌体。

（2）无圈梁的楼板支承面下的一皮砌块。

（3）没有设置混凝土垫块的屋架、梁等构件支承面下，高度不应小于 600mm，长度不应小于 600mm 的砌体。

（4）挑梁支承面下，距墙中心线每边不应小于 300mm，高度不应小于 600mm 的砌体。

（二）施工准备

（1）运到现场的小砌块，应分规格、分等级堆放，堆放场地必须平整，并做好排水。小砌块的堆放高度不宜超过 1.6m。

（2）对于砌筑承重墙的小砌块应进行挑选，剔出断裂小砌块或壁肋中有竖向凹形裂缝的小砌块。

（3）龄期不足 28d 及潮湿的小砌块不得进行砌筑。

（4）普通混凝土小砌块不宜浇水；当天气干燥炎热时，可在砌块上稍加喷水润湿；轻骨料混凝土小砌块可洒水，但不宜过多。

（5）清除小砌块表面污物和芯柱用小砌块孔洞底部的毛边。

（6）砌筑底层墙体前，应对基础进行检查。清除防潮层顶面上的污物。

（7）根据砌块尺寸和灰缝厚度计算皮数，制作皮数杆。皮数杆立在建筑物四角或楼梯间转角处。皮数杆间距不宜超过 15m。

（8）准备好所需的拉结钢筋或钢筋网片。

（9）根据小砌块搭接需要，准备一定数量辅助规格的小砌块。

（10）砌筑砂浆必须搅拌均匀，随拌随用。

（三）砌块排列与砌筑

1. 砌块排列

（1）砌块排列时，必须根据砌块尺寸和垂直灰缝的宽度和水平灰缝的厚度计算砌块砌筑皮数和排数，以保证砌体的尺寸；砌块排列应按设计要求，从基础面开始排列，尽可能采用主规格和大规格砌块，以提高台班产量。

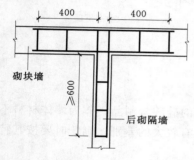

图 6-103 砌块墙与后砌隔墙
交接处钢筋网片

（2）外墙转角处和纵横墙交接处，砌块应分皮咬槎，交错搭砌，以增加房屋的刚度和整体性。

（3）砌块墙与后砌隔墙交接处，应沿墙高每隔 400mm 在水平灰缝内设置不少于 2φ4、横筋间距不大于 200mm 的焊接钢筋网片，钢筋网片伸入后砌隔墙内不应小于 600mm（图 6-103）。

（4）砌块排列应对孔错缝搭砌，搭砌长度不应小于 90mm，如果搭接错缝长度满足不了规定的要求，应采取压砌钢筋网片或设置拉结筋等措施，具体构造按设计规定。

（5）对设计规定或施工所需要的孔洞口、管道、沟槽和预埋件等，应在砌筑时预留或预埋，不得在砌筑好的墙体上打洞、凿槽。

（6）砌体的垂直缝应与门窗洞口的侧边线相互错开，不得同缝，错开间距应大于 150mm，且不得采用砖镶砌。

（7）砌体水平灰缝厚度和垂直灰缝宽度一般为 10mm，但不应大于 12mm，也不应小于 8mm。

（8）在楼地面砌筑一皮砌块时，应在芯柱位置侧面预留孔洞。为便于施工操作，预留孔洞的开口一般应朝向室内，以便清理杂物、绑扎和固定钢筋。

（9）设有芯柱的 T 形接头砌块第一皮至第六皮排列平面，如图 6-104 所示。

第七皮开始又重复第一皮至第六皮的排列，但不用开口砌块，其排列立面如图 6-105 所示。设有芯柱的 L 形接头第一皮砌块排列平面，如图 6-106 所示。

2. 砌块砌筑

（1）组砌形式。混凝土空心小砌块墙的立面组砌形式仅有全顺一种，上、下竖向相互错开 190mm；双排小砌块墙横向竖缝也应相互错开 190mm，如图 6-107 所示。

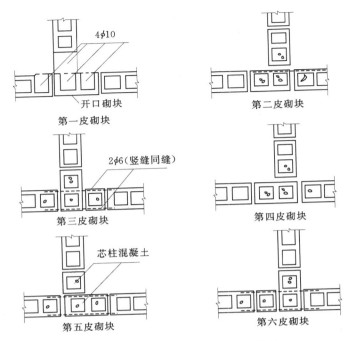

图 6-104 T 形接头芯柱砌块的排列

图 6-105 T 形芯柱接头砌块
排列立面图

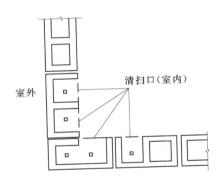

图 6-106 L 形芯柱接头第一皮
砌块排列平面图

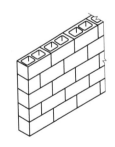

图 6-107 混凝土空心小砌块
墙的立面组砌形式

（2）组砌方法。混凝土空心小砌块宜采用铺灰反砌法进行砌筑。先用大铲或瓦刀在墙顶上摊铺砂浆，铺灰长度不宜超过 800mm，再在已砌砌块的端面上刮砂浆，双手端起小砌块，并使其底面向上，摆放在砂浆层上，并与前一块挤紧，并使上下砌块的孔洞对准，挤出的砂浆随手刮去。若使用一端有凹槽的砌块时，应将有凹槽的一端接着平头的一端砌筑。

（3）组砌要点。

1）小砌块砌筑应从转角或定位处开始，内外墙同时砌筑，纵横墙交错搭接。外墙转角处应使小砌块隔皮露端面；T 形交接处应使横墙小砌块隔皮露端面，纵墙在交接处改砌两块辅助规格小砌块（尺寸为 290mm×190mm×190mm，一头开口），所有露端面用水泥砂浆抹平，如图 6-108 所示。

233

2）小砌块应对孔错缝搭砌。上下皮小砌块竖向灰缝相互错开190mm。个别情况当无法对孔砌筑时，普通混凝土小砌块错缝长度不应小于90mm，轻骨料混凝土小砌块错缝长度不应小于120mm；当不能保证此规定时，应在水平灰缝中设置2φ4钢筋网片，钢筋网片每端均应超过该垂直灰缝，其长度不得小于300mm，如图6-109所示。

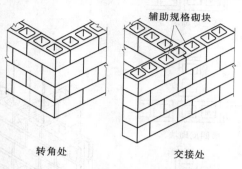

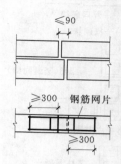

图6-108 小砌块墙转角处及T字交接处砌法　　图6-109 水平灰缝中拉结筋

3）砌块应逐块铺砌，采用满铺、满挤法。灰缝应做到横平竖直，全部灰缝均应填满砂浆。水平灰缝宜用坐浆满铺法。垂直缝可先在砌块端头铺满砂浆（即将砌块铺浆的端面朝上依次紧密排列），然后将砌块上墙挤压至要求的尺寸；也可在砌好的砌块端头刮满砂浆，然后将砌块上墙进行挤压，直至所需尺寸。

4）砌块砌筑一定要跟线，"上跟线，下跟棱，左右相邻要对平"。同时应随时进行检查，做到随砌随查随纠正，以便返工。

5）每当砌完一块，应随后进行灰缝的勾缝（原浆勾缝），勾缝深度一般为3～5mm。

6）外墙转角处严禁留直槎，宜从两个方向同时砌筑。墙体临时间断处应砌成斜槎。斜槎长度不应小于高度的2/3。如留斜槎有困难，除外墙转角处及抗震设防地区，墙体临时间断处不应留直槎外，可从墙面伸出200mm砌成阴阳槎，并沿墙高每三皮砌块（600mm）设拉结钢筋或钢筋网片，拉结钢筋用两根直径6mm的HPB235级钢筋；钢筋网片用φ4的冷拔钢丝。埋入长度从留槎处算起，每边均不小于600mm，如图6-110所示。

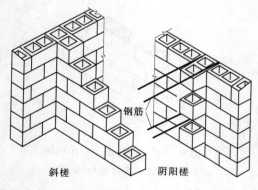

图6-110 小砌块砌体斜槎和直槎

7）小砌块用于框架填充墙时，应与框架中预埋的拉结钢筋连接。当填充墙砌至顶面最后一皮，与上部结构相接处宜用实心小砌块（或在砌块孔洞中填C15混凝土）斜砌挤紧。对设计规定的洞口、管道、沟槽和预埋件等，应在砌筑时预留或预埋，严禁在砌好的墙体上打凿。在小砌块墙体中不得留水平沟槽。

8）小砌块墙体内不宜留脚手眼，如必须留设时，可用190mm×190mm×190mm小砌块侧砌，利用其孔洞作脚手眼，墙体完工后用C15混凝土填实。墙体下列部位不得留设脚手眼：

a）过梁上部，与过梁成60°角的三角形及过梁跨度1/2范围内。

b）宽度不大于 800mm 的窗间墙。

　　c）梁和梁垫下及其左右各 500mm 的范围内。

　　d）门窗洞口两侧 200mm 内和墙体交接处 400mm 的范围内。

　　e）设计规定不允许设脚手眼的部位。

　　9）安装预制梁、板时，必须坐浆垫平，不得干铺。当设置滑动层时，应按设计要求处理。板缝应按设计要求填实。

　　砌体中设置的圈梁应符合设计要求，圈梁应连续地设置在同一水平上，并形成闭合状，且应与楼板（屋面板）在同一水平面上，或紧靠楼板底（屋面板底）设置；当不能在同一水平上闭合时，应增设附加圈梁，其搭接长度应不小于圈梁距离的两倍，同时也不得小于 1m；当采用槽形砌块制作组合圈梁时，槽形砌块应采用强度等级不低于 M10 的砂浆砌筑。

　　10）对墙体表面的平整度和垂直度、灰缝的均匀程度及砂浆饱满程度等，应随时检查并校正所发现的偏差。在砌完每一楼层以后，应校核墙体的轴线尺寸和标高，在允许范围内的轴线和标高的偏差，可在楼板面上予以校正。

（四）芯柱设置与施工

1. 芯柱设置

（1）墙体宜设置芯柱的部位。

1）在外墙转角、楼梯间四角的纵横墙交接处的 3 个孔洞，宜设置素混凝土芯柱。

2）五层及五层以上的房屋，应在上述的部位设置钢筋混凝土芯柱。

（2）芯柱的构造要求：

1）芯柱截面不宜小于 120mm×120mm，宜用不低于 C20 的细石混凝土浇灌。

2）钢筋混凝土芯柱每孔内插竖筋不应小于 1φ10，底部应伸入室内地面以下 500mm 或与基础圈梁锚固，顶部与屋盖圈梁锚固。

3）在钢筋混凝土芯柱处，沿墙高每隔 600mm 应设φ4 钢筋网片拉结，每边伸入墙体不小于 600mm。如图 6-111 所示。

4）芯柱应沿房屋的全高贯通，并与各层圈梁整体现浇，可采用图 6-112 所示的做法。

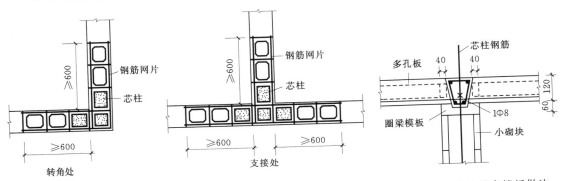

图 6-111　钢筋混凝土芯柱处拉筋　　　　　图 6-112　芯柱贯穿楼板做法

　　在 6～8 度抗震设防的建筑物中，应按芯柱位置要求设置钢筋混凝土芯柱；对医院、教学楼等横墙较少的房屋，应根据房屋层数设置芯柱。见表 6-4。

表6-4　　　　　　　　　　　　　　　　**抗震设防建筑物芯柱设置要求**

房屋层数及抗震设防烈度			设置部位	设置数量
6度	7度	8度		
四	三	二	外墙转角、楼梯间四角、大房间内外墙交接处	
五	四	三		
六	五	四	外墙转角、楼梯间四角、大房间内外墙交接处，山墙与内纵墙交接处，隔开间横墙（轴线）与外纵墙交接处	外墙转角灌实3个孔；内外墙交接处灌实4个孔
七	六	五	外墙转角，楼梯间四角，各内墙（轴线）与外墙交接处；8度时，内纵墙与横墙（轴线）交接处和洞口两侧	外墙转角灌实5个孔；内外墙交接处灌实4个孔；内墙交接处灌实4~5个孔；洞口两侧各灌实1个孔

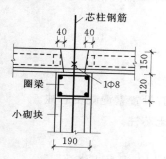

图6-113　芯柱竖向插筋贯通楼板

芯柱竖向插筋应贯通墙身且与圈梁连接；插筋不应小于Φ12。芯柱应伸入室外地下500mm或锚入浅于500mm基础圈梁内。芯柱混凝土应贯通楼板，当采用装配式钢筋混凝土楼板时，可采用图6-113所示的贯通措施。

抗震设防地区芯柱与墙体连接处，应设置碑钢筋网片拉结，钢筋网片每边伸入墙内不宜小于1m，且沿墙高每隔600mm设置。

2. 芯柱施工

（1）当设有混凝土芯柱时，应按设计要求设置钢筋，其搭接接头长度不应小于40d。芯柱应随砌随灌随捣实。

（2）当砌体为无楼板时，芯柱钢筋应与上、下层圈梁连接，并按每一层进行连续浇筑。

（3）混凝土芯柱宜用不低于C15的细石混凝土浇灌。钢筋混凝土芯柱宜用不低于C15的细石混凝土浇灌，每孔内插入不小于1根Φ10的钢筋，钢筋底部伸入室内地面以下500mm或与基础圈梁锚固，顶部与屋盖圈梁锚固。

（4）在钢筋混凝土芯柱处，沿墙高每隔600mm应设直径4mm钢筋网片拉结，每边伸入墙体不小于600mm。

（5）芯柱部位宜采用不封底的通孔小砌块，当采用半封底小砌块时，砌筑前应打掉孔洞毛边。

（6）混凝土浇筑前，应清理芯柱内的杂物及砂浆用水冲洗干净，校正钢筋位置，并绑扎或焊接固定后，方可浇筑。浇筑时，每浇灌400~500mm高度捣实一次，或边浇灌边捣实。

（7）芯柱混凝土的浇筑，必须在砌筑砂浆强度大于1MPa以上时，方可进行浇筑。同时要求芯柱混凝土的坍落度控制在120mm。

三、加气混凝土砌块砌筑

加气混凝土砌块以水泥、矿渣、砂、石灰等为主要原料，加入发气剂，经搅拌成型、蒸压养护而成的实心砌块。

（一）构造要求

（1）加气混凝土砌块可砌成单层墙或双层墙体。单层墙是将加气混凝土砌块立砌，墙厚为砌块的宽度。双层墙是将加气混凝土砌块立砌两层中间夹以空气层，两层砌块间，每隔500mm 墙高在水平灰缝中放置 $\phi 4 \sim \phi 6$ 的钢筋扒钉，扒钉间距为 600mm，空隙层厚度约 70～80mm，如图 6－114 所示。

（2）承重加气混凝土砌块墙的外墙转角处、墙体交接处，均应沿墙高 1m 左右，在水平灰缝中放置拉结钢筋，拉结钢筋为 $3\phi 6$，钢筋伸入墙内不少于 1000mm，如图 6－115 所示。

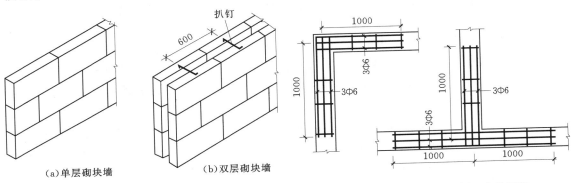

（a）单层砌块墙　　　　　（b）双层砌块墙

图 6－114　加气混凝土砌块墙（单位：mm）

图 6－115　承重加气混凝土砌块墙拉结钢筋布置（单位：mm）

（3）非承重墙与承重墙交接处，应沿墙高每隔 1000mm 左右用 $2\phi 6$ 或 $3\phi 4$ 钢筋与承重墙拉结，每边伸入墙内长度不小于 700mm，如图 6－116 所示。

（4）非承重墙与框架柱交接处，除了上述布置拉结筋外，还应用 $\phi 8$ 钢筋套过框架柱后插入砌块顶的孔洞内，孔洞内用黏结砂浆分两次灌密实，如图 6－117 所示。

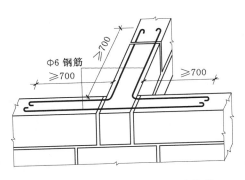

图 6－116　非承重墙与承重墙拉结钢筋布置（单位：mm）

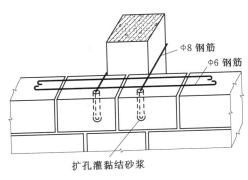

图 6－117　非承重墙与框架柱拉结钢筋布置

（5）为防止加气混凝土砌块砌体开裂，在墙体洞口的下部应放置 $2\phi 6$ 钢筋，伸过洞口两侧边的长度，每边不得少于 500mm，如图 6－118 所示。

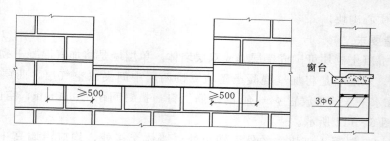

图 6 - 118　砌块墙窗口下配筋（单位：mm）

（二）砌筑准备

（1）墙体施工前，应将基础顶面或楼层结构面按标高找平，依据图纸放出第一皮砌块的轴线，砌体的边线及门窗洞口位置线。

（2）砌块提前 2d 进行浇水湿润，浇水时把砌块上的浮尘冲洗干净。

（3）砌筑墙体前，应根据房屋立面及剖面图、砌块规格等绘制砌块排列图（水平灰缝按 15mm，垂直灰缝按 20mm），按排列图制作皮数杆，根据砌块砌体标高要求立好皮数杆，皮数杆立在砌体的转角处，纵向长度一般不应大于 15m 立一根。

（4）配制砂浆：按设计要求的砂浆品种、强度等级进行砂浆配制，配合比由试验室确定。采用重量比，计量精度为水泥的 ±2%，砂、石灰膏控制在 ±5% 以内，应采用机械搅拌，搅拌时间不少于 1.5min。

（三）砌筑要点

加气混凝土小砌块一般采用铺灰刮浆法，即先用瓦刀或专用灰铲在墙顶上摊铺砂浆，在已砌的砌块端面刮浆，然后将小砌块放在砂浆层上并与前块挤紧，随手刮去挤出的砂浆。也可采用只摊铺水平灰缝的砂浆，竖向灰缝用内外临时夹板灌浆。

（1）将搅拌好的砂浆通过吊斗或手推车运至砌筑地点，在砌块就位前用大铁锹、灰勺，进行分块铺灰，较小的砌块最大铺灰长度不得超过 1500mm。

（2）砌块就位与校正：砌块砌筑前应把表面浮尘和杂物清理干净，砌块就位应先远后近，先下后上，先外后内，应从转角处或定位砌块处开始，吊砌一皮校正一皮。

（3）砌块就位与起吊应避免偏心，使砌块底面水平下落，就位时由人手扶控制对准位置，缓慢地下落，经小撬棍微撬，拉线控制砌体标高和墙面平整度，用托线板挂直，校正为止。

（4）竖缝灌砂浆：每砌一皮砌块就位后，用砂浆灌实直缝，加气混凝土砌块墙的灰缝应横平竖直，砂浆饱满，水平灰缝砂浆饱满度不应小于 90%；竖向灰缝砂浆饱满度不应小于 80%。水平从缝厚度宜为 15mm；竖向灰缝宽度宜为 20mm。随后进行灰缝的勒缝（原浆勾缝），深度一般为 3~5mm。

（5）加气混凝土砌块的切锯、钻孔打眼、镂槽等应采用专用设备、工具进行加工，不得用斧、凿随意砍凿；砌筑上墙后更要注意。

（6）外墙水平方向的凹凸部分（如线脚、雨篷、窗台、檐口等）和挑出墙面的构件，应做好泛水和滴水线槽，以免其与加气混凝土砌体交接的部位积水，造成加气混凝土盐析、冻融破坏和墙体渗漏。

（7）砌筑外墙时，砌体上不得留脚手眼（洞），可采用里脚手或双排立柱外脚手。

（8）当加气混凝土砌块用于砌筑具有保温要求的砌体时，对外露墙面的普通钢筋混凝土柱、梁和挑出的屋面板、阳台板等部位，均应采取局部保温处理措施，如用加气混凝土砌块外包等，可避免贯通式"热桥"；在严寒地区，加气混凝土砌块应用保温砂浆砌筑，在柱上还需每隔1m左右的高度甩筋或加柱箍钢筋与加气混凝土砌块砌体连接。如图6-119所示。

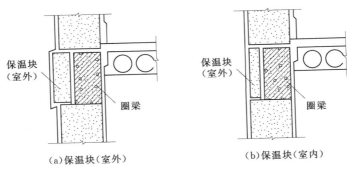

图6-119 外墙局部保温处理

（9）砌筑外墙及非承重隔墙时，不得留脚手眼。

（10）不同干容重和强度等级的加气混凝土小砌块不应混砌，也不得用其他砖或砌块混砌。填充墙底、顶部及门窗洞口处局部采用烧结普通砖或多孔砖砌筑不视为混砌。

（11）加气混凝土砌块墙如无切实有效措施，不得使用于下列部位：

1）建筑物室内地面标高以下部位。

2）长期浸水或经常受干湿交替影响部位。

3）受化学环境侵蚀（如强酸、强碱）或高浓度二氧化碳等环境。

4）砌块表面经常处于80℃以上的高温环境。

（四）砌块排列

（1）应根据工程设计施工图纸，结合砌块的品种规格，绘制砌体砌块的排列图，经审核无误后，按图进行排列。

（2）排列应从基础顶面或楼层面进行，排列时应尽量采用主规格的砌块，砌体中主规格砌块应占总量的80%以上。

（3）砌块排列应按设计的要求进行，砌筑外墙时，应避免与其他墙体材料混用。

（4）砌块排列上下皮应错缝搭砌，搭砌长度一般为砌块长度的1/3，也不应小于150mm。

（5）砌体的垂直缝与窗洞口边线要避免同缝。

（6）外墙转角处及纵横墙交接处，应将砌块分皮咬槎，交错搭砌，砌体砌至门窗洞口边非整块时，应用同品种的砌块加工切割成。不得用其他砌块或砖镶砌。

（7）砌体水平灰缝厚度一般为15mm，如果加网片筋的砌体水平灰缝的厚度为20~25mm，垂直灰缝的厚度为20mm，大于30mm的垂直灰缝应用C20细石混凝土灌实。

（8）凡砌体中需固定门窗或其他构件以及搁置过梁、搁扳等部位，应尽量采用大规格和规则整齐的砌块砌筑，不得使用零星砌块砌筑。

（9）砌块砌体与结构构件位置有矛盾时，应先满足构件要求。

四、粉煤灰砌块砌筑

（一）砌块排列

按砌块排列图在墙体线范围内分块定尺、划线，排列砌块的方法和要求如下：

（1）砌筑前，应根据工程设计施工图，结合砌块的品种、规格绘制砌体砌块的排列图，经审核无误，按图排列砌块。

（2）砌块排列时尽可能采用主规格的砌块，砌体中主规格的砌块应占总量的75%～80%。其他副规格砌块（如580mm×380mm×240、430mm×380mm×240mm、280mm×380mm×240mm）和镶砌用砖（标准砖或承重多孔砖）应尽量减少，分别控制在5%～10%以内。

（3）砌块排列上下皮应错缝搭砌，搭砌长度一般为砌块的1/2；不得小于砌块高的1/3，也不应小于150mm。如果搭接缝长度满足不了要求，应采取压砌钢筋网片的措施，具体构造按设计规定。

（4）墙转角及纵横墙交接处，应将砌块分层咬槎，交错搭砌，如果不能咬槎时，按设计要求采取其他的构造措施；砌体垂直缝与门窗洞口边线应避开同缝，且不得采用砖镶砌。

（5）砌块排列尽量不镶砖或少镶砖，需要镶砖时，应用整砖镶砌，而且尽量分散、均匀布置，使砌体受力均匀。砖的强度等级应不小于砌块的强度等级。镶砖应平砌，不宜侧砌或竖砌，墙体的转角处和纵横墙交接处，不得镶砖；门窗洞口不宜镶砖，如需镶砖时，应用整砖镶砌，不得使用半砖镶砌。

在每一楼层高度内需镶砖时，镶砌的最后一皮砖和安置有搁栅、楼板等构件下的砖层须用顶砖镶砌，而且必须用无横断裂缝的整砖。

（6）砌体水平灰缝厚度一般为15mm，如果加钢筋网片的砌体，水平灰缝厚度为20～25mm，垂直灰缝宽度为20mm；大于30mm的垂直缝，应用C20的细石混凝土灌实。

（二）砌块砌筑

（1）粉煤灰砌块墙砌筑前，应按设计图绘制砌块排列图，并在墙体转角处设置皮数杆。粉煤灰砌块的砌筑面适量浇水。

（2）粉煤灰砌块的砌筑方法可采用"铺灰灌浆法"。先在墙顶上摊铺砂浆，然后将砌块按砌筑位置摆放到砂浆层上，并与前一块砌块靠拢，留出不大于20mm的空隙。待砌完一皮砌块后，在空隙两旁装上夹板或塞上泡沫塑料条，在砌块的灌浆槽内灌砂浆，直至灌满。等到砂浆开始硬化不流淌时，即可卸掉夹板或取出泡沫塑料条，如图6-120所示。

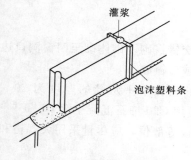

图6-120 粉煤灰砌块砌筑图

（3）砌块砌筑应先远后近，先下后上，先外后内。每层应从转角处或定位砌块处开始，应吊一皮，校正一皮，皮皮拉麻线控制砌块标高和墙面平整度。

（4）砌筑时，应采用无榫法操作，即将砌块直接安放在平铺的砂浆上。砌筑应做到横平竖直，砌体表面平整清洁，砂浆饱满，灌缝密实。拉结钢筋伸入承重墙内及砌块墙的长度均不小于700mm。

（5）内外墙应同时砌筑，相邻施工段之间或临时间断处的高度差不应超过一个楼层，并应留阶梯形斜槎。附墙垛应与墙体同时交错搭砌。

（6）粉煤灰砌块是立砌的，立面组砌形式只有全顺一种。上下皮砌块的竖缝相互错开 440mm，个别情况下相互错开不小于 150mm。

（7）粉煤灰砌块墙水平灰缝厚度应不大于 15mm，竖向灰缝宽度应不大于 20mm（灌浆槽处除外），水平灰缝砂浆饱满度应不小于 90%，竖向灰缝砂浆饱满度应不小于 80%。

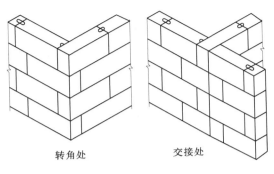

图 6-121　粉煤灰砌块墙转角处、交接处的砌法

（8）粉煤灰砌块墙的转角处及丁字交接处，可使隔皮砌块露头，但应锯平灌浆槽，使砌块端面为平整面，如图 6-121 所示。

（9）校正时，不得在灰缝内塞进石子、碎片，也不得强烈振动砌块；砌块就位并经校正平直、灌垂直缝后，应随即进行水平灰缝和竖缝的勒缝（原浆勾缝），勒缝的深度一般为 3～5mm。

（10）粉煤灰砌块墙中门窗洞口的周边，宜用烧结普通砖砌筑，砌筑宽度应不小于半砖。

（11）粉煤灰砌块墙与承重墙（或柱）交接处，应沿墙高 1.2m 左右在水平灰缝中设置 3 根直径 4mm 的拉结钢筋，拉结钢筋伸入承重墙内及砌块墙的长度均不小于 700mm。

（12）粉煤灰砌块墙砌到接近上层楼板底时，因最上一皮不能灌浆，可改用烧结普通砖或煤渣砖斜砌挤紧。

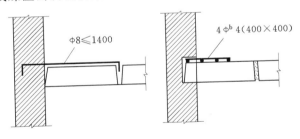

图 6-122　非支承向板锚固筋

（13）砌筑粉煤灰砌块外墙时，不得留脚手眼。每一楼层内的砌块墙应连续砌完，尽量不留接槎。如必须留槎时，应留成斜槎，或在门窗洞口侧边间断。

（14）当板跨大于 4m 并与外墙平行时，楼盖和屋盖预制板紧靠外墙的侧边宜与墙体或圈梁拉结锚固，对于钢筋混凝土预制楼板相互之间以及板与梁、墙与圈梁的联结更要注意加强。如图 6-122 所示。

小常识　砌筑施工安全技术措施

（1）操作之前必须检查操作环境是否符合安全要求，道路是否畅通，机具是否完好牢固，安全设施和防护用品是否齐全，经检查符合要求后才可施工。

（2）砌基础时，应检查和经常注意基坑土质变化情况，有无崩裂现象，堆放砖块材料应离开坑边 1m 以上。当深基坑装设挡板支撑时，操作人员应设梯子上下，不得攀跳，运料不得碰撞支撑，也不得踩踏砌体和支撑上下。

（3）墙身砌体高度超过地坪 1.2m 以上时，应搭设脚手架，在一层以上或高度超过 4m 时，采用里脚手架必须支搭安全网，采用外脚手架应设护身栏杆和档脚板后方可砌筑。

（4）脚手架上堆料量不得超过规定荷载，堆砖高度不得超过 3 皮侧砖，同一块脚手板上的操作人员不应超过 2 人。

（5）在楼层（特别是预制板面）施工时，堆放机械、砖块等物品不得超过使用荷载，如超过荷载，必须经过验算采取有效加固措施后方可进行堆放和施工。

（6）不准站在墙顶上做划线、刮缝和清扫面或检查大角垂直等工作。

（7）不准用不稳固的工具或物体在脚手架面垫高操作，更不准在未经过加固的情况下，在一层脚手架上随意再叠加一层，脚手架不允许有空头现象，不准用 2×4" 木料或钢模板作立人板。

（8）砍砖时应面向内打，注意碎砖跳出伤人。

（9）使用于垂直运输的吊笼、绳索具等，必须满足负荷要求，牢固无损，吊运时不得超载，并须经常检查，发现问题及时修理。

（10）用起重机吊砖要用砖笼，吊砂浆的料斗不能装得过满，吊件回转范围内不得有人停留。

（11）砖料运输车辆两车前后距离平道上不小于 2m，坡道上不小于 10m，装砖时要先取高处后取低处，防止倒塌伤人。

（12）砌好的山墙，应设置临时联系杆放置各跨山墙上，使其联系稳定，或采取其他有效的加固措施。

（13）冬季施工时，脚手架上有冰霜、积雪，应先清除后才能上架子进行操作。

（14）如遇雨天及每天下班时，要做好防雨措施，以防雨水冲走砂浆，使得砌体倒塌。

（15）在同一垂直面内上下交叉作业时，必须设置安全隔板，下方操作人员必须戴好安全帽。

（16）人工垂直向上或往下（深坑）传递砖块，架子上的站人板宽度应不小于 60cm。

参 考 文 献

［1］ 刘祥柱，郝和平，陈宇翔．水利水电工程施工［M］．郑州：黄河水利出版社，2009．

［2］ 钟汉华，冷涛．水利水电工程施工技术［M］．北京：中国水利水电出版社，2006．

［3］ 叶刚．砌筑工入门与技巧［M］．北京：金盾出版社，2008．

［4］ 洪树生．建筑施工技术［M］．北京：科学出版社，2007．

［5］ 叶雯，周晓龙．建筑施工技术［M］．北京：北京大学出版社，2010．

［6］ 杜曰武，任尚万．建筑施工技术［M］．北京：华中科技大学出版社，2011．

［7］ 梁建林，胡育．水利水电工程施工技术［M］．北京：中国水利水电出版社，2005．

［8］ 毛建平，金文良．水利水电工程施工［M］．郑州：黄河水利出版社，2004．

［9］ 袁光裕．水利工程施工［M］．北京：中国水利水电出版社，2005．

［10］ 陆佑楣，曹广晶，等．长江三峡工程［M］．北京：中国水利水电出版社，2010．